Biologie

Klassen 5|6
Sekundarschule
Sachsen-Anhalt

Neue Ausgabe

Cornelsen
VOLK UND WISSEN

Autorinnen und Autoren: Dr. Christl Bergstedt; Dr. Siegfried Brehme; Ekhard Bruns; Ebba Ehrnsberger; Thomas Freiman; Dr. Anja Grimmer; Prof. Dr. Ottokar Grönke; Patrick Handschuh; Prof. Hans Herzinger; Dr. Bernhard Hülsmeyer; Simone Jentsch; Dr. Walter Kleesattel; Sonja Lewand; Prof. Dr. Karl Meißner; Dr. Sabine Müller; Dr. Martin Otteni; Michaela Paul; Vera Rduch; Anke Richert; Dr. Philipp Schmiemann; Dr. Frank Scholz; Marianne Schuster; Harald Seufert; Birgit Strunk; Silke Telschow-Malz; Doris Tuppatsch

Beratung: Renate Dorn, Dr. Anja Grimmer, Vera Rduch, Doris Tuppatsch

Redaktion: Christine Braun, Horst-Dieter Gemeinhardt, Andrea Weber

Bildredaktion: Kathrin Kretschmer

Illustrationen: diGraph, Peter Hesse, Kurt Krischke, Jörg Mair, Karin Mall, Lutz-Erich Müller

Umschlaggestaltung: V+I+S+K, Berlin

Layoutkonzept: Wolfgang Lorenz

Layout und technische Umsetzung: Burkhard Kehl, Berlin; Cornelia Gründer, Christian Seifert

www.cornelsen.de
www.vwv.de

1. Auflage, 2. Druck 2012

Druck: Stürtz GmbH, Würzburg

ISBN 978-3-06-014654-3

Inhalt gedruckt auf säurefreiem Papier aus nachhaltiger Forstwirtschaft.

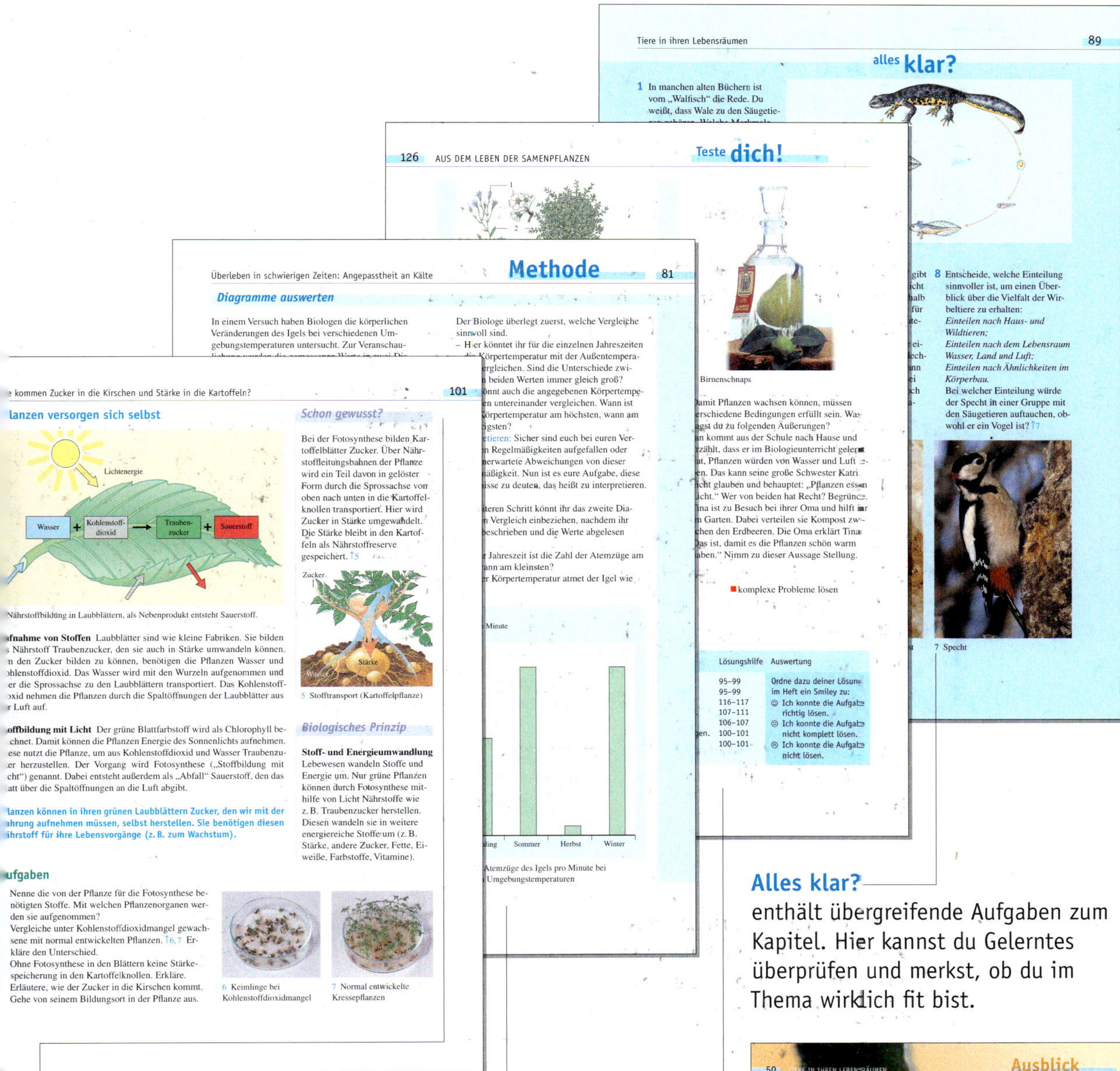

Alles klar?

enthält übergreifende Aufgaben zum Kapitel. Hier kannst du Gelerntes überprüfen und merkst, ob du im Thema wirklich fit bist.

Methoden

Diese Seiten führen dich Schritt für Schritt in wichtige Arbeitsweisen ein.

Teste dich!

Hast du den Inhalt des Kapitels verstanden? Kannst du dein Wissen anwenden? Die Aufgaben auf dieser Seite helfen dir, dich selbst einzuschätzen. Die **Lösungen** dafür findest du im Anhang des Buches.

Ausblick

Auf diesen Seiten findest du interessante Ausblicke auf Themen aus Umwelt, Technik oder Gesundheit, die mit der Biologie in Verbindung stehen. Sie sollen dich zum Weiterlesen und -forschen anregen.

Inhalt

Kennzeichen des Lebendigen

Im Biologieunterricht erfährst du, was wir über Lebensvorgänge der Pflanzen, Tiere und des Menschen schon alles wissen und wie man ihre Lebensweise erforschen kann. Einige Kennzeichen für Lebewesen kennst Du schon. Bei Tieren fallen uns besonders deren Bewegungen, ihre Ernährung und Fortpflanzung auf. Pflanzen wachsen und blühen. Menschen entwickeln sich vom Kind zum Erwachsenen und lernen schnell. Besonders bei Heim- und Haustieren hast du sicher schon viele Lebenserscheinungen beobachtet.

1 Woran erkennst du, dass die Rennmaus ein Lebewesen ist?

Alles, was lebt

Eine Rennmaus ist natürlich lebendig, das sieht jeder sofort. Aber sind Pflanzen auch lebendig, genauso wie Tiere?
In vielen Fällen ist es leicht, Lebewesen zu erkennen. Manchmal gelingt das aber nicht auf den ersten Blick. Dann zieht ein Biologe bestimmte **Kennzeichen** heran, um zu entscheiden, ob es sich um ein **Lebewesen** handelt oder nicht.

2 Würde dich dein Hund auch ohne Augen, Nase oder Ohren erkennen?

3 Beschreibe das Verhalten der Katze und ihrer Jungen. Hat deine Plüschkatze auch Junge?

5 Müssen wir eigentlich essen?

6 Der Pullover passt nicht mehr. Bist du schon wieder gewachsen?

7 Leben Pflanzen eigentlich?

8 Schreibe die Kennzeichen des Lebens auf, die du an den abgebildeten Lebewesen erkannt hast!

Unser neues Unterrichtsfach

Zu Hause pflegst du vielleicht einen Hund oder eine Katze. Mancher hat auch schon Heimtiere wie Goldhamster oder Fische gehalten. Damit man sie richtig pflegen und gut beobachten kann, muss man Genaueres über ihre Lebensweise wissen. An einem Heimtier kannst du gut erkunden, woran man Lebewesen erkennt. Was unterscheidet beispielsweise eine Rennmaus von einer Computermaus?

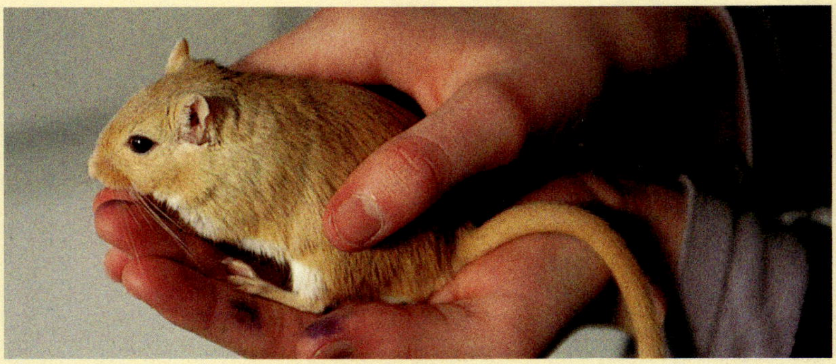

1 So trägt man eine Rennmaus.

Beobachten Untersuchen Experimentieren

Rennmäuse und andere „Mäuse"

1 Beobachte Rennmäuse einige Zeit in ihrem Käfig. Wo halten sie sich am liebsten auf? Wie bewegen sie sich? Pflegen sie ihr Fell? Nehmen die Tiere untereinander Kontakt auf? Wie oft? Wie lassen sich die verschiedenen Tiere unterscheiden? Wie reagieren erschreckte Tiere? Legen die Tiere regelmäßig Ruhepausen ein? Wie nehmen sie Samen und Körner auf? Wie benagen sie die Nahrung?

2 Bereite nun ein Glasterrarium als Ausweichquartier auf der Fensterbank vor. Gib dazu eine mehrere Zentimeter dicke Schicht Holzspäne auf den Boden. Lege etwas Heu als Versteck in das Terrarium; stelle eine Futterschale auf. Setze eine Rennmaus ein. Beobachte ihr Verhalten. Versuche Reihenfolge und Dauer der folgenden Tätigkeiten festzustellen: Wie erkundet sie ihren neuen Lebensraum? Markiert sie ihre Behausung? Gräbt sie in den Holzspänen? Was macht sie mit dem Heu? Wie oft rennt sie umher? Fertige dazu in deinem Heft ein Protokoll nach folgendem Muster an:

Beobachtungsprotokoll:

Reihenfolge	*Verhaltensweise*	*Dauer der Tätigkeit*
1		
2		

3 Auf dieser Seite findest du noch weitere „Mäuse" (Spielzeugmäuse, Computermäuse). Vergleiche alle 3 „Mäuse". Prüfe sie dabei auf die rechts unten genannten Kennzeichen. Trage die Ergebnisse in eine Tabelle in dein Heft ein. ↑2–4

4 Vergleiche. Wodurch unterscheiden sich Spielzeugmaus und Rennmaus? Welche Gemeinsamkeiten zeigen sie? Warum bezeichnet man die Befehlstaste am Computer auch als Maus? Fasse in deinem Heft zusammen, durch welche Merkmale die Rennmaus als Lebewesen gekennzeichnet ist.

2 Rennmaus

3 Spielzeugmäuse

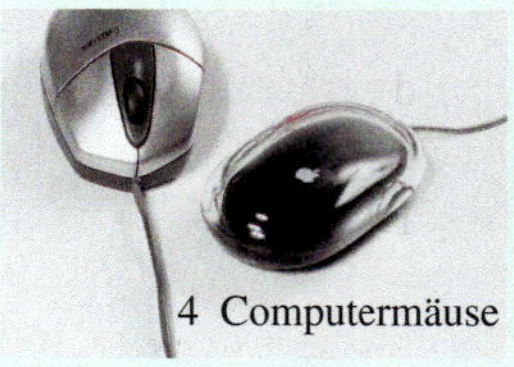

4 Computermäuse

Zeigen sie
Bewegung?
Ernährung?
Wachstum?
Reaktion auf Reize?
Fortpflanzung?

Die Biologie – eine Naturwissenschaft

Biologie – die Lehre vom Leben Der erste Teil des Wortes Biologie geht auf das griechische Wort bios zurück. Es bedeutet übersetzt Leben. Der zweite Teil ist aus dem griechischen Wort logos abgeleitet, es bedeutet Lehre oder Wissenschaft. Biologie ist also die Lehre vom Leben.

Aufgaben der Biologie Die Biologie ist eine Naturwissenschaft. Sie erforscht die Lebewesen, wie zum Beispiel unsere Heimtiere, und ihre Lebensvorgänge.
Welche Lebewesen findet man auf einer Wiese? Wie sind Pflanzen, Tiere und Menschen aufgebaut? Was geschieht im Körper der Lebewesen? Die Beantwortung solcher Fragen gehört zu den Aufgaben der Biologie. Auch die Physik und die Chemie gehören zu den Naturwissenschaften. Biologie, Physik und Chemie arbeiten bei der Erforschung der Natur eng zusammen.

Arbeitsmethoden der Biologie Bei der Erforschung der Lebewesen und ihrer Lebensvorgänge wenden Biologen besondere Arbeitsmethoden an, um zu sicheren Erkenntnissen zu gelangen. Die Grundlage dafür sind Beobachtungen und Experimente sowie auch das Bestimmen und Vergleichen unterschiedlicher Lebewesen. ↑S.10 Je nachdem, was untersucht werden soll, benutzt man dazu passende Arbeitsgeräte (z. B. Lupen, Mikroskope und Laborgeräte). Bilder und Tabellen in Bestimmungsbüchern sind ein wichtiges Hilfsmittel zur Bestimmung der genauen Bezeichnung für eine Pflanze, ein Tier oder einen Pilz.

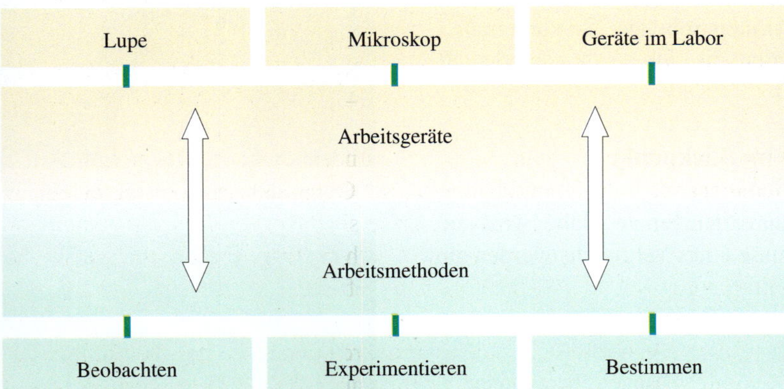

5 Einige Geräte und Methoden der Biologen

6 Biologen arbeiten im Freiland

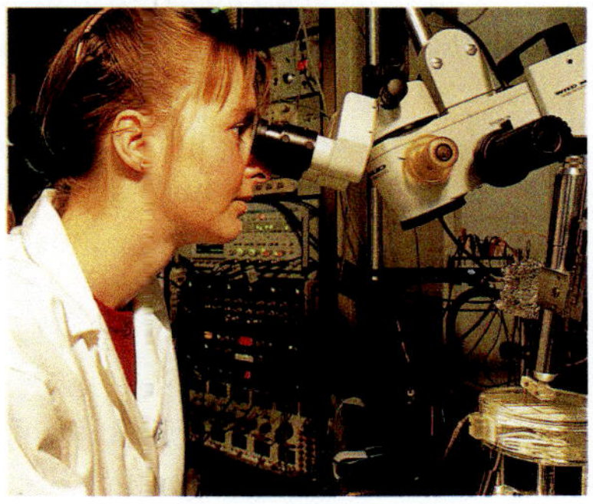

7 Eine Biologin am Mikroskop

8 Ein Biologe im Labor

Aufgaben

1 Beobachtungen lassen sich auch ohne Arbeitsgeräte durchführen.

a Hebe im Garten oder im Wald einen größeren flachen Stein oder einen vermodernden Ast auf.

b Beobachte, ob Lebewesen darunter sind. Wie verhalten sie sich?

c Erkläre dieses Verhalten.

2 Experimente sind auch am eigenen Körper möglich. Dein Puls am Handgelenk ändert sich, wenn du 20 Kniebeugen machst.

a Miss den Puls vor und nach den Kniebeugen. Welche Vermutung hast du?

b Vergleiche deine Messwerte mit der Vermutung.

Methode

Wichtige biologische Arbeitsmethoden

Beobachten
Wenn du Veränderungen an Lebewesen (z. B. Bewegung und Verhalten, Wachstum und Entwicklung) verfolgen willst, ist genaues Beobachten erforderlich. Das Kriechen einer Schlange ist leicht zu beobachten. Der Vogelflug ist dagegen schon schwerer zu erfassen. Noch schwieriger wird es, wenn du das Verhalten deiner Heimtiere bei der Nahrungsaufnahme oder Pflege der Jungen verfolgen willst um zu erfahren, ob sie sich wohlfühlen. Man muss mehrfach beobachten, um zu sicheren Aussagen zu kommen. ↑1

Von der Beobachtung zum Protokoll
Denken wir an Bohnensamen, die im Blumentopf oder im Schulgarten vor einigen Wochen ausgesät wurden. Jetzt ranken sich große Pflanzen um die im Boden steckenden Holzstäbe. Hast du täglich beobachtet, so erinnerst du dich vielleicht noch an wichtige allmähliche Veränderungen. Damit die Ergebnisse nicht vergessen werden, schreiben wir alles Wichtige auf (z. B. Entwicklung der Pflanze: Name, Aussaattermin, Veränderungen). Zeichnungen oder Fotos ergänzen dies. So entsteht ein Beobachtungsprotokoll. ↑2

Vergleichen
Einige Schüler haben vielleicht schon Teichmolche und Wasserfrösche beobachtet. Meist sind sie sich noch nicht sicher, zu welcher Gruppe diese Tiere gehören. Beiden gemeinsam ist, dass sie im Wasser leben. Vergleicht man dann den Körperbau, fallen sofort die Unterschiede auf: der Teichmolch hat gegenüber dem Frosch einen Schwanz. So kann man Schwanz- und Froschlurche unterscheiden, die sich entsprechend auch unterschiedlich fortbewegen. ↑3,4

Gemeinsamkeiten und Unterschiede im Blickpunkt
Beim Vergleichen kommt es also auf Gemeinsamkeiten (G) und Unterschiede (U) von Lebewesen oder Lebensvorgängen an. Dabei wird auf bestimmte Merkmale geachtet. Ergebnisse eines Vergleichs werden am besten in einer Tabelle zusammengestellt:

	Vergleichsmerkmale	Wasserfrosch	Teichmolch
U	Schwanz	Ohne	langer, abgeplatteter Schwanz (Ruderschwanz)
	Beine	kurze Vorderbeine, lange, kräftige Hinterbeine mit Schwimmhäuten (Sprungbeine)	kurze, schwache Vorder- und Hinterbeine ohne Schwimmhäute (Laufbeine)
	Bewegung	springen und schwimmen mit Hinterbeinen	laufen mit Vorder- und Hinterbeinen, schwimmen mit Ruderschwanz
G	Lebensraum	Wasser und Land	Wasser und Land
	Haut	nackte, feuchte, schleimige Haut	nackte, feuchte, schleimige Haut

1 Beobachtungen im Freiland

2 Bohnenpflanzen entwickeln sich.

3 Teichmolch

4 Wasserfrosch

Wichtige biologische Arbeitsmethoden

Experimentieren

Wenn man etwas über die Ursachen von Lebensvorgängen wissen möchte, reicht Beobachten allein nicht aus. Warum müssen wir atmen, warum wenden sich Pflanzen zum Licht, oder warum können Vögel fliegen? Solche Fragen kann der Biologe nur beantworten, wenn er Experimente durchführt, um die vermuteten Ursachen aufzudecken. Wir wollen das am Beispiel der Keimung des Bohnensamens überlegen. Dabei geht man schrittweise vor:

1 **Frage/Problem:** Der Embryo im Samen benötigt Nährstoffe (z. B. Stärke) zum Keimen und Wachsen. Samen haben aber keine Wurzeln, um Nährstoffe aus der Umgebung aufnehmen zu können. Wo ist Stärke im Samen gespeichert?

2 **Vermutung:** Stärke ist überall im Samen vorhanden.

3 **Material:** Gequollene Bohnensamenhälften, Nachweislösung für Stärke, Tropfpipette.

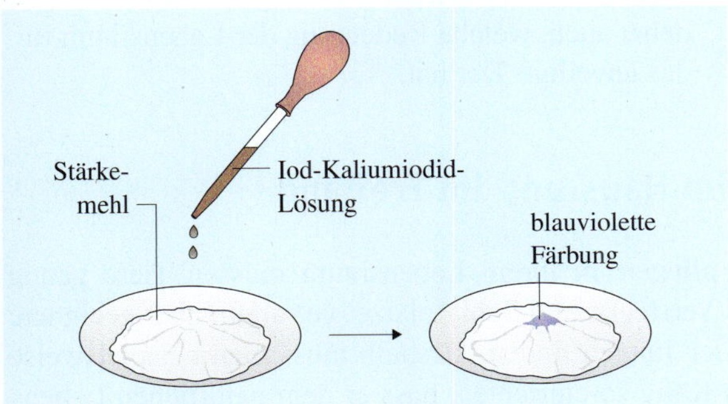

5 Stärke wird durch das Nachweismittel blauschwarz.

4 **Durchführung:** Tropfe etwas Nachweislösung auf alle Teile der gequollenen Bohnensamenhälfte.

5 **Beobachtung:** Betrachte den Versuchsansatz. Protokolliere dein Ergebnis. Vergleiche mit der Abbildung unten.

6 **Erklärung:** In den Keimblättern ist Stärke gespeichert.

7 **Vermutung war:** Stärke ist in allen Teilen des Samens gespeichert.

8 **Ergebnis:** Notiere deine Ergebnisse. (Stärke ist nur in den Keimblättern des Samens gespeichert.) Die Vermutung war in diesem Falle also falsch. Nicht überall im Samen, nur in den Keimblättern ist der Nährstoff gespeichert.

Beschreiben

Alles, was einem beim Beobachten und Experimentieren, beim Betrachten und Vergleichen wichtig erscheint, sollte man genau aufzeichnen. Beschreiben bedeutet, den Verlauf und die Untersuchungsergebnisse zusammenhängend und geordnet sprachlich darzustellen. Zusätzliche Belege sind Messwerte, Zeichnungen und Fotos. Die Auswertung und Deutung der Ergebnisdarstellung kann sich daran anschließen.

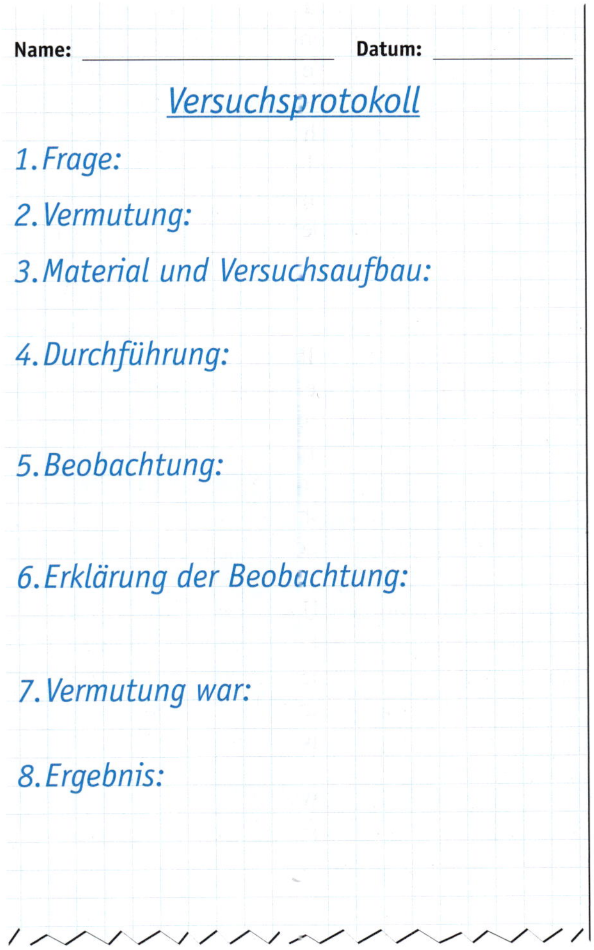

Name: ____________ Datum: ____________

Versuchsprotokoll

1. Frage:

2. Vermutung:

3. Material und Versuchsaufbau:

4. Durchführung:

5. Beobachtung:

6. Erklärung der Beobachtung:

7. Vermutung war:

8. Ergebnis:

6 Vorbereitetes Versuchsprotokoll

7 Stärkenachweis im Bohnensamen

Tiere brauchen einen Lebensraum

Rennmäuse leben in den trockenen Steppen Zentralasiens. Im Boden legen sie ausgedehnte Gangsysteme an. Pflanzliche und tierische Nahrung nehmen sie besonders tagsüber auf. Das Wasser, das in der Nahrung enthalten ist, reicht für sie in der Regel aus. Sie fühlen sich auch im Käfig wohl, wenn die Einrichtung den natürlichen Lebensbedingungen nahe kommt. Wann sind die Bedingungen im Käfig für sie artgerecht?

1 So werden Rennmäuse im Käfig richtig gepflegt.

Beobachten *Untersuchen* Experimentieren

1 Stell dir vor, du willst ein Heimtier halten und müsstest dich zwischen Goldhamster und Rennmaus entscheiden. Informiere dich über deren artgerechte Haltung (z. B. in Büchern). Berichte.

2 Informiere dich über Rotfuchs und Weißstorch und beschreibe deren Lebensräume genau. Erläutere dabei auch, welche Bedeutung der Lebensraum für das jeweilige Tier hat.

2 Aquarienfische bei der Fütterung

3 Feldhase auf der Flucht

Lebensräume im Haus und im Freiland

Heimtiere richtig pflegen In ihrem Lebensraum müssen Tiere genug Nahrung, geeignete Verstecke und Schlafplätze, vor allem aber geeignete Orte zur Aufzucht der Jungen finden. Deshalb muss man beispielsweise für Rennmäuse den Käfig so einrichten, dass er dem natürlichen Lebensraum Steppe ähnelt. In Aquarien mit tropischen Fischen lässt sich der Lebensraum eines Flusses oder Sees mit dem Bodengrund und Pflanzen besonders naturnah gestalten. Die Nahrungsaufnahme, das Verhalten der Tiere und ihre Vermehrung können leicht beobachtet werden. Bei guter Pflege verhalten sich Heimtiere in den künstlichen Lebensräumen weit gehend so wie in der Natur. Sie fressen regelmäßig, wenn genügend Futter da ist, sie bewegen sich und flüchten bei Veränderungen in ihrer Umwelt, und sie vermehren sich, wenn die Lebensbedingungen gut sind.

Feldhasen in der Feldflur Wiesen und Äcker mit Hecken und Gebüsch sind der Lebensraum des Feldhasen. Dort frisst er Gras, Wildkräuter, junges Getreide, Klee, Raps und Kohl.
Bei Gefahr duckt sich der Feldhase dicht an den Boden. Erst wenn ein Feind zu nahekommt, schnellt er hoch und flüchtet. ↑3 Er gehört bei uns zu den schnellsten Säugetieren. Der Feldhase ist aber kein ausdauernder Läufer. Auch die neugeborenen Hasen drücken sich in Deckung. Solange sie ruhig bleiben, können sie von Feinden wie Fuchs, Habicht oder Krähen kaum entdeckt werden.

Rehe in ihrem Lebensraum Rehe leben bei uns im lichten Wald, in Heckenlandschaften und im Feld. Nicht selten kommen sie auch in Hausgärten, die nah am Waldrand liegen. Ausgedehnte dichte und dunkle Wälder ohne eingestreute Wiesen meiden sie. Im Wald finden sie Deckung vor Feinden und Schutz bei schlechter Witterung. ↑4 Wald, Wiese und Feld liefern Gras, Kräuter, Früchte, Pilze, junge Pflanzentriebe und Baumrinde. Die Rehkitze werden in den Wiesen geboren. ↑5

4 Ein Rehrudel auf einer Waldlichtung

5 Die weißen Flecke der Rehkitze sind eine gute Tarnung.

Alle Lebewesen benötigen einen für sie artgerechten, ausreichend großen Lebensraum. Er muss alles bieten, was sie zum Leben brauchen. Dazu zählen bei Tieren Nahrung, Versteckmöglichkeiten und ein Platz, um die Jungen großzuziehen.

Methode *Wie lese ich einen Text?*

Du hast die Aufgabe, den Text auf dieser Doppelseite zu lesen, dir dazu Notizen zu machen und über den Inhalt zu berichten. Wie gehst du vor, den Text so zu lesen, damit du die Aufgabe erfüllen kannst?
Die Fünf-Gang-Lesetechnik hilft dir dabei:

1. Lies den Text zunächst nur oberflächlich, das heißt, „überfliege" ihn. Dadurch kannst du schon bekannte Begriffe erfassen und erfahren, worum es in dem Text geht. Auch aus den Überschriften kannst du Informationen zum Inhalt erhalten.
2. Überlege dir Fragen zum Text. Günstig sind die so genannten W-Fragen: Wer?, Wo?, Wann?, Wie? und Was?
   Das könnten beispielsweise folgende Fragen sein: Wann ist die Haltung von Heimtieren artgerecht? Was fressen Feldhasen? Wie verhält sich ein Feldhase bei Gefahr? Welche Feinde hat der Feldhase? Welchen Lebensraum benötigen Rehe? Was fressen sie? Warum benötigen alle Lebewesen einen ausreichenden artgerechten Lebensraum?
3. Lies nun den Text gründlich und versuche auf die gestellten Fragen Antworten im Text zu finden.
4. Welche Stellen des Textes hältst du für besonders wichtig? Welche Begriffe sind dir bekannt? Notiere dir unbekannte Begriffe.
   Fasse das Wesentliche stichpunktartig auf einen Notizzettel zusammen.
5. Wiederhole anhand deiner Notizen den Inhalt des Textes.

Sind Pflanzen auch Lebewesen?

Eine Pflanze ist an ihren Standort gebunden. Sie rennt nicht umher wie eine Maus oder andere Tiere. Sie schnüffelt nicht an der Futterschale wie eine Maus und frisst keine Möhren. Eine Pflanze säugt auch keine Jungen. Sind Pflanzen trotzdem ebenfalls „richtige" Lebewesen? Denke bei der Beantwortung dieser Frage besonders an die Veränderungen einer Pflanze im Jahresverlauf.

1 Ackerwinde

Beobachten Untersuchen *Experimentieren*

2 Entwicklungsetappen einer Rosskastanie

1 Pflanzen können nicht laufen oder springen, trotzdem bewegen sie sich. Bei manchen Pflanzen kannst du das gut beobachten. Betrachte die Blüten von Ackerwinde, Löwenzahn, Gänseblümchen oder Nachtkerze morgens, mittags und abends. ↑1
Notiere die Ergebnisse deiner Beobachtungen in dein Heft. Lege dazu eine Tabelle an. Berücksichtige dabei für jede Pflanze die unterschiedlichen Tageszeiten.

2 Schwieriger als bei Tieren lassen sich bei Pflanzen die Kennzeichen des Lebens entdecken. Beobachte im Jahresverlauf eine Rosskastanie. ↑2
Führe darüber ein Protokoll nach dem auf dieser Seite angegebenen Muster mit dem Datum deiner Beobachtungen.

Protokoll: Beobachtungen an einer Rosskastanie		*Datum:*
Standort:	*Höhe des Baumes:*	*Wie verändern sich die Blätter?*
Stammdurchmesser:	*Alter:*	*Wie verändern sich die Blüten?*
		Wie verändern sich die Früchte?

Die Ackerwinde keimt, wächst und blüht

Durch ein Loch im Asphalt wächst eine Ackerwinde. Bevor der Asphalt aufgetragen wurde, hatte der Wind Samen herangetragen. Unter der Asphaltdecke konnte der Samen keimen. Nun durchbricht die junge Pflanze den Asphalt und gelangt ans Licht. Im Laufe des Sommers wird ihr Stängel immer weiterwachsen und sich dabei verzweigen. ↑3 Findet sie eine Stütze, windet sie sich daran empor und bildet bald Früchte mit Samen, aus denen neue Pflanzen entstehen können.

3 Kennzeichen der Ackerwinde als Lebewesen

Aufgaben

1 Betrachte die Fotos der Ackerwinde und lies den Text dazu durch.

2 Nenne anhand der Fotos und des Textes Kennzeichen, an denen du die Ackerwinde als Lebewesen erkennst.

3 Schreibe zu den Kennzeichen jeweils einen Satz in dein Heft.

4 Begründe nun, warum die Pflanze Ackerwinde ein Lebewesen ist.

5 Betrachte das Foto der Rose. Überlege, wie du feststellen könntest, ob sie echt ist. Begründe deine Meinung.

6 Beschreibe die Standorte der Ackerwinde am Straßenrand, der Rose im Garten und der Rosskastanie. Berücksichtige dabei die Ansprüche, die diese Pflanzen an ihren Standort stellen.

7 Begründe, dass Pflanzen ebenso wie die Tiere ohne Lebensraum nicht existieren können.

4 Echte Rose oder Kunstrose?

Pilze sind besondere Lebewesen

Über 100 000 Pilzarten sind bekannt. Im Freiland sind es die Hutpilze und im Haus die Schimmelpilze auf verdorbenen Lebensmitteln sowie die Hefepilze für die Zubereitung von Kuchenteig. Pilze wie der Champignon werden sogar in großen Anzuchträumen gezüchtet. Viele Pilze wachsen zwar auch im Boden, aber sie sind nicht wie grüne Pflanzen gebaut und können auch ohne Licht leben. Sie sind daher neben Pflanzen und Tieren eine besondere Gruppe von Lebewesen.

1 Im Herbst bilden Hutpilze Fortpflanzungskörper aus.

Beobachten Untersuchen Experimentieren

Wir untersuchen Champignons

Material: frische, junge Champignons, Zeichenpapier und Bleistift.

Durchführung: Betrachte einen Champignon, fertige eine Zeichnung an und beschrifte sie mithilfe von Abbildung 3.

Zeichne auch die Unterseite des Pilzhutes.

Lasse einen Pilzhut ohne Stiel mit den Lamellen nach unten über Nacht auf einem weißen Stück Papier liegen. Beschreibe, was du am nächsten Tag feststellen kannst.

Auswertung: Welche Aufgabe könnten die Pilzhüte für den Pilz erfüllen? Notiere dazu eine Vermutung.

Pilze – weder Pflanzen noch Tiere

2 Pilzmyzel auf abgestorbenem Holz

Hutpilze – der Pilz lebt unterirdisch Hebt man einen Hutpilz mit der anhaftenden Erde aus dem Boden heraus und spült ihn gründlich ab, dann wird am Stiel ein weißes Geflecht sichtbar. Dieses Pilzgeflecht nennt man Myzel. Es wächst, außer bei Frost, fast während des ganzen Jahres viele Meter weit durch den Boden und ist der eigentliche Pilz. Betrachtet man das Myzel mit einer Lupe, dann ist zu erkennen, dass es aus vielen verzweigten Fäden besteht.

Bei genügend Feuchtigkeit und Wärme bildet das Myzel innerhalb weniger Tage die oberirdischen Fortpflanzungskörper. Diese können als Pilze gesammelt werden, sofern sie essbar sind.

Fortpflanzung und Entwicklung Die Hutpilze bilden zur Fortpflanzung in den Röhren oder an den Blättern der Hutunterseite viele sehr kleine Teilchen aus, die als Sporen bezeichnet werden. Die reifen Sporen fallen aus. Sie werden durch den Wind verbreitet. Durch Wachstum entsteht daraus ein neuer Pilz. Nachdem die Sporen ausgefallen sind, stirbt der Fortpflanzungskörper ab. Das Myzel bleibt meist erhalten und kann im nächsten Jahr neue Fortpflanzungskörper ausbilden. ↑3

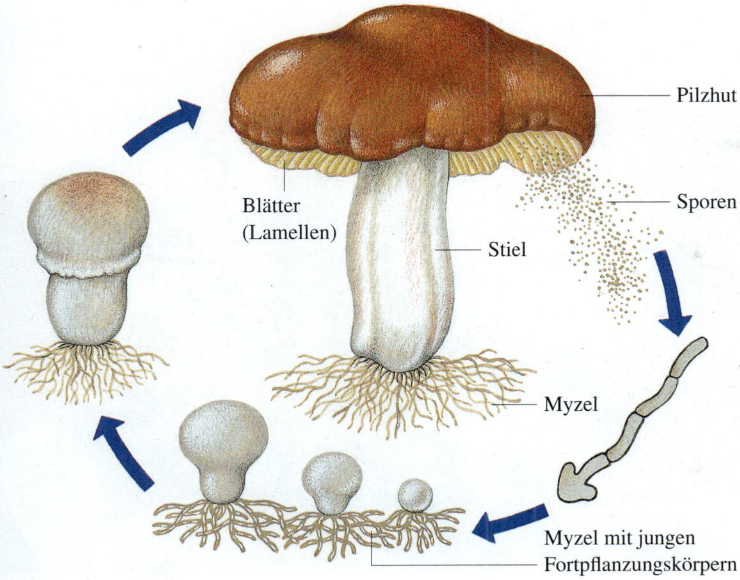

3 Fortpflanzung und Entwicklung eines Hutpilzes

4 „Pilzwurzel": Das weißliche Myzel umspinnt die Wurzeln des Baums.

5 Schimmelpilze auf Brot

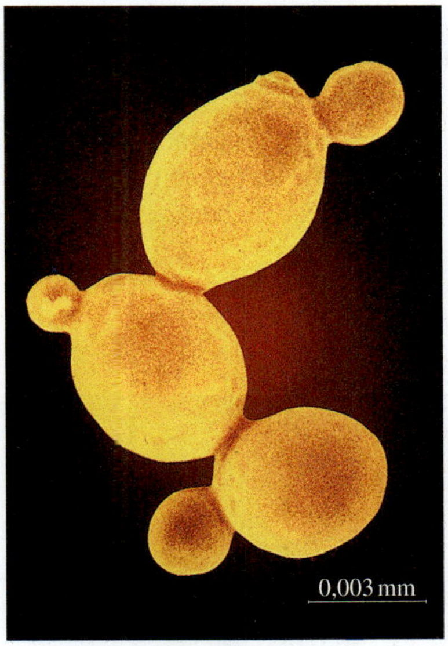

6 So sehen Hefepilze mikroskopisch stark vergrößert aus.

Ernährungsweise Die meisten Hutpilze entnehmen Nährstoffe aus abgestorbenen Teilen von Pflanzen und Tieren. Dadurch tragen sie zu deren Zersetzung bei. Viele Pilze bilden um die Enden von Wurzeln bestimmter Baumarten ein dichtes Geflecht ihrer Pilzfäden. Diese ermöglichen die bessere Versorgung der Bäume mit Wasser und Mineralstoffen. Die Pilze entnehmen den Baumwurzeln Nährstoffe (z. B. Zucker). Eine solche Ernährungsgemeinschaft zwischen Pilz und Baum wird als „Pilzwurzel" (Mykorrhiza) bezeichnet. ↑4

Schimmelpilze und Hefepilze Wenn du Brotreste nicht in den Kühlschrank stellst, bilden sich in feuchter Umgebung innerhalb weniger Tage darauf Schimmelpilze. Mit einer Lupe kann man sehen, dass der Schimmel von dünnen Pilzfäden gebildet wird. Außerdem sehen wir an einigen aufrecht stehenden Pilzfäden kleine rundliche Sporen. Diese können schon bei geringster Luftbewegung abfallen und für die Verbreitung der Schimmelpilze sorgen. Feuchtigkeit und Wärme beschleunigen das Wachstum der Schimmelpilze. ↑5 Sie nehmen Nährstoffe (z. B. Zucker) aus Nahrungsmitteln oder aus Resten von Pflanzen bzw. Tieren auf und zersetzen diese. Backhefe besteht aus Millionen aneinandergereihter kleiner lebender Teilchen (Hefezellen), von denen jedes ein Hefepilz ist. ↑6 Sie ernähren sich vom Zucker des Kuchenteigs.

Pilze sind neben Pflanzen und Tieren eine besondere Gruppe von Lebewesen. Sie sind in der Natur maßgeblich an der Zersetzung von Pflanzen- und Tierresten beteiligt. Ihre Fortpflanzung erfolgt meist durch Sporen.

Aufgaben

1 Erläutere Kennzeichen des Lebendigen am Beispiel der Pilze.

2 Informiere dich über Hutpilze deines Heimatgebietes. Berichte in der Klasse darüber.

Der Mensch als Lebewesen

Am Sonntag war Familienfest. Oma hatte Geburtstag und Große und Kleine waren gekommen: Mama, Papa, die Kinder, Enkel, Onkel, Tante, Cousin und Cousinen. Natürlich sagte Opa wie immer, als er die Enkel in den Arm genommen hatte: „Was bist du groß geworden!" Es gab reichlich zu essen und es wurde viel erzählt. Welche Kennzeichen der Lebewesen zeigen die Geburtstagsgäste? War das Essen auf dem Familienfest gesund? Welche Bedeutung hat das Essen für unseren Körper?

1 Familienfest

Beobachten Untersuchen Experimentieren

1 Beobachte einige Minuten Menschen, die im Sommer in einem Park auf einer Bank sitzen und Vögel füttern.
Berichte über gemeinsame Kennzeichen des Lebens, die du bei den Pflanzen, Tieren und Menschen, die du beobachtest hast, feststellen konntest.

2 Jeder zweite Mensch in Deutschland hält Gesundheit für das Wichtigste im Leben. Befrage deine Eltern, Nachbarn und Freunde zu diesem Thema.
Was verstehst du unter Gesundheit? Berichte über deine Erfahrungen, was deinem Körper guttut und was schlecht für ihn ist.

Menschen zeigen Merkmale der Lebewesen

2 Der Mensch ist ein soziales Wesen.

Lebensvorgänge beim Menschen Auf der Erde leben ungefähr 6,6 Milliarden Menschen. Sie haben vieles gemeinsam: Wie du atmen alle Menschen den Sauerstoff der Luft ein, müssen regelmäßig Nahrung zu sich nehmen und trinken. Beim Essen nehmen wir alle Stoffe auf, die wir zum Leben brauchen. Unverdauliche Reste werden ausgeschieden. Diese Lebensvorgänge zusammen nennt man „Stoffwechsel".

Alle Kinder wachsen und werden älter. Dabei durchlaufen sie verschiedene Wachstums- und Altersstufen (z. B. Kleinkindalter, Jugendalter, Erwachsenenalter). Der Mensch ist dabei oft auf andere Menschen angewiesen, er ist ein soziales Wesen. ↑2 Viele Menschen bekommen im Erwachsenenalter selbst Nachkommen, die ihnen in vielen Merkmalen ähneln. So haben viele Kinder die gleiche Augenfarbe wie ihre Mutter oder eine Nasenform ähnlich der ihres Vaters. Auch Menschen müssen sich orientieren. Wenn wir über eine stark befahrene Straße gehen wollen, helfen uns unsere Augen und unsere Ohren, damit wir uns zurechtfinden.

Aufgaben

1 Erläutere, welche Kennzeichen den Menschen als Lebewesen auszeichnen.

2 Woran kannst du erkennen, dass Pflanzen, Tiere und Menschen leben?

3 Alle Menschen weisen den gleichen Körperbau auf. Durch welche Merkmale können sich Menschen voneinander unterscheiden? ↑3, 4

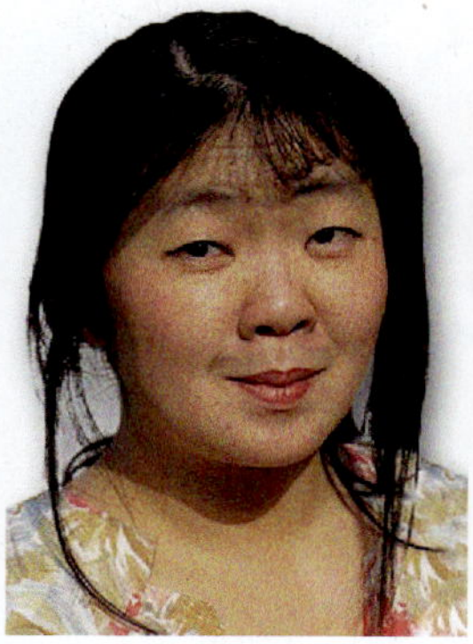

3

4

4 Ein Mensch isst, trinkt, atmet ein und aus, bewegt sich, schwitzt, friert und schläft. Nicht verwertbare Abfallstoffe scheidet er aus. Alle diese Lebenserscheinungen kann man als „Stoffwechsel" zusammenfassen.
Erläutere die Bedeutung der einzelnen Lebenserscheinungen für den Stoffwechsel.

5 Um sich fit zu halten, treibt Peter gern Sport.
Welche Bedeutung hat Sport für die Gesunderhaltung des Körpers? ↑6

6

6 Der Mensch ist auf den Kontakt mit anderen Menschen angewiesen. Er ist ein soziales Wesen.
Gib an, wobei du andere Menschen brauchst.
Was ist mit folgender Aussage gemeint: „Jedem von uns steht das gesamte Menschheitswissen zur Verfügung"?

7 Nenne die Umweltbedingungen, die Raumkapsel und Raumanzug erfüllen müssen, damit der Astronaut im All überleben kann. ↑5

5

8 Hätte sich Frau Maier bei der Auswahl eines Geschenks nicht für ein Parfüm, sondern für einen Schal oder eine CD entschieden, hätte sie das Geschenk mit anderen Sinnesorganen geprüft.
Beschreibe, mit welchen Sinnesorganen wir unsere Umwelt überprüfen. ↑7

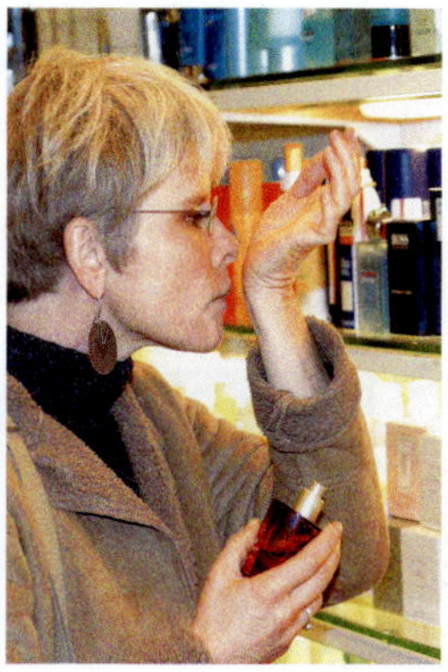

7

9 Sammle Material (z. B. aus Zeitungen und Zeitschriften), das Hinweise für eine gesunde Lebensweise enthält.

Kennzeichen aller Lebewesen

Die Puppe von Annas kleiner Schwester ist wie ein richtiges Baby: Sie kann trinken, in die Windel machen, essen und aufs Töpfchen gehen, weinen und quietschen. Sie ist voll beweglich und kann auch gebadet werden. Wenn man ihr ihren Schnuller in den Mund steckt, schließt sie die Augen.
Ist die Puppe ein lebendiges Baby? Welche Merkmale müssen erfüllt sein, damit man von einem Lebewesen sprechen kann?

1 Eine Puppe – fast wie ein richtiges Baby?

Beobachten Untersuchen Experimentieren

1 Sammle Abbildungen von zwei Tieren. Fertige damit Steckbriefe an, die du im Biologieraum an der Pinnwand befestigst.
Der Steckbrief sollte Kurzangaben zu auffälligen Merkmalen dieser Lebewesen enthalten.

2 Überlege, ob es sich bei einem Vogelei um ein Lebewesen handelt, und begründe deine Entscheidung. Beziehe in deine Überlegung folgende Fragen ein: Lebt ein Vogelei? Wie entwickelt sich das Vogelei weiter, wenn es vom Elternvogel ausgebrütet wird? Beschreibe.

3 Schreibe die Namen der Dinge auf, die du für lebend hältst: Sonnenblume im Garten, Kunstrose, Bohnensamen in der Tüte, Rennmaus, Äpfel, Baumrinde, Babypuppe, Weidenzweig, Kiefernzapfen, Federn, Roboter, versteinerter Seeigel, Kerzenflamme, Pilze im Korb.

Lebewesen und unbelebte Dinge

Kennzeichen von Lebewesen nennt man solche Merkmale, die Lebewesen von unbelebten Gegenständen unterscheiden. Lebensvorgänge sind Merkmale der Lebewesen. Nur wenn alle Merkmale vorhanden sind, spricht man von einem Lebewesen. Unbelebte Gegenstände können einzelne Eigenschaften von Lebewesen besitzen, aber nicht alle zusammen.

2 Die Maus schnuppert und horcht.

3 Die Mimose klappt bei Berührung ihre Blätter ein.

Eigenbewegung Tiere können sich durch aktive Bewegung mithilfe ihrer Muskelkraft an verschiedenen Orten aufhalten. Spielzeugtiere brauchen dazu ein Uhrwerk oder einen Elektromotor. Pflanzen können ihren Standort nicht verlassen, zeigen aber langsame Wachstumsbewegungen (z. B. wenn aus Keimpflanzen neue Pflanzen entstehen).

Reizbarkeit Die meisten Tiere nehmen mit Sinnesorganen aufmerksam ihre Umgebung wahr. Sie flüchten, wenn sie gestört werden, und laufen, schwimmen oder fliegen fort. Pflanzen reagieren auf Licht. Zum Beispiel richten sich die Blüten der Sonnenblume im Tagesverlauf nach der Sonne aus. Lebewesen können also Reize aufnehmen und darauf reagieren. ↑2,3

Stoffwechsel Pflanzen benötigen Licht, Wasser und Bodennährstoffe, um zu leben. Menschen und Tiere müssen Nahrung aufnehmen, um sich bewegen, wachsen und vermehren zu können. Pilze leben meist von stofflichen Resten abgestorbener Lebewesen. Stoffaufnahme, Stoffumbau im Körper und Ausscheidung von Abfall nennt man zusammen Stoffwechsel.

4, 5, 6 Auch Stoffwechsel, Wachstum, Entwicklung, Fortpflanzung und Vererbung kennzeichnen Lebewesen.

Wachstum und Entwicklung Säugetiere wachsen und entwickeln sich bis zur Geburt im mütterlichen Körper. Die meisten Tiere entwickeln sich aus abgelegten Eiern (z. B. Fische, Lurche und Vögel sowie Insekten). Aus Samen entwickeln sich Pflanzen, aus Pilzsporen entsteht ein neues Mycel mit Pilzkörpern.

Fortpflanzung und Vererbung Die von Menschen, Tieren und Pflanzen erzeugten Nachkommen sind ihren Eltern in vielen Eigenschaften gleich. Dadurch hat zum Beispiel jede Tierart unverwechselbare Körpermerkmale, an denen wir sie erkennen können.

Menschen, Tiere, Pflanzen und Pilze sind Lebewesen. Sie unterscheiden sich von unbelebten Dingen durch folgende Merkmale: Bewegung, Stoffwechsel, Reizbarkeit, Wachstum und Entwicklung sowie Fortpflanzung und Vererbung.

Überblick

Kennzeichen des Lebendigen
Lebewesen haben bestimmte Merkmale, die sie von unbelebten Gegenständen (z. B. Steine, Stofftiere) unterscheiden. Sie können sich aus eigener Kraft bewegen. Sie nehmen Stoffe auf, verarbeiten sie und scheiden nicht verwertbare Reste aus. Dieser „Stoffwechsel" dient dazu, den Körper mit Energie und Baustoffen zu versorgen. Mit ihren Sinnen nehmen Lebewesen Reize aus der Umwelt auf. Sie reagieren auf Reize (z. B. Licht).

Neue Lebewesen entstehen durch Fortpflanzung: Jedes Lebewesen stammt von älteren Lebewesen ab, mit denen es in vielen Merkmalen übereinstimmt (z. B. äußere Gestalt, innerer Bau).
Die Nachkommen gleichen in vielen Merkmalen ihren Eltern. Jedes Lebewesen durchläuft eine Entwicklung, die mit Wachstum verbunden ist.
Dabei nimmt der Mensch als denkendes und soziales Lebewesen eine besondere Stellung ein.

Tiere, Pflanzen und Pilze brauchen Lebensräume
Alle Lebewesen benötigen einen für sie artgerechten, ausreichend großen Lebensraum. Dazu zählen zum Beispiel bei Tieren Nahrung, Rückzugsmöglichkeiten und ein Platz, um die Nachkommen großzuziehen.

1 Pflanzen, Pilze, Tiere und Menschen sind Lebewesen.
Sie zeigen Stoffwechsel, Wachstum, Fortpflanzung, Entwicklung, Reizbarkeit und Bewegung.

alles klar?

1 Betrachte die Fotos und entscheide, ob auf ihnen auch Lebewesen abgebildet sind. Begründe deine Entscheidung. Bei welchem Beispiel fällt dir die Entscheidung leicht, wo ist es schwieriger?
Überlege weiter: Die Eisblume am Fenster wächst in der Kälte. Der Windsack dreht sich mit der Richtung des Windes. Das Auto verbrennt Benzin und verbraucht dabei Sauerstoff. ↑1–7
Bleibst du bei deiner oben getroffenen Entscheidung?

2 Windsack

3 Blüte der Kartoffelrose

4 Autos im Straßenverkehr

5 Eisblume am Fenster

6 Rotkehlchen am Nest

2 Du sollst folgendes Problem klären: „Wie viel Futter frisst ein erwachsenes Meerschweinchen in einer Woche?"
Wie würdest du bei der Lösung dieses Problems vorgehen?

a Entwirf einen Plan, wie du das Problem experimentell lösen könntest.
Welche biologischen Arbeitsweisen setzt du dabei ein? Fertige dazu ein Protokoll an.

b Bei einem erwachsenen Meerschweinchen wird das Körpergewicht in einer Woche nicht zunehmen. Begründe, warum keine Gewichtszunahme erfolgt. Erläutere, wo die Stoffe aus dem gefressenen Futter bleiben.

3 Lies den Text aufmerksam durch. Nenne Kennzeichen des Lebens, die im Text angesprochen werden.
„Auf der Wiese vor dem Bauernhof stehen einige Ziegen. Vor wenigen Tagen erst kamen die Jungziegen zur Welt. Schon können sie der Mutter überallhin folgen. Das Euter der Geiß ist prall mit Milch gefüllt. Sie macht die Zicklein in den ersten Wochen ihres Lebens immer satt. Erst später beginnen sie selbst nach schmackhaften Pflanzen zu suchen. Der Hofhund nähert sich den Ziegen. Erschreckt rennen die Zicklein davon. Die Geiß geht langsam hinterher. Sie weiß, dass der Hofhund für sie keine Gefahr ist."

7 Hausziege mit ihrem Jungtier

Teste dich!

1 Bild ↑1 zeigt eine Familie.

1 Eltern mit ihren drei Töchtern

a Welche Kennzeichen von Lebewesen verdeutlicht das Bild? Begründe.

b Man sagt, dass ein Kind sich zu einem Erwachsenen entwickelt. Nenne verschiedene Wachstums- und Altersstufen.

2 In Fabriken werden für bestimmte Aufgaben Roboter eingesetzt, zum Beispiel bei der Fertigung von Autos.

a Kannst du an einem Roboter Kennzeichen von Lebewesen entdecken?

b Erläutere, warum Roboter dennoch keine Lebewesen sind, und begründe deine Meinung.

3 Gedankenkarten sind eine gute Hilfe, wenn du Lernstoff wiederholen und dir Zusammenhänge klarmachen willst. In Bild ↑2 siehst du eine Gedankenkarte für Kennzeichen des Lebens bei der Maus.

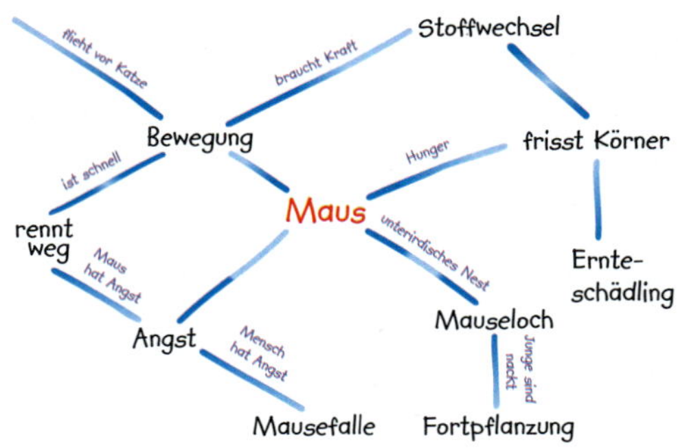

2 Beispiel für eine Gedankenkarte

a Suche dir ein Tier aus und schreibe seinen Namen in die Mitte eines Papierblatts. Füge Begriffe hinzu, die dir zu dem Tier einfallen.

b Verbinde die Begriffe, zwischen denen es einen Zusammenhang gibt. Schreibe an die Verbindungslinie, warum die Begriffe zusammenpassen.

c Versuche, die auf Seite 21 fett gedruckten Begriffe einzubauen. Halte mithilfe der Gedankenkarte einen Kurzvortrag.

Die Farben zeigen, worauf es bei einer Aufgabe ankommt:
■ Sachverhalte wiedergeben ■ Wissen anwenden ■ komplexe Probleme lösen

❯ Die Lösungen findest du im Anhang.

Schätze deine Kenntnisse und Fähigkeiten ein.

Aufgabe	Lerngebiet/Fähigkeit	Lösungshilfe	Auswertung
1	Ich kann dem Menschen Kennzeichen des Lebendigen zuordnen.	18, 19	Ordne dazu deiner Lösung im Heft ein Smiley zu:
	Ich kann die Entwicklung vom Kind zum Erwachsenen beschreiben.		☺ Ich konnte die Aufgabe richtig lösen.
2	Ich kann an einem Roboter einzelne Kennzeichen des Lebendigen erkennen.	8, 20	😐 Ich konnte die Aufgabe nicht komplett lösen.
	Ich kann richtig entscheiden und begründen, warum Roboter keine Lebewesen sind.	21	☹ Ich konnte die Aufgabe nicht lösen.
3	Ich kann eine Gedankenkarte für Kennzeichen des Lebens am Beispiel eines Tiers anfertigen.	20, 21	
	Ich kann Zusammenhänge zwischen den zugeordneten Begriffen erkennen.		
	Ich kann die allgemeinen Kennzeichen des Lebendigen richtig hinzufügen.	21	

Tiere in ihren Lebensräumen

Der See bietet vielen Tieren einen Lebensraum. Einige leben auf der Wasseroberfläche, andere im Wasser, manche kommen im Uferbereich vor oder bewohnen den Grund des Sees. Je nach Tages- und Jahreszeit treffen wir andere Arten an. Auch wenn wir sie oft gar nicht wahrnehmen – Tiere gibt es fast überall.

Aspekte

1 Wie kommen Tiere, die in den Polargebieten leben, mit Schnee und Kälte zurecht?

Kaum ein Fleck auf unserer Erde ist unbewohnt. Dabei unterscheiden sich die Lebensbedingungen in den verschiedenen Lebensräumen stark voneinander. Manche erscheinen uns unwirtlich und lebensfeindlich, andere verändern sich mit dem Wechsel von Tag und Nacht oder mit den Jahreszeiten. Wie kommen die Tiere, die dort leben, mit den Bedingungen zurecht?

2 Fische sind an das Leben im Wasser angepasst. Welche Lebensbedingungen herrschen dort?

4 Welche Lebensräume gibt es auf der Erde? Welche Tiere kommen dort vor?

3 Säugetiere kommen auf und unter der Erde vor, einige leben im Meer, andere können fliegen. Welche Merkmale ermöglichen es den Säugetieren, verschiedene Lebensräume zu besiedeln?

5 Kröten begeben sich auf Wanderschaft. Wohin wandern sie? Warum tun sie das?

6 Rehe können wir auch im Winter beobachten, Igel dagegen nicht. Wie überleben sie die kalte Jahreszeit?

7 Kriechtiere kommen meist in warmen Regionen der Erde vor. Woran liegt das?

8 Vögel haben als Flugkünstler den Luftraum erobert. Wie sind sie an das Fliegen angepasst?

Wirbeltiere – Gemeinsamkeiten und Unterschiede

Warum ordnet man so unterschiedliche Tierarten wie Hauspferd, Karpfen, Zauneidechse, Wasserfrosch und Fischadler in dieselbe Verwandtschaftsgruppe ein? Um das zu begründen, müssen wir weit in die Vorgeschichte zurückblicken: Säugetiere, Fische, Lurche, Vögel und Kriechtiere haben gemeinsame Vorfahren, von denen sie unter anderem „ihre" Wirbelsäule „übernommen" haben.
In der Erdgeschichte sind auch viele Arten ausgestorben.

1 Versteinertes Skelett eines „Urpferdchens".

Methode *Von der Tabelle zum Diagramm*

In einem Versuch haben Wissenschaftler die Abhängigkeit der Körpertemperatur einer Eidechse und einer Katze von der Lufttemperatur untersucht. Die Tiere wurden dabei 2 Stunden bei der jeweiligen Lufttemperatur gehalten, dann wurde ihre Körpertemperatur gemessen. Folgende Temperaturen wurden gemessen:

Lufttemperatur in °C	*Körpertemperatur in °C*	
	Eidechse	*Katze*
8	8	39
18	18	39
20	20	39
30	30	39,5
39	39	40

Um Messwerte anschaulich darzustellen, zeichnen Biologen Diagramme.

Dabei solltest du bei deinem Diagramm wie folgt vorgehen:

1. Zeichne ein Achsenkreuz und beschrifte die Hochachse (y-Achse) und Rechtsachse (x-Achse) mit der Messgröße und der Einheit.
2. Teile die Achsen ein. Achte auf einen sinnvollen Maßstab, sodass man die Messwerte auch gut unterscheiden kann.
3. Trage die Messwerte mit einem Bunt- oder Bleistift ein. Möchtest du mehrere Messwerte in einem Diagramm darstellen, verwende unterschiedliche Farben und vermerke deren Bedeutung (Legende).
4. Verbinde die einzelnen Messwerte „frei Hand" zu einem Liniendiagramm.
5. Finde für das Diagramm eine Überschrift.

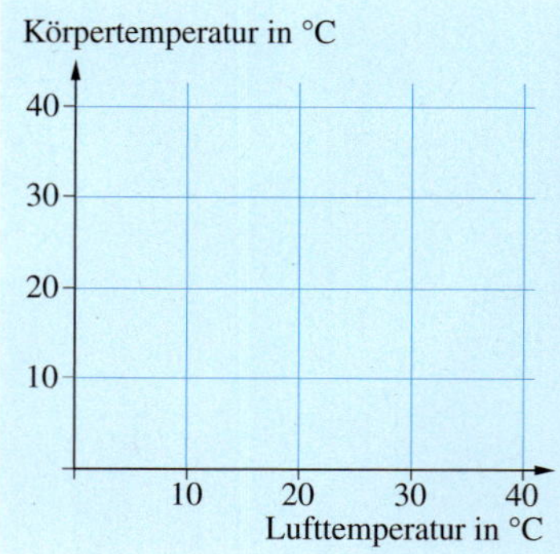

Zeichne nun mit den angegebenen Werten des Versuchs ein Liniendiagramm, bei dem du auf der x-Achse die Lufttemperatur und auf der y-Achse die Körpertemperatur in °C abträgst.
Verwende für die Körpertemperatur der Eidechse einen blauen, für die Körpertemperatur der Katze einen roten Buntstift.
Vergleiche das Verhältnis zwischen Körpertemperatur und Umgebungstemperatur bei beiden Tieren.

Wirbeltiere und ihre Lebensräume

Körpergliederung Wirbeltiere weisen viele Gemeinsamkeiten auf, die auf ihre gemeinsame Abstammung zurückzuführen sind. Alle anderen Tiergruppen können wir ihnen als wirbellose Tiere („Tiere ohne Innenskelett und Wirbelsäule"; z. B. Insekten) gegenüberstellen. ↑S.176–179

Skelett Der Körper der Wirbeltiere ist meist deutlich in Kopf, Rumpf und Schwanz gegliedert. Alle Wirbeltiere haben ein Innenskelett, dessen Hauptachse die Wirbelsäule ist. Bei den meisten Wirbeltieren besteht es aus Knochen. Nur bei den Haien und Rochen ist es ganz aus Knorpel aufgebaut. Die Wirbelsäule ist in Wirbel gegliedert. Im Wirbelkanal der Wirbelsäule verläuft das Rückenmark. Am Vorderende der Wirbelsäule befindet sich der Schädel, der das empfindliche Gehirn schützt. ↑2

Gliedmaßen Wirbeltiere besitzen mit Ausnahme der Fische Vorder- und Hintergliedmaßen. Diese sind in Anpassung an die Lebensweise in verschiedenen Lebensräumen unterschiedlich gebaut: Pferde haben Laufbeine. Die Vordergliedmaßen der Fledermäuse sind zu Flügeln, die der Wale zu Flossen umgewandelt. Beim Maulwurf bilden sie kurze Grabschaufeln. Die Arme des Schimpansen dienen zum Klettern. Trotz der Unterschiede ihrer Aufgaben im Leben der Tiere sind auch die Gliedmaßen nach demselben Grundbauplan aufgebaut. Bei den Vordergliedmaßen wird der Oberarm vom Oberarmknochen gestützt. Im Unterarm liegen stets Elle und Speiche. Das Skelett der Vordergliedmaßen besteht aus Handwurzel-, Mittelhand- und Fingerknochen. Entsprechend ist das Skelett der hinteren Gliedmaßen gebaut: Oberschenkelknochen, Schien- und Wadenbein, Fußwurzel-, Mittelfuß- und Zehenknochen. Oft findet man an den Händen fünf Finger und an den Füßen fünf Zehen. Die Arme sind über den Schultergürtel, die Beine über den Beckengürtel mit der Wirbelsäule verbunden.

Angepasstheit Die Wirbeltiere sind an das Leben in unterschiedlichen Lebensräumen angepasst (z. B. Fortbewegung und Atmung im Wasser oder an Land bzw. in der Luft). In diesem Zusammenhang sind sie auch durch Angepasstheit von Körperbau und Verhalten an sich jährlich wiederholende Veränderungen der Umwelt (z. B. Temperatur, Luft- und Bodenfeuchtigkeit, Lichteinstrahlung) gekennzeichnet. Die Körpertemperatur der Wirbeltiere ist wechselwarm (Fische, Lurche, Kriechtiere) oder gleichwarm (Vögel, Säugetiere).

Wirbeltiere sind in Körperbau und Verhalten an das Leben in unterschiedlichen Lebensräumen angepasst. Sie sind wechselwarm (Fische, Lurche, Kriechtiere) oder gleichwarm (Vögel, Säugetiere).

2 Skelette der Wirbeltiere

Aufgaben

1 Erläutere, an welchen Merkmalen man ein Wirbeltier erkennt. ↑2

2 Zähle anhand der Bilder Gemeinsamkeiten im Bau der Skelette der Wirbeltiergruppen auf.

3 Katzen sind „gleichwarm", Eidechsen sind „wechselwarm". Erläutere mithilfe der von dir angefertigten Diagramme die Bedeutung dieser Aussagen!

Leben unter Wasser – Fische

Der Lebensraum der Menschen ist das Land. Das Leben im Wasser bereitet uns Schwierigkeiten. Wenn wir zu lange in der Badewanne sitzen, wird unsere Haut schrumpelig. Schwimmen in hohen Wellen ist anstrengend. Nach dem Tauchen müssen wir schnell wieder zum Luftholen an die Wasseroberfläche.
In welcher Weise sind Fische in ihrem Körperbau und durch ihr Verhalten an das Leben im Wasser angepasst?

1 Ein Aquarium bildet den natürlichen Lebensraum der Fische nach.

Beobachten Untersuchen Experimentieren

Lebensraum Wasser

Manchen Angepasstheiten der Fische an ihren Lebensraum könnt ihr leicht auf die Spur kommen.

2 Ein typischer Aquarienfisch: Guppy

1 Aquarium Ein Aquarium ist nicht nur schön anzusehen, sondern bietet auch die Möglichkeit Verhaltensweisen der Fische zu beobachten.
a Betrachte die Fische genau und beschreibe ihre Körperform.
b Beobachte einen Fisch beim Schwimmen. Beschreibe genau seine Bewegungen. Schwimmen alle Fische im Aquarium auf dieselbe Weise?
c Welche Flossen kannst du erkennen? Beobachte von der Seite und von oben, welche Flossen für welche Aufgaben benötigt werden.
d Auch Fische müssen atmen. Beobachte und beschreibe die Atembewegungen der Fische. Stelle Vermutungen an, wie die Tiere Sauerstoff aufnehmen.

2 Welche Körperform ist günstig für das Leben im Wasser? Führt dazu den folgenden Modellversuch durch. Stellt dazu ein Fischmodell aus Knetmasse her. Diese Modelle lasst ihr wie in Bild ↑3 in das mit Wasser gefüllte Glasgefäß aus geringer Höhe fallen. Zuerst lasst ihr das Modell mit dem Vorderende zuerst hineinfallen und dann mit der Breitseite voran. Bestreicht dann das Fischmodell mit einer Creme und führt beide Teilversuche noch einmal durch. Beobachtet jeweils die Eintauchtiefe des Fischmodells.
Erläutert eure Beobachtungen und übertragt sie auf lebende Fische.

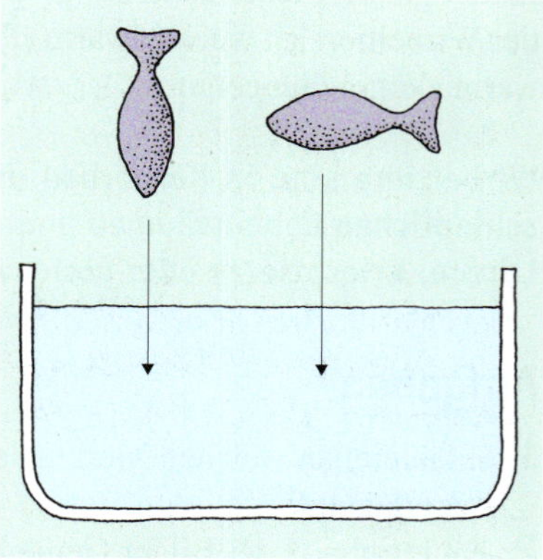

3 Tauchmodellexperiment

Fische sind an ihren Lebensraum angepasst

4 Äußere Körperform eines Karpfens

Schon gewusst?

Jahresringe Die Schuppen der Fische bestehen aus Knochen. Betrachtet man eine Schuppe mithilfe einer Lupe, so erkennt man ineinander liegende Ringe. Wenn Fische wachsen, werden auch die Schuppen größer. Es entstehen neue Ringe. So kann man wie bei Bäumen das Alter der Fische abschätzen.

Fortbewegung und Orientierung Die wichtigsten Sinne der Fische sind ihr Geruchssinn, der Sehsinn sowie der Tast- und Geschmackssinn. Darüber hinaus haben Fische noch ein besonderes Organ, das Seitenlinienorgan. Damit nehmen Fische Erschütterungen und Wasserbewegungen wahr und es hilft dem Fisch bei der Orientierung im Wasser. Es ist als Linie an beiden Körperseiten erkennbar. Die Schwimmblase ermöglicht es den Fischen, im Wasser zu schweben. Die unterschiedlichen Flossen übernehmen Steuerung, Vorwärtsbewegung und Stabilisierung. Sie können durch Muskeln ausgebreitet und wieder zusammengelegt werden.

Haut Der Fischkörper ist mit dünnen Knochenplättchen, den Schuppen, bedeckt. Sie sind dachziegelartig unter der Oberhaut in die Lederhaut eingebettet. ↑5 Die Haut der Fische sondert einen feuchten Schleim ab, der sie und die Schuppen vor Verletzung und Krankheit schützt. Er macht die Oberfläche glitschig und verkleinert so den Wasserwiderstand. Die Fortbewegung im Wasser wird dadurch erleichtert.

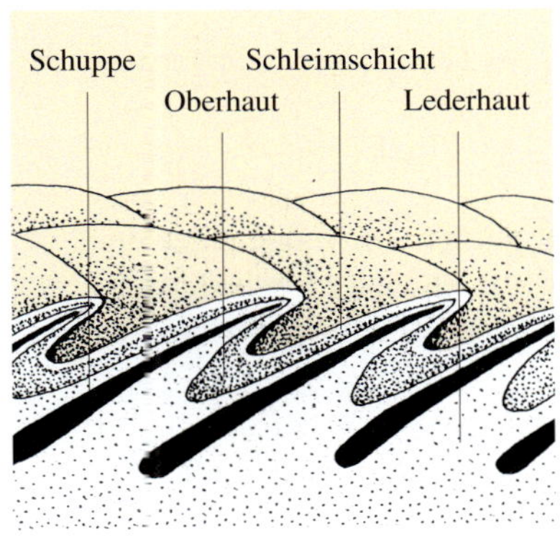

5 Aufbau der Haut

Aufgaben

1 Ahme mit einer Einwegspritze die Funktion der Schwimmblase nach. An der Spritze wird zum Beispiel mit Tesafilm eine Schraubenmutter zur Beschwerung befestigt. ↑6 Die Spritze sollte bei ganz eingeschobenem Kolben auf den Grund eines mit Wasser gefüllten Gefäßes sinken.
Was passiert, wenn die Spritze unterschiedlich weit mit Luft gefüllt ist? Erkläre anhand deiner Beobachtungen, wie die Schwimmblase das Schweben der Fische ermöglicht.

2 Am Boden lebende Fischarten wie der Wels besitzen keine Schwimmblase. Erkläre.

3 Zähle die Flossen des Karpfens. ↑4 Welche Flossen kommen nur einmal, welche kommen dagegen paarig vor?

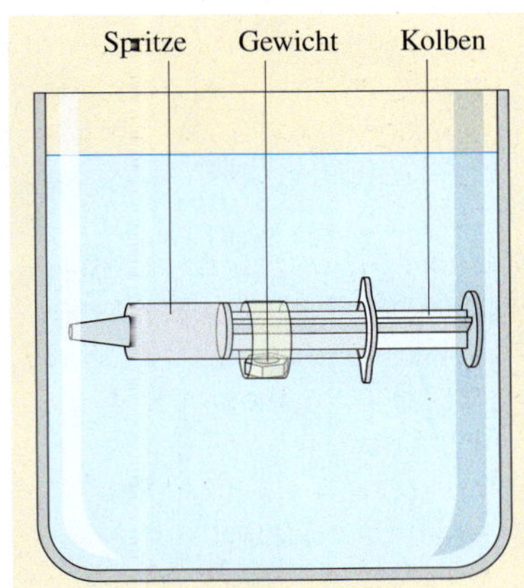

6 Modellversuch Schwimmblase

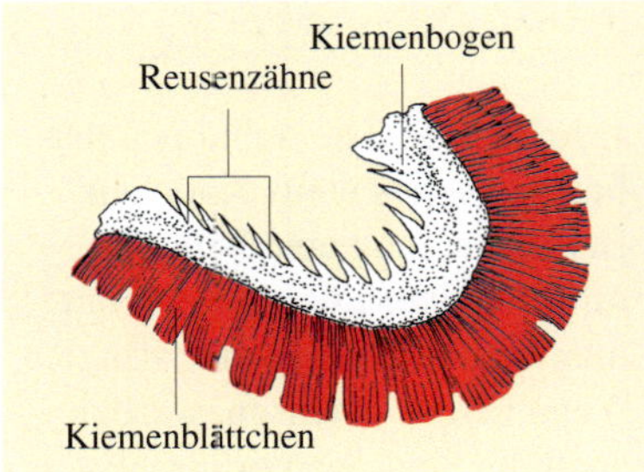

1 Aufbau eines Kiemenbogens

Atmen unter Wasser Fische benötigen zum Atmen Sauerstoff. Sie nehmen ihn mit ihren Kiemen aus dem Wasser auf und geben Kohlenstoffdioxid aus dem Stoffwechsel ab. Die Kiemen liegen geschützt unter den Kiemendeckeln und bestehen auf jeder Seite aus vier Kiemenbögen. ↑1 An jedem Kiemenbogen befinden sich viele Kiemenblättchen, die jeweils aus zwei Lappen bestehen. Sie erscheinen kräftig rot, da sie von einer Vielzahl dünner Blutgefäße durchzogen sind. Diese nehmen den Sauerstoff aus dem Wasser ins Blut auf und geben Kohlenstoffdioxid aus dem Blut ins Wasser ab. Das Blut der Fische hat stets dieselbe Temperatur wie das umgebende Wasser, daher gehören Fische zu den wechselwarmen Tieren.

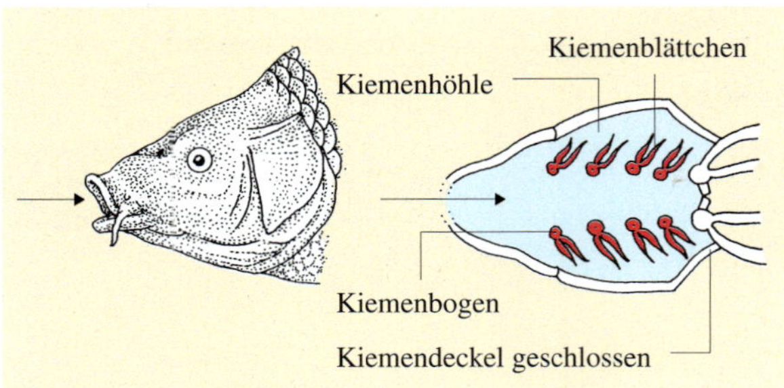

2 Weg des Wassers beim Einatmen

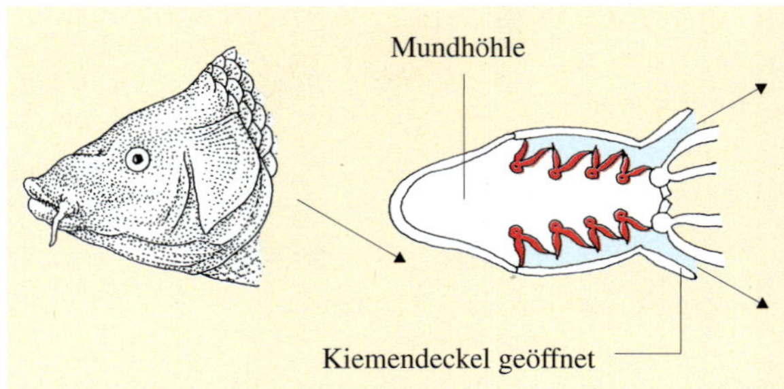

3 Weg des Wassers beim Ausatmen

Schon gewusst?

Eizahlen Im Vergleich zu den Eizahlen vieler Fische legen Hühner lächerlich wenige Eier:

Maximale Eizahlen bei Fischen (je Jahr)	
Stichling	120
Bachforelle	1 500
Karpfen	100 000
Zander	500 000
Stör	6 000 000

Wie sich Fische fortpflanzen Die meisten Fische legen ihre Eier einmal jährlich ab – man sagt, sie laichen – je nach Fischart zu verschiedenen Jahreszeiten. Die Weibchen haben in ihrem Körper lang gestreckte Eierstöcke, in denen sich sehr viele kleine Eier entwickeln. Männchen besitzen Keimdrüsen, die die Spermien bilden. Diese werden gemeinsam mit der weißen Spermienflüssigkeit als Milch bezeichnet. Unmittelbar nachdem das Weibchen seine Eier abgelegt hat, gibt das Männchen seine Milch über die Eier. Die beweglichen Spermien vereinigen sich mit den Eizellen im Wasser, also außerhalb des Körpers der Weibchen. Dieser Vorgang heißt deshalb äußere Befruchtung. ↑6
Haie und Rochen, die als Knorpelfische zusammengefasst werden, machen es anders. Sie haben eine innere Befruchtung. Die Weibchen legen nur wenige große Eier mit einer festen Schale. ↑5 Bei vielen Arten bringen die Weibchen lebende Junge zur Welt.

4 Karpfeneier

5 Ei des Katzenhais

Fische entwickeln sich. Aus befruchteten Eiern schlüpfen Fischlarven, die einen Dottersack mit Nährstoffen besitzen. Sind die Nährstoffe aufgebraucht, ist aus der Larve ein Jungfisch geworden. Bei vielen Fischarten gibt es Besonderheiten. So sehen die Jungen der Scholle anfangs wie die anderen Fische aus und nehmen erst allmählich die typische Plattfischgestalt an. ↑8

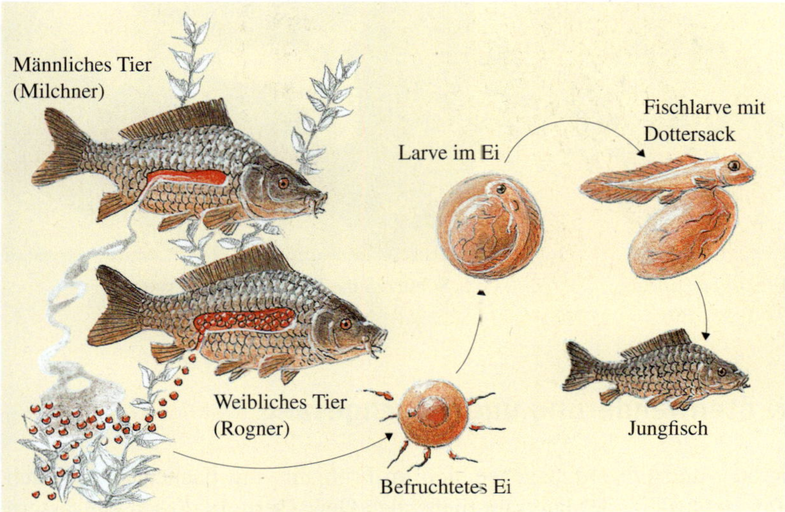

6 Fortpflanzung und Entwicklung eines Karpfen

Biologisches Prinzip

Fortpflanzung
Lebewesen pflanzen sich fort. Dabei entstehen Nachkommen, die ihren Eltern ähnlich sind. Bei geschlechtlicher Fortpflanzung werden männliche und weibliche Fortpflanzungszellen gebildet. Es erfolgt eine Befruchtung: Eine männliche Fortpflanzungszelle verschmilzt mit einer Eizelle.

7 Lungenfisch

Fische sind als einzige Wirbeltiergruppe immer an Wasser gebunden. Sie sind durch ihre schuppige, schleimige Haut an das Schwimmen im Wasser angepasst. Fische atmen mit Kiemen und bewegen sich mithilfe ihrer Flossen fort. Sie sind wechselwarm und pflanzen sich mit äußerer, Haie und Rochen mit innerer Befruchtung fort.

Aufgaben

1 Beschreibe die Fortpflanzung und Entwicklung eines Fisches am Beispiel des Karpfens. ↑6

2 Erstellt Lernplakate zu unterschiedlichen Fischarten. Berücksichtigt Körperbau, Lebensweise und Lebensraum.

3 Beschreibe nach Bild ↑2 und ↑3, wie ein Fisch atmet. Berücksichtige hierbei besonders den Weg des Wassers.

4 Lungenfische können sowohl durch Lungen (Ausstülpung am Vorderdarm) als auch mit Kiemen atmen. ↑7 Stelle Vermutungen an, welchen Schwierigkeiten diese Fische in ihrem Lebensraum ausgesetzt sind.

5 Die Körperform der Scholle weicht von der typischen Form der Fische ab. ↑8 Nenne Anpassungsvorteile der Schollen.

6 Fische ersticken an Land, obwohl dort wesentlich mehr Sauerstoff zur Verfügung steht als im Wasser. Erkläre.

7 Erläutere, was Bootsbauer oder Schwimmsportler den Fischen abgeschaut haben könnten.

8 Erwachsene Scholle

Lurche führen ein Doppelleben

Im Frühjahr werden kleine Zäune an Straßenrändern in der Nähe mancher Tümpel und Teiche aufgebaut. Helfer sammeln an diesen Zäunen Kröten ein und bringen sie sicher über die Straße. Die Kröten haben ihre Überwinterungsquartiere auf dem Land verlassen und sich auf den Weg zu Gewässern gemacht. Warum wandern Kröten im Frühjahr? Wie können sie nicht nur an Land, sondern auch am und im Wasser leben?

1 Erdkrötenpaar

2 Schutzzäune können Lurche retten

Krötenwanderung und Froschgesang

Kröten und Frösche begeben sich im Frühjahr zum flachen Uferbereich von stehenden oder langsam fließenden Gewässern. In diesen Gewässern sind auch sie als Larve geschlüpft. Froschmännchen quaken während der Frühjahrswanderung besonders laut, das ist weithin hörbar. So locken sie Weibchen für die Paarung an. In ihrem Geburtsgewässer paaren sich die Tiere und legen die Eier im Wasser ab. Nach kurzer Zeit verlassen sie das Gewässer und wandern zu ihren Sommerquartieren, meist feuchte kühle Wälder. Erst im Herbst beginnt der Rückzug in das schützende Winterquartier tief in der Erde oder im Bodenschlamm eines Teiches.

Beobachten ***Untersuchen*** *Experimentieren*

Naturschutz – wir können bei der Krötenwanderung helfen

Der Straßenbau nimmt meist keine Rücksicht auf die angestammten Wanderwege der Frösche und Kröten. Vielerorts sind die Tiere auf unsere Hilfe angewiesen.

1 Trage in eine Tabelle die Stationen der Krötenwanderung ein, wie sie im Text oben beschrieben ist. Ergänze die jeweiligen Lebensbedingungen. Erkläre, warum sich die Tiere dort befinden.

2 Das Errichten von Schutzzäunen an Straßenrändern ist eine Möglichkeit den Kröten zu helfen ↑2. Finde weitere Beispiele, wie man Kröten schützen kann. Gib jeweils Vor- und Nachteile der Maßnahmen an.

3 Erkundige dich, beispielsweise bei der Naturschutzbehörde, ob es in der Nähe deines Schul- oder Heimatortes Laichwege von Kröten und Fröschen gibt. Suche sie auf einer Wander- oder Straßenkarte. Fertige eine Skizze des Lebensraumes mit den Wegen der Krötenwanderung an. Erläutere die Schutzmaßnahmen.

3 Grasfrosch

Froschlurche entwickeln sich aus Kaulquappen

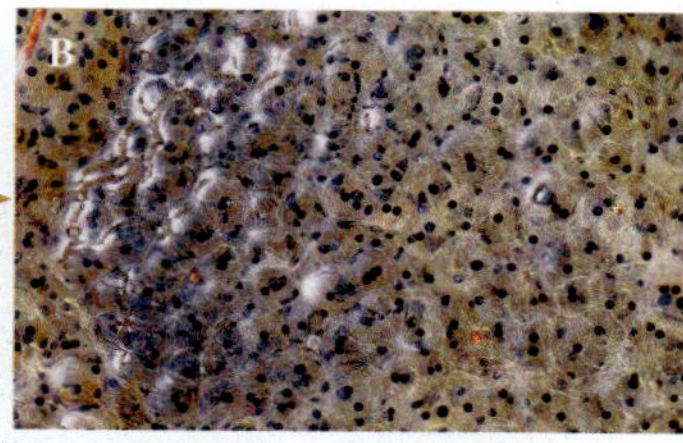

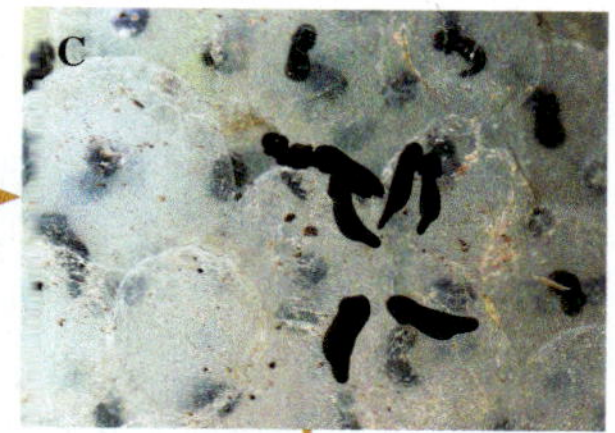

Am Gewässer angekommen, legt das Weibchen etwa 4 000 Eier, den Laich. Da die Eier dicht beieinander liegen und außerdem aufquellen, bilden sich Laichklumpen. Das Froschmännchen besamt die Eier. Die Befruchtung findet außerhalb des weiblichen Körpers statt. Nach einigen Tagen schlüpfen aus den befruchteten Eiern fischähnliche Larven, die man Kaulquappen nennt. Sie atmen mit Kiemen und haben einen Ruderschwanz. Innerhalb der nächsten Wochen verwandeln sich die Kaulquappen zu jungen Fröschen, die dann zum Landleben übergehen. Sie atmen nun durch Lunge und ihre nackte, feuchte Haut. Kaulquappen durchlaufen während ihrer Entwicklung einen Gestaltwandel (Metamorphose): Während Vorderbeine und kräftige Hinterbeine entstehen, bildet sich der Ruderschwanz zurück.

4 Entwicklung eines Grasfroschs

Lurche begeben sich im Frühjahr auf Wanderschaft zur Paarung an ihr Geburtsgewässer und legen dort ihre Eier ab. Die Larven von Lurchen entwickeln sich im Wasser und machen eine Metamorphose durch. Sie atmen durch Kiemen. Ausgewachsene Lurche können auf dem Land leben und atmen durch Lungen und Haut.

Aufgaben

1 Beschreibe mithilfe von Bild ↑4 den Gestaltwandel des Grasfrosches.

2 Bei Lurchen unterscheidet man Frosch- und Schwanzlurche. Ordne die Tiere der Bilder dieser Doppelseite danach ein. Begründe deine Zuordnung.

3 Ordne beiden Gruppen weitere Beispiele zu, die du dir aus verschiedenen Büchern suchen kannst.

4 Lege eine Tabelle mit Unterschieden und Gemeinsamkeiten in den Baumerkmalen von Frosch- und Schwanzlurchen an.

5 Laubfrosch

6 Feuersalamander

7 Kammmolch

8 Gelbbauchunke

Beobachten Untersuchen Experimentieren

1 Schwimmender Wasserfrosch

2 Teichmolch im Wasser

Im Wasser und an Land

Alle Lurche, Frosch- und Schwanzlurche, leben sowohl im Wasser als auch an Land. Ihr Körperbau und ihr Stoffwechsel sind diesem ständigen Wechsel angepasst. Finde mithilfe des abgebildeten Materials heraus, um welche Anpassungen es sich handelt.

1 Nenne Merkmale, mit denen die Lurche an das „Doppelleben" im Wasser und auf dem Land angepasst sind.

2 Beschreibe den Aufbau der Haut eines Lurches. ↑3 Welche Bedeutung haben Schleimdrüsen und Schleimschicht?

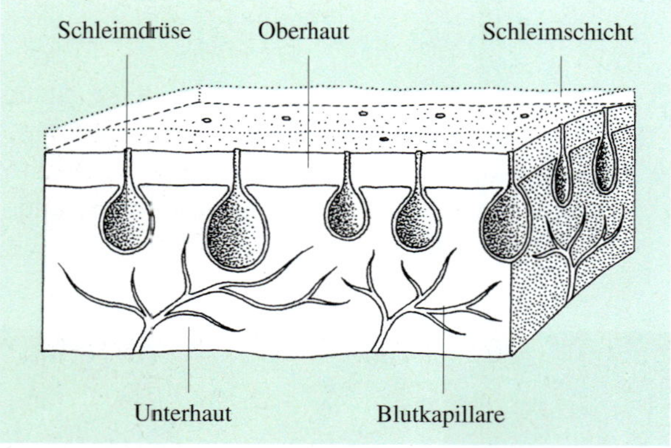

3 Bau der Haut von Lurchen (schematisch)

3 Lurche sind wechselwarme Tiere. Lies den Text zur Körpertemperatur durch. Beschreibe die Auswirkungen der wechselnden Körpertemperatur.

Körpertemperatur von Lurchen Wenn die Außentemperaturen sinken, sinkt auch die Körpertemperatur der Lurche. Ihre Bewegungen werden langsamer. Im Winter verkriechen sie sich in Erdverstecken oder im Schlamm auf dem Grund von Gewässern. Dort überdauern sie reglos die kalte Jahreszeit in Winterstarre.

4 Vergleiche die Beschaffenheit des Lurcheies mit dem des Hühnereies.

a Wo werden Lurcheier vermutlich abgelegt?

b Führe mit einem Thermometer, einer Lampe und schwarzen und weißen Tüchern ein Experiment durch, das die Schwarzfärbung der Lurcheier erklärt.

4 Atmung der Lurche: Die blauen Bereiche der Abbildung zeigen die Stellen der Sauerstoffaufnahme.

Beobachten Untersuchen Experimentieren

5 Schau dir die Abbildung zur Atmung der Lurche an. ↑4 Woher nehmen die Lurche den Sauerstoff, den sie für die Atmung benötigen?

6 Beschreibe mithilfe von Bild ↑5 die Nahrungsaufnahme der Lurche. Informiere dich über die Speisekarte von vier verschiedenen Lurcharten.

7 Fasse nun die Angepasstheiten der Lurche an den Wechsel zwischen Land- und Wasserleben in einem kurzen Text oder in einer Tabelle zusammen.

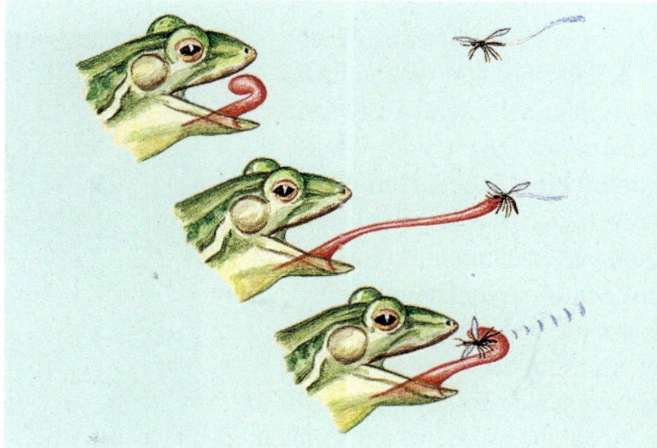

5 Nahrungsaufnahme der Lurche

Zwischen Hüpfen und Schwimmen

Zwei Lebensweisen Vorwiegend in der Dämmerung kann man den Grasfrosch bei der Jagd beobachten. Hüpfend sucht er einen geeigneten Platz auf und wartet dann einige Zeit reglos auf Insekten, Spinnen, Schnecken und Würmer, die er mit seiner langen ausklappbaren Zunge fängt. Bei Gefahr bringt er sich durch einen gewaltigen Sprung in Sicherheit. Er schwimmt im Teich mit kräftigen Bewegungen seiner Hinterbeine davon. Auch der Kammmolch hat durch seine unterschiedliche Lebensweise eine vielfältige Speisekarte: An Land erbeutet er langsam kriechend Würmer und kleine Schnecken. Er schwimmt durch Schläge seines Schwanzes und ernährt sich im Wasser von kleinen Krebsen, Würmern und Kaulquappen.

Feuchtlufttiere Noch etwas haben beide gemeinsam: Als typische Feuchtlufttiere verlassen sie nur an Regentagen oder bei hoher Luftfeuchtigkeit das Versteck in Laubwäldern, auf Waldlichtungen und feuchten Wiesen zum Beutefang. Sonst würde die dünne, drüsenreiche Haut in kurzer Zeit lebensgefährlich viel Wasser verlieren. Die Haut ist so gut durchblutet, dass der notwendige Sauerstoff durch sie aufgenommen werden kann. Erwachsene Lurche atmen an Land auch durch Lungen.

Der Körperbau der erwachsenen Lurche ermöglicht die Fortbewegung und den Beutefang im Wasser und an Land. Lurche sind wechselwarme Feuchtlufttiere.

Schon gewusst?

Amphibien
Lurche werden mit wissenschaftlichem Namen Amphibien (griechisch: *amphi:* beide, zwei; *bios:* Leben) genannt, weil sie sowohl im Wasser als auch an Land leben. Der Begriff wird auch für Amphibienfahrzeuge verwendet, mit denen man an Land und im Wasser fahren kann.

6 Lurche machen große Sprünge.

Aufgaben

1 Lurche sind in allen Lebensphasen vom Wasser abhängig. Begründe.

2 Betrachte die Bilder ↑7 und ↑8. Wodurch sind die Lurche gefährdet? Finde weitere Beispiele.

7

8

Kriechtiere lieben Trockenheit und Wärme

Auf einer Radtour ist dir ein Tier über den Weg geflitzt. Zwischen den Steinen ist es verschwunden. Nach einer Weile kommt eine Zauneidechse zum Vorschein. Ihr Körperbau ähnelt dem Feuersalamander. Sie kriecht auf den Stein und sonnt sich. Kann die Eidechse austrocknen, wenn es ihr zu warm wird? Wie bewegen sich Eidechsen fort? Gibt es noch andere Tiere, die ähnliche Merkmale zeigen?

1 Zauneidechse beim Sonnen am Vormittag

Beobachten *Untersuchen* Experimentieren

Zauneidechsen sind Kriechtiere

Nicht nur die Zauneidechse ist ein Kriechtier. Zusammen mit den Schlangen bilden sie die Gruppe der Schuppenkriechtiere. Auch Schildkröten und Krokodile, die auch Panzerechsen genannt werden, zählen zu den Kriechtieren.
Hier kannst du herausfinden, welche wichtigen Merkmale Kriechtiere kennzeichnen.

2 Fortbewegung der Kriechtiere

1 Schlage im Tierlexikon nach, welche Kriechtiere in anderen Ländern vorkommen. Was haben diese Länder gemeinsam?

2 Nach ihrer Fortbewegung haben die Kriechtiere (wissenschaftlich: Reptilien) ihren Namen erhalten. Beschreibe mithilfe von Bild ↑2, wie sich Kriechtiere fortbewegen.

3 Ahme die Fortbewegung der Kriechtiere nach. Welche anderen Fortbewegungsweisen bei Tieren kennst du?
Veranstaltet im Sportunterricht ein „Wettrennen".

4 Kriechtiere reagieren unterschiedlich auf verschiedene Umgebungstemperaturen. Um etwa 10 Uhr sonnt sich die Zauneidechse, um etwa 15 Uhr verkriecht sie sich in eine Höhle. Erkläre mithilfe der Tabelle ↑1 auf S. 28 und der Bilder ↑1 und ↑3 das Verhalten der Zauneidechse.

3 Zauneidechsen in einer Erdhöhle (etwa 15 Uhr)

Die Zauneidechse

Angepasstheit an den Lebensraum Zauneidechsen leben an warmen, trockenen Stellen in Wäldern, an Feldrändern, an Böschungen, aber auch in Kiesgruben und Steinbrüchen. Dort findet man sie häufig am Vormittag auf einem Stein in der Sonne sitzend: Sie „tanken" so Wärme.
Sie können sich jetzt besonders flink bewegen und nach Insekten, Würmern und Spinnen jagen. Wird es kühler, sinkt auch die Körpertemperatur der Eidechsen und ihre Bewegungen werden schwerfälliger.

4 Zauneidechse während der Häutung

Trockenlufttiere Die Zauneidechse besitzt eine trockene und verhornte Haut. Die obere Hautschicht ist abgestorben. Sie besteht aus kleinen Hornschuppen und größeren Hornschilden und kann nicht wachsen. Sie wird von Zeit zu Zeit abgestreift, die Tiere häuten sich. ↑4 Dazu reibt sich die Zauneidechse an Steinen. Während der Häutung hängt die alte Haut häufig in Fetzen herunter. Die Haut der Zauneidechse ist undurchlässig und verhindert weitgehend die Austrocknung des Körpers.

Räuber und Beute Zauneidechsen erkennen ihre Beute mit den Augen und dem Züngeln, durch das sie Duftstoffe aufnehmen. Das Geruchsorgan der Zauneidechsen liegt im Gaumen. Werden sie von Fressfeinden am Schwanz gepackt, bricht er an einer Sollbruchstelle ab. ↑5 Dadurch können sie den Feinden entkommen. Den nachwachsenden kürzeren Schwanz können sie nicht ein zweites Mal abwerfen.

Fortpflanzung auf dem Land Zur Paarungszeit finden sich Männchen und Weibchen. Die Befruchtung der Eier durch die Spermien erfolgt im Körper des Weibchens (innere Befruchtung). Im Juni legen die Weibchen 5 bis 17 etwa bohnengroße weichschalige Eier in ein Erdloch ab. Hier werden sie durch die Wärme der Sonne bzw. des Erdreichs ausgebrütet. Nach zwei Monaten schlüpfen etwa 5 cm große Jungtiere, die sofort selbstständig sind und ebenso aussehen wie ihre Eltern. ↑6.

Zauneidechsen sind wechselwarme Tiere, die sich kriechend bewegen (Kriechtiere). Sie sind durch ihre feste, verhornte Haut an trockene Lebensräume angepasst. Während ihres Wachstums häuten sie sich von Zeit zu Zeit. Zauneidechsen pflanzen sich durch innere Befruchtung fort. Die befruchteten Eier werden in Erdlöcher abgelegt und durch Erdwärme ausgebrütet.

Biologisches Prinzip

Steuerung und Regelung
Kriechtiere regeln als wechselwarme Tiere ihre Körpertemperatur, indem ihr Körper Wärme aus der Umgebung aufnimmt. Säugetiere dagegen regeln als gleichwarme Tiere ihre Körpertemperatur weitgehend selbst. So können Wirbeltiere bei wechselnden Umweltbedingungen durch Regelung ihrer Körpertemperatur ihre Körperfunktionen stabil halten.

5 Zauneidechse mit abgebrochenem Schwanz

6 Schlüpfendes Jungtier

Aufgabe

Erläutere, inwiefern das Verhalten eines Eidechsenweibchens bei der Eiablage biologisch zweckmäßig ist. Vergleiche die Fortpflanzung mit der der Lurche.

Beobachten Untersuchen Experimentieren

Kriechtiere sind gefährdete Tiere

Tiere und Pflanzen, die in ihrem Vorkommen gefährdet sind, stehen in Deutschland auf der „Roten Liste". Sie enthalten Verzeichnisse ausgestorbener, verschollener oder gefährdeter Tier- und Pflanzenarten und ihrer Lebensräume. Unterteilt wird dabei nach dem jeweiligen Gefährdungsgrad. ↑1

1 Informiere dich über die gefährdeten Kriechtiere, die auf der „Roten Liste" für Sachsen-Anhalt geführt werden.

2 Fertigt dazu in Gruppenarbeit ein Poster.

3 Begründe, warum naturnahe Wegränder, Feldhecken und Feldwege für das Vorkommen der Zauneidechse wichtig sind.

4 Nenne Gründe für das Verschwinden geeigneter Lebensräume für Eidechsen.

Gefährdungsgrad	
0	ausgestorben
1	vom Aussterben bedroht
2	stark gefährdet
3	gefährdet
P	möglicherweise gefährdet
V	Arten der Vorwarnliste
R	Art kommt nicht überall vor
G	Gefährdung wird angenommen
D	Daten fehlen
N	Art wird nicht in der roten Liste geführt

1 Gefährdungsgrade der Roten Liste

Schlangen – Kriechen ohne Beine

Schon gewusst?

Das Hemd der Natter
Wie alle Kriechtiere haben auch Schlangen eine verhornte Haut. Auch sie müssen sich häuten. Sie streifen die Haut aber als Ganzes ab, das so genannte Natternhemd.

Schlangen sind Kriechtiere. Gemeinsam mit den Eidechsen bilden die Schlangen die Gruppe der Schuppenkriechtiere. Neben einer Reihe von gemeinsamen Merkmalen mit den Eidechsen zeigen sie einen deutlichen Unterschied: Sie haben keine Beine! Aber wie kriechen Kriechtiere ohne Beine? Schlangen kriechen auf ihren Rippen! Und davon haben sie eine ganze Menge: Die bei uns heimische Ringelnatter hat bis zu 180 Rippen. ↑3 Im Gelände mit Steinen und Pflanzenteilen kann man das für Schlangen typische Schlängeln beobachten: Seitlich stoßen sich die einzelnen Windungen von den Steinen ab.

2 Ringelnatter

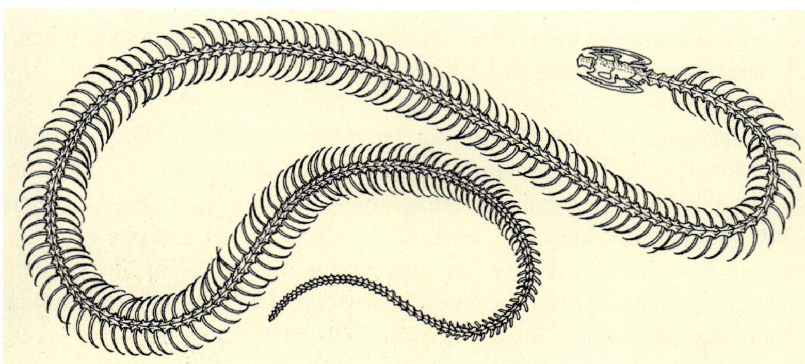

3 Skelett einer Schlange

Lebensraum und Lebensweise Die meisten Schlangen bevorzugen trockene Lebensräume. Manche leben auf Bäumen oder im Wasser. Sie sind sehr scheue Tiere, die schlecht sehen und taub sind. Die durchsichtigen Augenlider sind fest verwachsen. Dadurch wirkt der Blick der Schlange starr. Schlangen haben aber einen sehr guten Geruchssinn, den sie beim Züngeln nutzen und so ihre Beute wahrnehmen können. Aber auch über Erschütterungen des Untergrundes können Schlangen ihre Beute wahrnehmen. Schlangen verschlingen ihre Beute im Ganzen.

Kreuzotter – Achtung giftig! Die tag- und dämmerungsaktive Kreuzotter ist leicht an ihrem Zickzackband am Rücken zu erkennen. ↑4 Die Schlange bevorzugt kühle, feuchte Stellen wie Wälder, Wald- und Feldränder und meidet die pralle Sonne. Sie ernährt sich hauptsächlich von Mäusen, Fröschen und Eidechsen, die sie durch Gift tötet. Die Kreuzotter ist ein Lauerjäger. Nach dem Biss wartet sie kurz und verfolgt dann das Tier züngelnd anhand der Duftspur. Die tote Beute verschlingt sie mit dem Kopf voran im Ganzen.

4 Kreuzotter

Schlangen haben keine Beine. Sie kriechen auf den Rippen. Bei der Häutung streifen sie ihre Haut als Ganzes ab. Ihre Augen haben fest verwachsene, durchsichtige Lider. Schlangen sehen schlecht und sind taub. Ihr Geruchssinn ist sehr gut entwickelt.

Aufgaben

1 Beschreibe mithilfe von Bild ↑6 die Fortbewegungsweise der Schlangen.

2 Erkläre, warum Schlangen auf glatten Oberflächen nicht kriechen können.

3 Die zwei Unterkieferhälften der Schlangen sind mit einem elastischen Band verbunden. ↑7 Überlege, welche Bedeutung das haben könnte.

4 Betrachte das Foto der Blindschleiche ↑5 und lies nebenstehenden Text. Welche Merkmale deuten auf eine Schlange, welche auf eine Eidechse hin? Beantworte die Frage „Blindschleiche – Schlange oder Echse?“ und begründe.

5 Vergleiche die Angepasstheit der Kriechtiere an ihren Lebensraum mit der Angepasstheit der Lurche.

Blindschleichen haben keine Beine, Ansätze davon findet man aber im Skelett. Den langen Schwanz können sie bei Gefahr abwerfen. Bei der Häutung löst sich die Haut in Fetzen ab. Die Blindschleichen haben Augen mit beweglichen Lidern und erkennen ihre Nahrung, Schnecken, Würmer und Insekten, vor allem mithilfe der Zunge. Da die Kiefer miteinander verwachsen sind, können sie nur kleinere Beute jagen. Ihr Name kommt vermutlich von der in der Sonne „blendenden“ Haut.

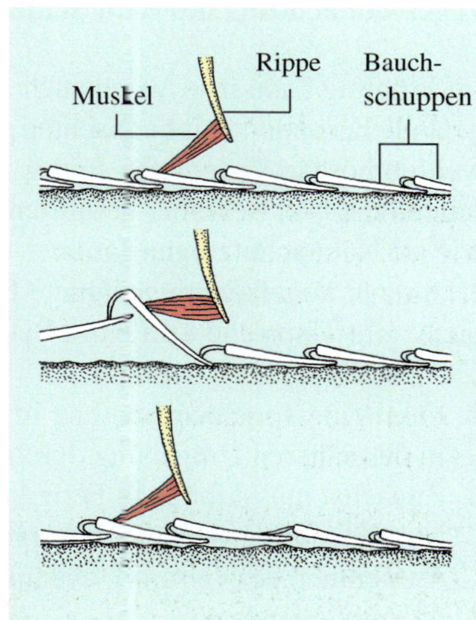

6 So bewegen sich Schlangen fort.

5 Blindschleiche

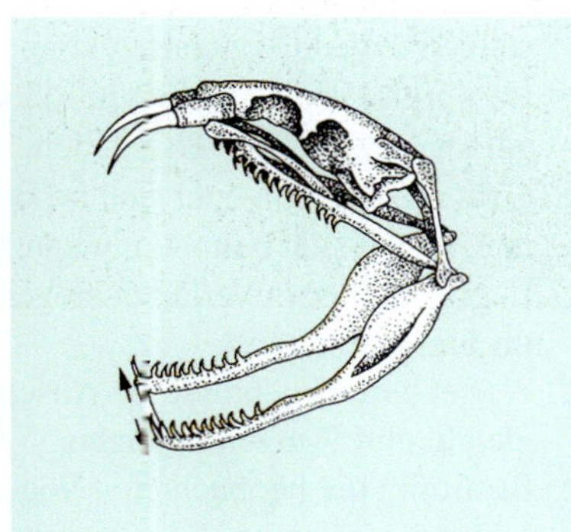

7 Schädel einer Kreuzotter

Das Vogeljahr

Auf dem Weg zur Schule begleitet dich das Zwitschern verschiedener Vögel. Vielleicht versuchst du, einen der Sänger zu erblicken. Aber wo sitzt er eigentlich? Als ein Auto vorbei fährt, fliegt er fort. Schade, nun kannst du dir den Vogel gar nicht mehr genau ansehen, dabei war sein Gesang so schön. Warum singen Vögel denn eigentlich? Hat ihr Gesang etwas mit der Jahreszeit zu tun?

1 Im Frühling ist das Zwitschern der Vögel kaum zu überhören.

Beobachten Untersuchen Experimentieren

Vogelbeobachtung auf dem Schulgelände

Im Frühling kann man Vögel auch auf dem Schulgelände besonders gut beobachten. Ihr Gesang ist weithin hörbar. Viele Arten sind in dieser Zeit auffallend gefärbt. Bei einer geführten Vogelexkursion, wie sie Naturschutzorganisationen anbieten, zeigt ein erfahrener Vogelkenner geeignete Beobachtungsgebiete, gibt Tipps und hilft beim Bestimmen der Vögel.

1 Führt eine Vogelbeobachtung im Schulgelände oder in der näheren Umgebung durch.

a Zunächst müsst ihr euch Fernglas, Notizbuch sowie Bestimmungsbücher besorgen, ein Gerät zum Aufnehmen des Gesangs, eventuell auch von Fotos, ist empfehlenswert.

b Überlegt euch konkrete Fragen für die Beobachtung und notiert diese. Mögliche Aufgaben könnten sein: Wie viele Vogelarten könnt ihr unterscheiden? Beschreibt das Aussehen (Größe, Farben) der Vögel. Achtet auf die verschiedenen Lautäußerungen. Gebt an, wo die Vögel sich besonders oft aufhalten und wo sie sich befinden, wenn sie singen.

c Legt gemeinsam Verhaltensregeln für das Arbeiten im Freigelände fest.

d Wertet eure Ergebnisse im Anschluss aus. Vergleicht eure Aufzeichnungen.

e Bestimmt die beobachteten Vögel mithilfe der Abbildungen in einem Bestimmungsbuch.

2 Häufig sind die Gesänge der Vögel im Bestimmungsbuch beschrieben. Aufnahmen von Vogelstimmen gibt es auch auf Kassette oder CD zu kaufen. Vielleicht habt ihr eine in eurer Biologiesammlung.

a Vergleicht eure Aufzeichnungen zum Gesang der Vögel mit der Beschreibung im Bestimmungsbuch oder der Vogelstimmenkassette oder -CD. Ordnet die Lautäußerungen den Vogelarten zu.

b Nehmt einen Recorder zum Abspielen des Gesangs eines Vogels, beispielsweise des Buchfinks, mit auf den Schulhof. Hört genau hin, ob ein Buchfinkenmännchen antwortet. Vergleicht mit der Tonbandstimme. Versucht ein Tier mit der Recorderstimme anzulocken. Beschreibt sein Verhalten. Versucht, das Verhalten zu erklären.

2 Was ihr für die Vogelbeobachtung braucht.

Man hört, dass es Frühling wird

Vogelgesang Bereits im März machen Amselmännchen durch ihren flötenden Gesang auf sich aufmerksam. Vor allem in den frühen Abendstunden hört man sie von einer erhöhten Stelle aus singen. ↑3 Da sich Vögel häufig versteckt in Gebüschen oder dichten Baumkronen aufhalten, würde man ohne den Gesang ihre Anwesenheit kaum bemerken. Jede Vogelart hat ihre eigenen Lautäußerungen. Deshalb kann man Vögel daran auch gut bestimmen.

3 Singendes Amselmännchen

Männchen besetzen Reviere Im Frühjahr wählt jedes Amselmännchen ein Revier aus. Dieses Gebiet muss so beschaffen sein, dass die Amseleltern dort ein Nest bauen und ihre Jungen ungestört aufziehen können. Außerdem ist das Revier für die Nahrungssuche wichtig.
Durch seinen Gesang signalisiert das Männchen, dass das Revier besetzt ist. Wenn ein anderes Männchen sich dennoch nähert, kann es zu einem Kampf kommen. ↑4

4 Kämpfende Amselmännchen: In einer Kampfpause drohen sie sich gegenseitig.

Paarbildung Mit dem Gesang werden auch Weibchen angelockt. Hat sich ein Weibchen eingefunden, verbringen beide zusammen viel Zeit im Brutrevier. Das Amselmännchen umwirbt das Weibchen mit auffallenden Körperbewegungen. ↑5 Man sagt, es balzt. Reagiert das Weibchen ebenfalls mit besonderem Verhalten darauf, so ist es bereit zur Paarung.

Vögel singen vor allem während der Paarungszeit. Die Männchen markieren so ihr Revier und locken Weibchen an. Die Balz dient der Paarbildung und sorgt für Paarungsbereitschaft.

Biologisches Prinzip

Information und Kommunikation Bei der Balz senden Vogelmännchen und Vogelweibchen einander abwechselnd ein Signal. Das kann eine bestimmte Körperhaltung sein oder ein spezieller Gesang. Der Partner nimmt das Signal auf und reagiert darauf wieder mit einem bestimmten Verhalten. So tauschen die beiden Partner Informationen aus. Sie kommunizieren miteinander.

5 Amselmännchen (links) und -weibchen bei der Balz

Aufgaben

1 Gestalte einen Steckbrief zur Amsel.
2 Erläutere, wie du feststellen kannst, dass ein Amselmännchen sein Brutrevier gewählt hat.
3 Erkläre, warum Vogelmännchen besonders im Frühjahr singen.
4 Beschreibe die Bedeutung des Gesangs und der Paarbildung der Vögel. Erläutere an diesem Beispiel das biologische Prinzip „Information und Kommunikation“.

Schon gewusst?

Die Kloake ist bei den Vögeln der gemeinsame Ausführgang von Darm und Harnleiter.

Nachwuchs bei den Amseleltern

Paarung Im Anschluss an die Balz paaren sich Amselmännchen und Amselweibchen. ↑1 Bei allen Vögeln sind die Geschlechtsorgane ähnlich gebaut. Vogelweibchen haben einen Eierstock, in dem die Eizellen reifen. In den Hoden der Vogelmännchen bilden sich die Spermienzellen. Die Ausführgänge der Geschlechtsorgane münden bei beiden in die Kloake. Bei der Paarung pressen Männchen und Weibchen ihre Kloaken aufeinander. Dabei gelangen die Spermienzellen des Männchens in den Eileiter des Weibchens. Je eine Spermienzelle verschmilzt mit einer Eizelle. Die Befruchtung erfolgt also im Körper des Weibchens.

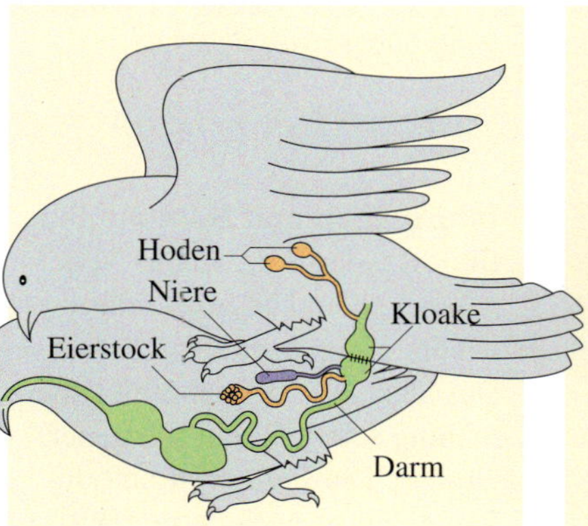

1 Vögel bei der Paarung

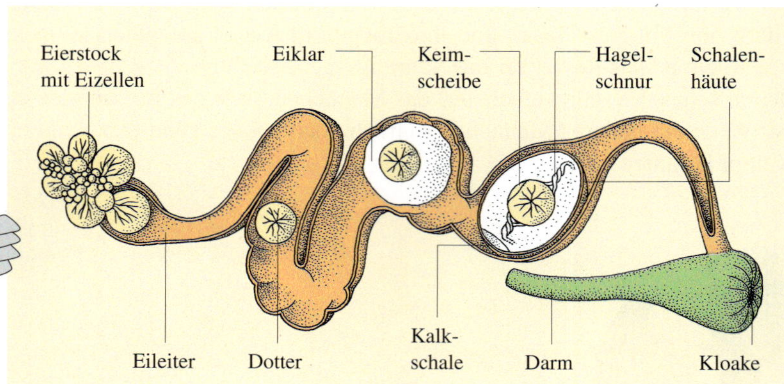

2 Entwicklung eines Eies im Eileiter

Nestbau und Eiablage Nach der Paarung suchen die Vögel nach einem geeigneten Nistplatz. Amseln bevorzugen niedrige Bäume, Büsche, Hecken, aber auch Fensterbänke und Balkone. Aus Ästchen, Grashalmen, Moos und feuchter Erde baut das Weibchen ein schüsselförmiges Nest. Das Männchen hilft nur beim Heranbringen von Baumaterial. In das fertige Nest legt das Weibchen drei bis fünf blaugrüne Eier mit braunen Flecken.

3 Amselnest mit Eiern

Brutpflege Das Amselweibchen brütet knapp zwei Wochen, dann schlüpfen die zunächst nackten, blinden und hilflosen Jungvögel. Sie müssen gefüttert und gewärmt werden. Die Vogeleltern bringen den ganzen Tag Nahrung wie Regenwürmer, Insekten und Spinnen zum Nest und stopfen sie ihren Jungen in den Schnabel. ↑5 Jeder Jungvogel benötigt etwa 30 Beutetiere pro Tag. Innerhalb von etwa 13 Tagen entwickeln sich die Jungen so weit, dass sie das Nest verlassen können. Da die Federn zu diesem Zeitpunkt aber noch nicht voll ausgewachsen sind, dauert es noch drei bis vier Tage, ehe sie richtig fliegen können. So lange sitzen die Jungvögel meist auf oder unter Sträuchern und werden noch weiter von den Eltern gefüttert. Erst danach sind sie selbstständig.

4 Amselweibchen beim Brüten

Nesthocker und Nestflüchter Vogeljunge, die wie die Amseln nackt, blind und hilflos schlüpfen, nennt man Nesthocker. Dazu gehören auch Meisen, Tauben und Sperlinge.
Dagegen sind die frisch geschlüpften Küken der Stockente und des Haushuhns voll entwickelt und können bereits selber Futter suchen. Darüber

5 Das Amselweibchen füttert die Jungen.

6 Wenige Stunden alte Küken folgen der Henne.

Schon gewusst?

Attrappenversuche
Obwohl wenige Tage alte Amseln blind sind, reißen sie den Schnabel weit auf, sobald ein Elterntier am Nest landet. Um herauszufinden, wodurch dieses Verhalten ausgelöst wird, kann man Attrappen verwenden. Das sind einfache Nachbildungen von Amseln, die nur einzelne Merkmale darstellen. ↑7

hinaus können sie auch ihre Körpertemperatur schon selbstständig aufrechterhalten. Solche Jungvögel bezeichnet man als Nestflüchter. ↑6

In der jährlichen Fortpflanzungszeit zeigen Vögel bestimmte Verhaltensweisen (Reviermarkierung, Balz, Paarung, Nestbau, Brut, Aufzucht der Jungen). Bei Jungvögeln unterscheidet man Nesthocker und Nestflüchter.

Aufgaben

1 Vögel haben eine innere Befruchtung.
a Erläutere den Begriff Befruchtung.
b Vergleiche die Befruchtung bei Vögeln mit der Befruchtung bei Lurchen.
2 Beschreibe die Entwicklung eines Amseleies bis zur Eiablage. Nimm den Buchtext und die Bilder ↑1 und ↑2 zu Hilfe.
3 Amseln bauen jedes Frühjahr ein neues Nest.
a Erläutere, welche Bedeutung das Nest für die Amseln hat.
b Begründe die Notwendigkeit, Nistkästen im Herbst zu leeren und zu reinigen.
c Versuche selbst ein Vogelnest zu bauen. Verwende das im Text genannte Material.
4 Amseln und viele andere Vögel legen im Frühjahr ihre Eier und ziehen die Jungen während der Sommermonate auf. Nenne mögliche Vorteile.
5 Vergleiche Nesthocker und Nestflüchter miteinander. Nenne weitere Bespiele aus der Vogelwelt.
6 Betrachte Bild ↑7. Beschreibe, wodurch das Schnabelsperren bei frisch geschlüpften und bei älteren Amselküken ausgelöst wird. Finde eine Erklärung.
7 Stelle den Ablauf von Balz, Paarung, Nestbau und Jungenaufzucht der Amsel als Zeitleiste dar.

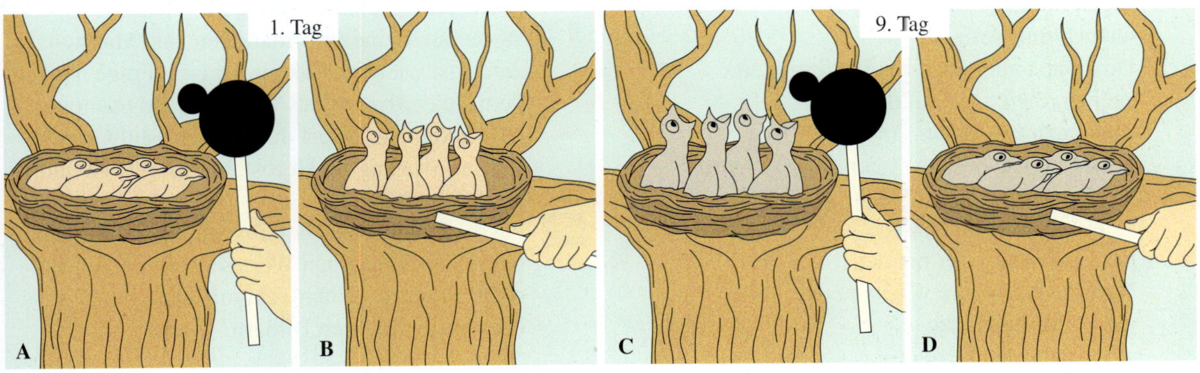

7 Attrappenversuche mit jungen Amseln

Herbst – Aufbruch der Zugvögel

Im Herbst verlassen viele Vögel ihre Brutgebiete. Manchmal kann man beobachten, wie die Tiere sich sammeln, bevor sie gemeinsam in den Süden fliegen. Warum fliegen die Vögel im Herbst überhaupt von uns weg? Wohin fliegen sie? Welchen Weg nehmen sie?

1 Weißstörche sammeln sich. Bald fliegen sie in den Süden.

Methode *Wie recherchiere ich im Internet?*

Im Internet kann man bequem und sehr gezielt Informationen suchen. Die Texte und Bilder sind oft aktueller als die in Sachbüchern oder Lexika. Allerdings kann die Fülle der Seiten zu einem Thema enorm sein. Man muss sorgfältig auswählen und prüfen, welche Informationen wirklich hilfreich sind.

1. Am Anfang jeder Suche muss eine genau formulierte Frage oder Aufgabe stehen, beispielsweise: Wie verlaufen die Zugwege des Weißstorches?
2. Am einfachsten ist die Recherche mithilfe einer allgemeinen Suchmaschine, wie www.google.de, www.altavista.de oder www.yahoo.de. Einzelne sind speziell für Kinder und Jugendliche gemacht wie www.blinde-kuh.de. Du kannst aber auch bei Institutionen suchen, die etwas mit deinem Thema zu tun haben. Informationen zu Naturschutz oder zu Vögeln findest du beispielsweise beim NABU, bei Euronatur oder bei den Naturdetektiven (www.nabu.de, www.euronatur.org, www.naturdetektive.de).

3. Gib nun ein Suchwort ein. Das Suchwort „Storch“ ergibt mehrere hunderttausend Treffer. Um die Suche einzugrenzen, solltest du deinen Suchbegriff genau formulieren oder mehrere Suchbegriffe verbinden, zum Beispiel „Weißstorch“ und „Zugweg“. Auf manchen Websites gelangst du auch über Links zu den gesuchten Informationen.
4. Überfliege die angebotenen Seiten und überlege, ob diese Informationen bei deiner Frage wirklich helfen.
5. Entscheide, welche Seiten du nun wirklich zum Problemlösen brauchst. Speichere diese in einer Textdatei, um sie später ausdrucken und bearbeiten zu können. Denke daran, die Quellenangabe (URL-Adresse) hinzuzufügen.
6. Werte nun deine Informationen aus. Markiere zunächst wichtige Fakten. Um die Frage nach dem Zugverhalten des Weißstorches beantworten zu können, musst du vor allem auf Gründe für den Wegzug im Herbst, auf Flugwege und -ziele achten.
7. Fasse die Aussagen der Textstellen zusammen. Schreibe mit eigenen Worten einen kurzen Bericht. Ergänze deinen Text mit Zeichnungen oder ausgedruckten Bildern.

Zugvögel auf der Reise

Vogelzug Schon im Spätsommer sammeln sich Zugvögel zum Abflug in ihre Winterquartiere. ↑1, 2 Diese liegen in Gebieten, in denen ein milderes Klima herrscht, beispielsweise am Mittelmeer oder in Afrika. ↑3 Die Vögel fliegen dabei oft tausende von Kilometern weit. Erst im nächsten Frühling kehren sie in ihre eigentliche Heimat zurück.

2 Die Schwalben brechen schon im August auf.

Orientierung Ob ein Vogel zieht, wann er zum Aufbruch bereit ist und in welche Richtung er fliegt, ist angeboren. Unterwegs orientieren sich Zugvögel am Stand der Sonne und der Sterne, an auffälligen Geländemerkmalen und am Magnetfeld der Erde.

Enorme Leistung Der weite Flug ins Winterquartier kostet die Vögel viel Energie. Daher fressen sie sich schon vorher Fettreserven an. Wenn diese aufgebraucht sind, werden sogar innere Organe abgebaut, um weitere Energie zu gewinnen. Vor allem große Vögel wie Störche nutzen warme Aufwinde, die über Landflächen entstehen. Diese ermöglichen ihnen den energiesparenden Segelflug.

Gefahren Viele Vögel überleben den Zug nicht. Sie sterben an Entkräftung, werden Opfer von Greifvögeln oder Jägern oder verletzen sich an Hochspannungsleitungen. Sogar Zusammenstöße mit Flugzeugen kommen immer wieder vor.

Zugvögel verlassen im Herbst ihre Brutgebiete und überwintern in Gebieten mit milderem Klima und gutem Nahrungsangebot. Der Vogelzug ist eine körperliche Höchstleistung und birgt erhebliche Risiken.

Aufgaben

1 Eine wesentliche Ursache für den Vogelzug ist der Nahrungsmangel im Winter. Begründe diese Aussage am Beispiel des Weißstorches.

2 Erkläre, warum Weißstörche nicht auf direktem Wege nach Afrika fliegen.

3 Vergleiche die Zugwege von Kuckuck, Weißstorch und Rauchschwalbe. Informiere dich in einem Atlas über die Länder, die von den Vögeln überflogen werden. Gib auch an, wo sie überwintern.

4 Begründe, warum Feuchtgebiete auf dem Zugweg für die Vögel besonders wichtig sind.

5 Nenne Gefahren, denen die Vögel auf ihrem Zug ausgesetzt sind.

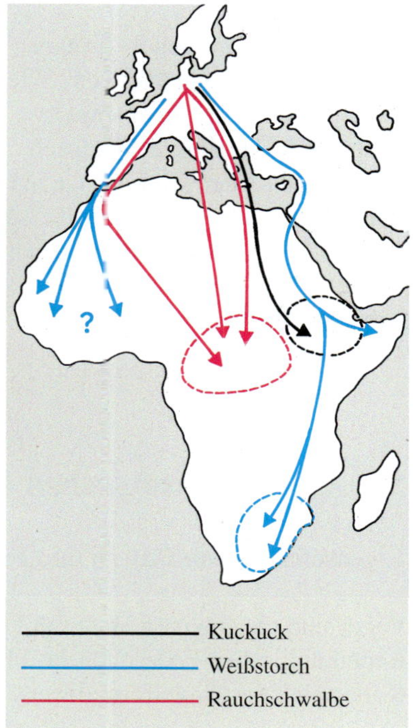

3 Zugwege einiger Vögel

Schon gewusst?

Vogelzugforschung Seit rund 100 Jahren werden Vögel beringt. Der kleine Metallring am Fuß enthält einen einmaligen Code und den Namen der Vogelwarte. Wird ein Vogel erneut gefangen, kann man seinen Weg nachvollziehen. Heute werden Vögel auch mit winzigen Sendern bestückt. Über Satellit lässt sich ihre Position ermitteln.

4 Ein Storch wird beringt.

Die Kunst des Fliegens

Fliegen wie ein Vogel – träumst du auch manchmal davon? Wie schnell kann man von einem Ort zum anderen gelangen. Natürlich weißt du, dass der Mensch sich nur mithilfe von Flugzeugen oder Hubschraubern in die Luft erheben kann. Welche Angepasstheiten haben es den Vögeln ermöglicht, den Luftraum zu erobern?

1 Otto Lilienthal 1896 bei einem seiner Flugversuche

Beobachten Untersuchen Experimentieren

Eigenschaften von Federn und Form der Flügel

Vögel sind die einzigen Tiere mit Federn. Welche Bedeutung haben Federn für das Fliegen? Welche Rolle spielt die Flügelform dabei?

1 Untersuche die Eigenschaften einer Steuerfeder.

a Lege die Feder auf Papier, zeichne ihren Umriss nach und schneide das Bild aus. Vergleiche Gewicht und Stabilität der echten und der Papierfeder.

b Ziehe die Feder zwischen Daumen und Zeigefinger hindurch – einmal von unten nach oben, dann von oben nach unten. Betrachte die Stellen, an denen die Feder auseinander ging, mit dem Binokular. Beschreibe, was du siehst. Fertige eine Skizze an und beschrifte sie. ↑2

c Halte die Feder eine Handbreit vor eine Kerzenflamme. Versuche die Flamme durch die Feder hindurch mit einem Strohhalm auszublasen. Tauche die Feder in Wasser und wiederhole den Versuch. Was stellst du fest?

d Halte die Feder mit einer Tiegelzange in die Flamme eines Bunsenbrenners. Beschreibe den Geruch. Woran erinnert er? Woraus könnten Federn bestehen?

2 Fülle zwei Reagenzgläser mit heißem Wasser. Stelle eines der Reagenzgläser in ein Becherglas, das mit Daunenfedern gefüllt ist, das andere in ein leeres Becherglas. Miss 10 Minuten lang nach jeweils einer Minute die Temperatur. Fertige eine Temperaturkurve an. Leite daraus ab, welche Funktion Daunenfedern für den Vogel haben.

3 Knicke den Rand einer Postkarte rechtwinklig über ein Lineal. ↑3

a Puste flach über die Karte. Was beobachtest du?

b Ziehe die Karte so über die Tischkante, dass sie eine Wölbung bekommt, und puste wieder.

c Beschwere den hinteren Rand der Postkarte mit Büroklammern. Wiederhole den Versuch.

d Leite aus deinen Beobachtungen ab, welche Flügelform am günstigsten ist.

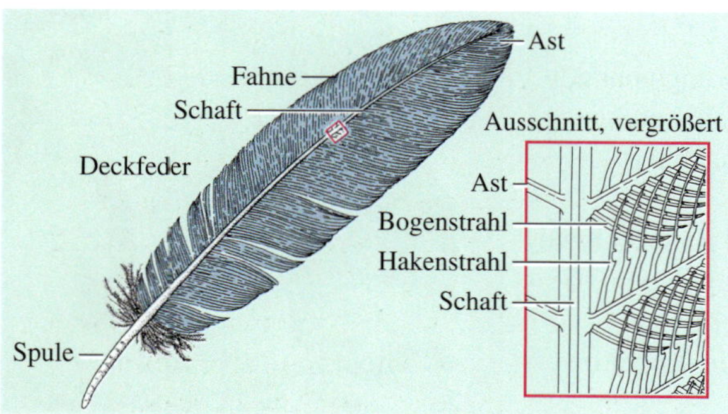

2 Bau einer Feder; rechts: vergrößerter Ausschnitt

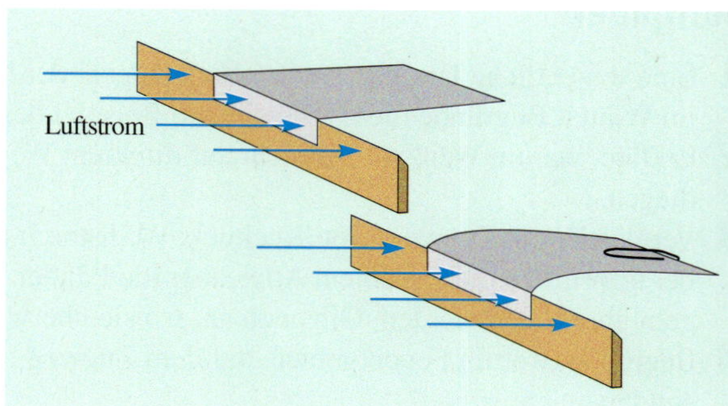

3 Welche Bedeutung hat die Form des Flügels?

Warum können Vögel fliegen?

Körperbau Der Körper der Vögel ist stromlinien- oder spindelförmig. Dadurch setzt er der Luft nur einen recht geringen Widerstand entgegen.

Gefieder Federn bestehen aus Horn, einer Substanz ähnlich der von menschlichen Haaren und Fingernägeln. Sie sind je nach ihrer Funktion unterschiedlich gebaut. ↑4 Daunenfedern schützen den Vogel vor Wärmeverlust. Dagegen halten die großen Federn, auch als Deckfedern bezeichnet, die Nässe ab. Sie liegen dachziegelartig über dem gesamten Vogelkörper und geben ihm die stromlinienförmige Gestalt. Beim Flug spielen die langen Schwungfedern eine wichtige Rolle. Sie bilden die Tragflächen der Flügel. Mit den Schwanzfedern steuert und bremst der Vogel.

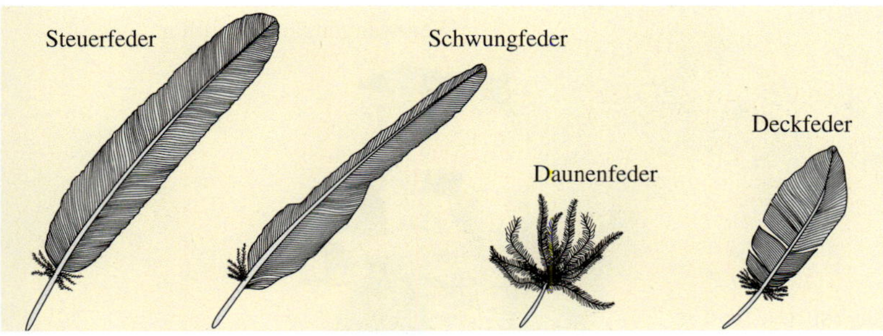

4 Federn sind unterschiedlich gebaut.

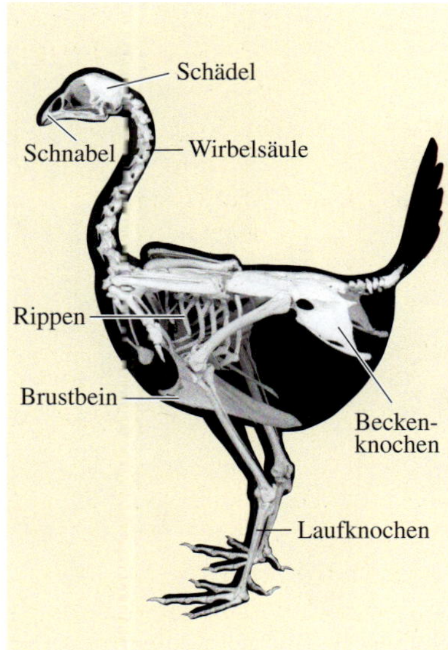

5 Skelett eines Vogels

Skelett Das Vogelskelett ist sehr leicht und dennoch sehr stabil. Die meisten Knochen sind hohl und mit Luft gefüllt. Andere, beispielsweise der Schädel, sind dünn wie Papier. Dadurch sind Vögel deutlich leichter als Säugetiere vergleichbarer Größe. Im Skelett fällt der große Brustbeinkamm auf. ↑5 An ihm setzen die kräftigen Flugmuskeln an.

Organe und Stoffwechsel Fliegen erfordert viel Energie. Deshalb fressen und verdauen Vögeln recht schnell. Ihre Lunge hat einen besonderen Bau. Dadurch können Vögel viel wirksamer Sauerstoff aus der Atemluft aufnehmen als Säugetiere. Auch ihr Herz ist sehr leistungsfähig.

Vögel sind an das Fliegen angepasst. Sie haben Federn, ein leichtes, stabiles Skelett und besonders leistungsfähige Lungen.

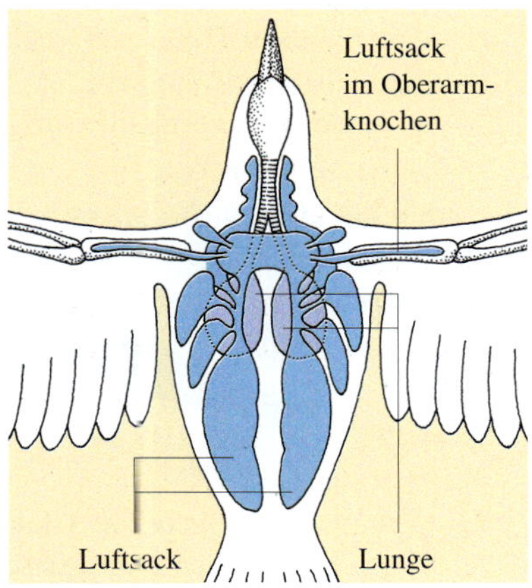

6 Atmungsorgane eines Vogels

Aufgaben

1 Ordne den Federarten ihre Funktionen zu. ↑4 Erstelle dazu eine Tabelle.

2 Welche Eigenschaften von Federn machen sich Menschen zunutze? Nenne Beispiele.

3 Vergleiche die Form eines Vogels mit der eines Flugzeugs. Welchen Vorteil bringt diese Form dem Vogel und dem Flugzeug?

4 Erläutere, wodurch Vögel an das Fliegen angepasst sind.

5 Können alle Vögel fliegen? Informiere dich im Lexikon über Lauf- und Schwimmvögel. Stelle deine Ergebnisse in der Kleingruppe vor.

6 Untersuche Hühnerknochen und prüfe die Aussagen aus dem Text. Fertige Skizzen zum Bau der Vogelknochen an.

7 Faltet Papierschwalben mit und ohne Schwanz. Untersucht, wie sich unterschiedliche Beschwerung durch Büroklammern auswirkt. Beschreibt die Unterschiede.

Ausblick

Unterwegs mit den Wildgänsen

1 Weißwangengänse im Flug

Selbst ein Teil des Schwarms zu sein, das ist der Traum eines jeden Vogelbeobachters. Der französische Meteorologe Christian Moullec und seine Frau Paola haben diesen Traum verwirklicht. Mit einem Ultraleichtflugzeug begleiteten sie 30 Zwerggänse aus Schweden auf ihrem Weg in das 2000 km entfernte Überwinterungsgebiet am Niederrhein.

2 Die beiden Piloten zeigen den jungen Zwerggänsen eine sichere Flugroute.

3 Gänse fliegen meist in V-Formation.

Wildgänse sind Zugvögel Wildgänse wie Zwerg-, Bläss-, Saat- und Ringelgänse kommen nur als Wintergäste nach Deutschland. Sie brüten im arktischen Norden. Ende August brechen sie in ihre Überwinterungsgebiete auf. Unterwegs rasten sie auf feuchten Wiesen in Küstennähe, an Flüssen und an Seen. Einige Arten überwintern bei uns, andere ziehen bis nach Südeuropa. Über den Winter fressen sie sich einen Fettvorrat an, um im Frühjahr in ihre Brutgebiete zurückzukehren.

Ernährung Gänse ernähren sich von Pflanzen. Bis zu einem Kilogramm kurze Gräser und Kräuter, Wasserpflanzen und Flechten benötigt eine Wildgans täglich als Futter. Im Winter fressen Gänse auch Wurzeln, Kartoffeln und Getreidekörner. Sie bevorzugen jedoch junges Wintergetreide. Fällt ein Gänseschwarm über ein frisch eingesätes Feld her, kann eine neue Einsaat nötig werden – sehr zum Ärger des Landwirts. Sind die Pflanzen aber fest verwurzelt, schadet ihnen das Abzupfen der Blätter kaum. Wenn Wildgänse Ernteausfälle verursachen, werden die betroffenen Landwirte finanziell entschädigt.

4 Blässgänse im Winter

5 Weidende Graugans

Schutz Wildgänse kehren jedes Jahr in ihre Rast- und Überwinterungsgebiete zurück. Werden diese trockengelegt, müssen die Tiere ausweichen. Feuchtgebiete sollten daher erhalten werden. In einigen Bundesländern ist die Jagd auf Wildgänse ganzjährig verboten, in anderen zeitlich eingeschränkt. Außerdem dürfen rastende Gänse nicht durch Spaziergänger oder Vogelbeobachter gestört werden. Denn jedes Auffliegen benötigt Energie, die die Tiere für die Heimreise und die Brut brauchen.

Aufgaben

1 Bläss-, Saat- und Ringelgänse gehören in einigen Bundesländern zu den häufigsten Wintergästen.
a Erstellt in der Klasse Steckbriefe dieser Gänsearten.
b Sucht ihre Brut- und Überwinterungsgebiete im Atlas. Ermittelt mit Klimakarten die Wintertemperaturen im Brutgebiet jeder Art.
c Begründet, warum diese Gänse in Deutschland überwintern können.

2 Naturschutzorganisationen fordern, Feuchtgebiete wie Seen, Auen und Moore unter strengeren Schutz zu stellen.
a Erläutere, welche Bedeutung diese Gebiete für Zugvögel haben.
b Nenne Gründe, die ihrem Schutz entgegenstehen könnten.
c Schlage eine Lösung für diesen Konflikt vor. Diskutiert die Vorschläge in der Klasse.

3 In einigen Bundesländern dürfen Wildgänse gejagt werden. Findest du das in Ordnung? Begründe deine Meinung.

4 Überlege, welche Folgen es für eine Wildgans haben kann, wenn ein Landwirt sie von seinem Acker vertreiben will und immer wieder zum Auffliegen bringt.

6 Von November bis Februar kann man in einigen Bundesländern rastende oder überwinternde Wildgänse beobachten.

Wie kommen Vögel über den Winter?

Nicht alle Vögel verlassen im Winter ihre Brutgebiete. Auch bei Eis und Schnee kann man im Garten, im Wald und in der Stadt Vögel beobachten. Dabei sind die Lebensbedingungen hart: Die Temperaturen sinken zuweilen weit unter den Gefrierpunkt, oft liegt viele Wochen lang eine geschlossene Schneedecke und die Nahrung wird knapp. Wie überstehen diese Vögel solche ungünstigen Lebensbedingungen?

1 Blaumeisen streiten sich um einen Apfel.

Vögel, die bei uns überwintern

2 Aufgeplustertes Rotkehlchen

3 Buntspecht im Winter

Überwinterung Alle Tiere, die den Winter aktiv bei uns verbringen und keine Ruhephase einlegen, haben mit Kälte und Nahrungsmangel zu kämpfen. Vögel halten – wie Säugetiere auch – ständig eine bestimmte Körpertemperatur aufrecht, sie sind gleichwarm. Um den Wärmeverlust zu verringern, plustern sie ihre Federn auf. ↑2 Die Luft zwischen den Federn hält dann den Körper warm. Bei strengem, länger andauerndem Frost und geschlossener Schneedecke fallen jedoch viele Vögel den ungünstigen Bedingungen zum Opfer.

Standvögel und Wintergäste Im Sommer steht auf dem Speiseplan von Amseln, Meisen und Spechten vor allem tierische Kost wie Insekten, Würmer und Spinnen. Im Winter stellen sie ihre Ernährung um und fressen dann vorwiegend Samen und Früchte. ↑3 Diese Vögel, die das gesamte Jahr in ihrem Brutgebiet bleiben, nennt man Standvögel. Arten aus dem Norden und Nordosten Europas treten in manchen Wintern mitunter recht zahlreich als Wintergäste in Erscheinung (z. B. der Seidenschwanz).

Teilzieher Bei manchen Vögeln, wie Rotkehlchen und Buchfink, ziehen nur einige Vögel im Herbst in den Süden. Andere Artgenossen verbringen den Winter bei uns. Solche Vögel nennt man Teilzieher. Zu ihnen gehören die meisten Vogelarten, unter anderem auch der Turmfalke, der Habicht, die Stockente und die Amsel. Versuche mit Vögeln, die von Menschen aufgezogen wurden, zeigen, dass das jeweilige Verhalten – also Bleiben oder Ziehen – angeboren ist.

Vögel, die das gesamte Jahr in ihrem Brutgebiet bleiben, bezeichnet man als Standvögel. Manche Arten sind Teilzieher, nur ein Teil der Vögel dieser Arten verlässt das Brutgebiet.

Zur Diskussion

Vogelfütterung

Richtig füttern – so geht's!
- Verwende nur geeignetes Futter. Biete kein altes Brot und kein Wasser an.
- Lege täglich nur wenig Futter nach.
- Reinige das Vogelhaus regelmäßig, am besten täglich. Dabei solltest du aus hygienischen Gründen Handschuhe tragen.
- Füttere regelmäßig, besonders aber bei anhaltendem Frost und geschlossener Schneedecke.
- Achte darauf, dass das Vogelhaus katzensicher und in ausreichendem Abstand zur nächsten Glasscheibe angebracht ist.

4 Ein vorbildliches Futterhaus

A Eine Kohlmeise wiegt rund 20 Gramm. In einer –10 °C kalten Nacht verliert sie etwa zwei Gramm ihres Körpergewichts, um ihre Körpertemperatur aufrecht zu erhalten. Hat die Meise wenig Fettreserven, wird sie eine weitere so kalte Nacht nicht überleben.

B Die Winterfütterung in Städten und Dörfern kommt vor allem häufigen Vogelarten wie Meisen, Finken, Rotkehlchen und Drosseln zugute. Seltene Arten, die in ihrem Bestand gefährdet sind, erreicht die Winterfütterung nicht.

C An Futterstellen können wild lebende Vögel aus nächster Nähe beobachtet werden – ein Naturerlebnis, das vor allem in Städten sonst selten möglich ist. Es weckt oft das Interesse, die Vögel besser kennen zu lernen, und mehr für ihren Schutz zu tun.

5 Diese Vögel sind im Winter bei uns zu beobachten. Kennst du sie?

Aufgaben

1 Hältst du die Fütterungshinweise für angemessen? Finde zu jedem Hinweis eine Begründung.

2 Erkundige dich, beispielsweise in einer Zoohandlung, welches Futter für welche Vögel geeignet ist.

3 Nenne Vor- und Nachteile der Vogelfütterung. Diskutiere mit deinen Mitschülern darüber.

4 Erkläre, warum Vögel, die sich von Insekten und Würmern ernähren, im Winter auf pflanzliche Nahrung „umsteigen" müssen.

5 Die meisten Kleingärtner schneiden im Herbst die verblühten Pflanzenteile ab, die Samen enthalten.
a Beurteile dieses Verhalten.
b Schreibe einen Brief an den Gartenbesitzer aus der Sicht eines Vogels.

6 Benenne die Vögel in Bild ↑5 mithilfe eines Bestimmungsbuches.

7 Suche, beispielsweise in einem Vogelbuch, nach weiteren Beispielen für Standvögel.

Zur Diskussion Frühstückseier von glücklichen Hühnern?

1 Die Freilandhaltung von Hühnern ist durch Intensivhaltung verdrängt worden.

Unser Haushuhn stammt vom Bankivahuhn ab, das noch heute wild in Wäldern Hinterindiens und Indonesiens lebt. Hühner werden seit etwa 5 000 Jahren gehalten. Aus der Wildform wurden bis heute ungefähr 150 Hühnerrassen gezüchtet.

2 Bankivahuhn

Das Verhalten von Haushühnern „Moderne" Massentierhaltung ist auch bei Geflügel auf höchsten Gewinn orientiert, der auf Kosten artgerechter Lebensbedingungen angestrebt wird. Das Haushuhn zeigt jedoch trotz aller Zucht weitgehend unverändert das Verhalten seiner Wildform. ↑2 Hühner aus Hochleistungsrassen legen schon mit fünf Monaten das erste Ei und im ersten Jahr mehr als 200 Eier. Bankivahühner sind dagegen erst nach zwölf Monaten geschlechtsreif und legen pro Jahr 3mal sechs bis zwölf Eier. Aber sonst sind viele Verhaltensweisen gegenüber der Wildform wenig abgeändert:

- Auch Haushühner bevorzugen baumbestandene Gebiete mit Bodenpflanzen und Strauchwerk.
- Sie suchen ihre Nahrung über viele Stunden am Tag auf großen Flächen und scharren sie aus dem Boden und der Laubstreu.
- Sie laufen und flattern häufig. Ihr Bewegungsdrang ist stark ausgeprägt.
- Die Hennen legen die Eier an ausgewählten und ruhigen Plätzen ab.
- Gefiederputzen und Sandbaden sind wichtige Bestandteile der Körperpflege der Haushühner.
- Hühner kennen sich untereinander und bilden im Hühnervolk eine Rangordnung (Hackordnung) aus.
- In bestimmten Situationen (z. B. Boden- oder Luftfeinde, Eiablage, Kükenführen) verwenden sie spezielle Laute.
- Der Hahn sichert und verteidigt ein Revier mit mehreren Hennen.
- Hühner bevorzugen einen hoch gelegenen Schlafplatz.

Folgen der Massenhaltung für die Tiere 1990 hielten in Deutschland 220 000 Landwirtschaftsbetriebe etwa 44 Millionen Legehennen. Allein das führende Unternehmen in der deutschen Ei-Produktion soll 16 700 000 Legehennen halten. Etwa 80 % der Eier werden in Legebatterien produziert: In winzigen Käfigen müssen je fünf Hennen 15 bis 20 Monate lang aushalten.

Für jedes Huhn sind 450 cm^2 als Grundmaß vorgegeben. Die Hühner stehen und hocken auf schrägen Gitterböden. Die Enge ermöglicht keine freie Beweglichkeit, kein Ausweichen, kein normales Verhalten in der Gruppe. Sie fördert dagegen gegenseitiges Hacken,

Zur Diskussion Frühstückseier von glücklichen Hühnern?

3 Bodenhaltung von Hühnern

4 Käfighaltung von Hühnern

Federziehen und entsprechende Verletzungen. Behindert werden dagegen das Flügelstrecken, das Flügelschlagen und die Gefiederpflege. Der eingeengte Lebensraum schließt zugleich die geschützte Eiablage, das Scharren am Boden und die Einnahme von Schlafplätzen völlig aus. Künstliches Dämmerlicht über 16 Stunden oder rasche Wechsel von Licht und Dunkel (Kurztag) steigern die Legeleistung und belasten die Hühner zusätzlich. Das alles verursacht Körperverletzungen und Dauerstress für die Tiere.

Artgerechtere Haltungsbedingungen Bereits auf der Verpackung kann der Verbraucher sehen, aus welcher Hühnerhaltungsform die Eier stammen. ↑5 Nach Jahrzehnten ist es Tierschützern und Wissenschaftlern gelungen, die Politiker in der Europäischen Union und in Deutschland zu neuen Gesetzen und Regelungen für die Hühnerhaltung zu veranlassen.
Trotz aller Kompromisse werden nun die Eier-Produzenten stärker in die Pflicht genommen. Neue Anlagen (ab 2003) enthalten auf einer Grundfläche von 550 cm² je Huhn „nur“ vier Hennen je Käfig. Erst ab 2012 gilt: sieben Hennen je Käfig, 24,5 cm × 24,5 cm Fläche je Huhn, ein Scharrbereich, 15 cm Sitzstange je Huhn und ein Nest für sieben Legehennen.

Die Rasse „Weiße Leghorn“ wurde aus italienischen Landhühnern gezüchtet, die zwischen 1828 und 1831 mit Auswanderern nach den USA gelangten. Nach Europa kam diese Legerasse ab 1920. Die Hennen legen im ersten Jahr etwa 200 Eier.

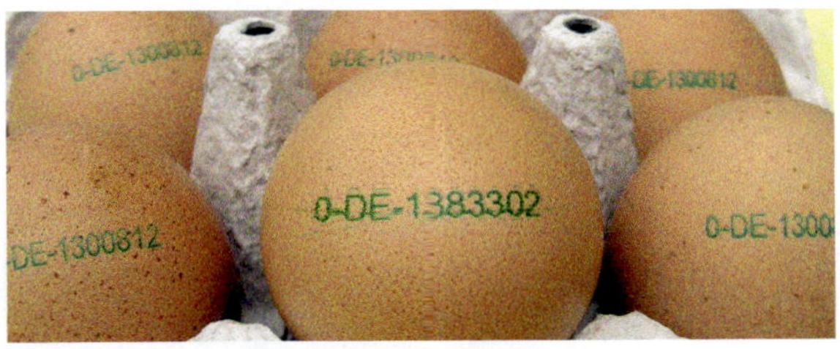

5 Gekennzeichnetes Hühnerei

Am Anfang des Codes auf einem Ei steht die Haltungsform: 0 = ökologische Erzeugung; 1 = Freilandhaltung; 2 = Bodenhaltung; 3 = Käfighaltung. Es folgt die Länderangabe, z. B. DE = Deutschland, dann das Bundesland sowie die Legebetriebs- und Stallnummer.

Aufgaben

1 Übertragt die im Text angegebenen Käfigflächen pro Huhn auf Papier und stellt das Vogelpräparat „Huhn“ aus der Schulsammlung darauf. Diskutiert eure Gedanken und Gefühle dazu.

2 Vergleicht und beurteilt die Freilandhaltung und die Käfighaltung von Hühnern. Geht dabei vom Verhalten und den damit verbundenen Bedürfnissen der Haushühner aus.

Von der Jagdbeute zum Haustier

Es war im Jahr 1940, als vier Jugendliche bei der Suche nach ihrem Hund in der Nähe von Lascaux im Südwesten Frankreichs eine über 100 Meter lange Höhle entdeckten. An den Wänden befanden sich erstaunliche Kunstwerke aus der Steinzeit: Farbige Darstellungen von zahlreichen wilden Tieren. Wozu mögen die Menschen damals Tiere auf die Wände gemalt haben? Welche Bedeutung hatten die Tiere damals, welche haben sie heute für die Menschen?

1 Höhlenmalerei in Lascaux

Beobachten Untersuchen Experimentieren

2 Höhlenmalerei und Darstellung aus Ägypten

Tiere in der Geschichte des Menschen

Die Beziehung des Menschen zu Tieren hat sich im Lauf der Zeit stark gewandelt. Aus alten Darstellungen kann man schließen, welche Bedeutung Tiere zu verschiedenen Zeiten für die Menschen hatten.

1 Benenne Tiere, die du in der Höhlenmalerei erkennen kannst. ↑1, 2 Erläutere mithilfe der Bilder die Beziehung zwischen Tieren und Menschen in der Steinzeit.

2 Beschreibe, wie sich die Beziehung zwischen Tier und Mensch im Lauf der Zeit verändert hat. Vergleiche dazu die Abbildungen links. ↑2

3 Erläutere, welche Bedeutung Tiere heute für den Menschen haben.

Aus Wildtieren werden Nutztiere

Der Vorfahr des Hausrinds Unter den Tierarten, die von Steinzeitmenschen immer wieder gemalt wurden, findet sich auch der Vorfahre unseres heutigen Hausrinds, der Auerochse oder Ur. Er lebte in kleinen Herden in lichten Wäldern und ernährte sich von Gräsern und Laub. Er war – wie alle Großtiere – Jahrtausende lang eine wichtige Jagdbeute der Menschen. Für die mit Steinspeeren und Holzlanzen bewaffneten Jäger war die Jagd auf diese wehrhaften Tiere voller Gefahren.

Ackerbauern als Rinderzüchter Als die ersten Siedlungen entstanden, in Europa um 5500 vor Christus, begannen die Menschen mit Ackerbau. Zu dieser Zeit fingen sie an, gezähmte Rinder zu züchten. Bei der Züchtung werden ein männliches und ein weibliches Tier mit besonders vorteilhaften Eigenschaften ausgewählt und miteinander verpaart. Einige Nachkommen besitzen die gewünschten Eigenschaften beider Elterntiere oder neue günstige Eigenschaften. Solche Tiere werden weitergezüchtet. So veränderten sich die vom Menschen gehaltenen Rinder durch Züchtung von Generation zu Generation immer mehr. Aus dem Wildrind wurde das Hausrind. Anfangs hielt man die Rinder nur wegen ihres Fleisches. Später wurden sie auch als Zugtiere bei der Arbeit auf dem Acker eingesetzt. Zu dieser Zeit müssen die Menschen auch schon die Kuhmilch genutzt haben. Die Zahl der wilden Auerochsen nahm jedoch ständig ab, da sie stark bejagt wurden. Vor etwa 400 Jahren starben sie ganz aus.

Biologisches Prinzip

Variabilität
Tiere unterscheiden sich voneinander, auch wenn sie zur selben Art gehören. Bei der Züchtung von Rindern und Pferden konnten die Menschen daher solche auswählen, die besondere Merkmale besitzen, beispielsweise sehr umgängliche Tiere. Die Unterschiedlichkeit bzw. Vielfalt von Lebewesen derselben Art nennt man in der Biologie auch Variabilität.

3 Wildrind auf einer Höhlenmalerei

4 Heck-Rind

Schon gewusst?

Heck-Rinder Den Brüdern Heck, Zoodirektoren in Berlin und München, gelang es, ab 1934 Rinder zu züchten, die im Aussehen und in ihren Eigenschaften den wilden Vorfahren sehr ähnlich waren. Sie beweiden sommers und winters schwer zugängliche Naturschutzgebiete. ↑4

Vom Wildpferd zum Reitpferd Leider ist nicht überliefert, wann ein Mensch das erste Mal auf die Idee kam zu reiten. In der Steinzeit waren Pferde noch beliebte Jagdbeute. Seit 3000 bis 5000 Jahren werden sie von Menschen gehalten, um ihr Fleisch, ihr Fell, ihre Knochen und Haare zu nutzen. So wurden sie im Laufe von vielen tausend Jahren zu zahmen Haustieren, die irgendwann auch als Reit- und Kutschtiere genutzt wurden. Durch Züchtung über viele Generationen veränderten sich das Aussehen und das Verhalten der Pferde enorm.

5 Wildpferd auf einer Höhlenmalerei

Durch Zähmung und Züchtung entstanden aus Wildtieren unsere heutigen Haustiere. Viele Haustiere sind Säugetiere. Hausrinder gehen alle zurück auf eine Stammform, den Auerochsen, der vor etwa 400 Jahren durch intensive Bejagung ausgestorben ist.

Aufgaben

1 Beschreibe den Wandel vom Wildtier zum Nutztier an einem Beispiel.

2 Erläutere den Begriff Züchtung.

3 Begründe, warum die „Auer-Rinder“, die heute in Zoos gezeigt werden, keine echten „Auer-Rinder“ sind.

4 Vergleiche das in Abbildung ↑5 dargestellte Pferd mit einem heutigen Reitpferd. ↑S.76

Fortpflanzung und Entwicklung bei Säugetieren

1 Hauskatzen bei der Paarung

Paarung und Befruchtung Im Bau der Geschlechtsorgane unterscheiden sich Männchen und Weibchen. Die männlichen Tiere haben Hoden, in denen die Samenfäden (Spermien) gebildet werden. Das Weibchen hat Eierstöcke, in denen die Eizellen reifen. ↑2

Zunächst müsen sich Männchen und Weibchen paaren. Dabei führt das Männchen sein Glied in die Scheide des Weibchens ein. ↑1 So gelangen die Samenfäden in die Eileiter. Dort kann jeweils ein Samenfaden mit einer Eizelle verschmelzen. Diesen Vorgang nennt man Befruchtung. Befruchtete Eizellen gelangen in die Gebärmutter. In diesem Organ entwickelt sich aus jeder befruchteten Eizelle ein Embryo. ↑4 Die Embryonen sind in der Gebärmutter von der Fruchtblase umgeben und dadurch geschützt. Sie werden über die Nabelschnur mit Nährstoffen und Sauerstoff aus dem Blutkreislauf der Mutter versorgt. Die Entwicklungszeit der Jungen im mütterlichen Körper nennt man Tragzeit. Sie beträgt beim Elefanten etwa 650 Tage, bei der Feldmaus dagegen nur 21 Tage.

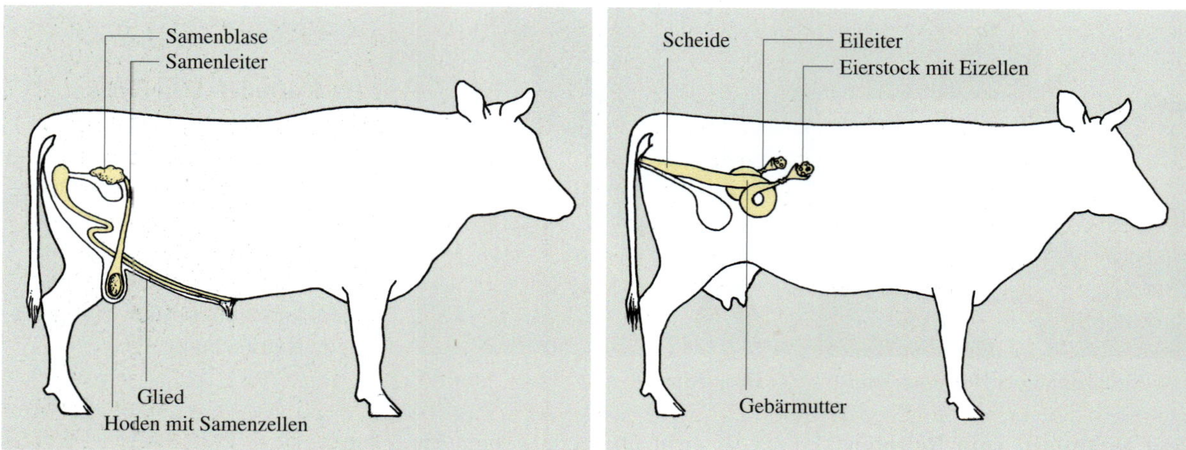

2 Links männliche und rechts weibliche Fortpflanzungsorgane der Säugetiere

3 Mäuse sind Nesthocker

Geburt und Aufzucht der Jungen Wenn die Organe der Jungtiere ausreichend entwickelt sind und ihr Körper eine bestimmte Größe erreicht hat, dann werden sie geboren. Bei der Geburt werden die Jungen mithilfe der Muskeln der Gebärmutter durch die Scheide des Muttertiers herausgepresst. Sofort nach der Geburt beginnen die Jungen mit ihren Lungen selbstständig zu atmen. Nun müssen sie auch selbstständig Nahrung aufnehmen. In den ersten Lebenswochen ernähren sich die Jungen hauptsächlich von Muttermilch, die in den Milchdrüsen der Weibchen gebildet wird. Sie werden von ihrer Mutter gesäugt.

Mit der Geburt beginnt für das Muttertier die Zeit der Brutpflege. Die Jungtiere müssen von ihrer Mutter nicht nur gesäugt, sondern auch gewärmt, gesäubert und beschützt werden.

Die Anzahl der Jungen in einem Wurf ist bei verschiedenen Tierarten unterschiedlich. Viele Tiere, wie etwa das Rind, das Pferd, der Elefant oder das Nashorn, bekommen nur ein Junges. Es gibt aber auch viele Arten, die mehrere Jungtiere zur Welt bringen (z. B. Hunde, Katzen und Schweine).

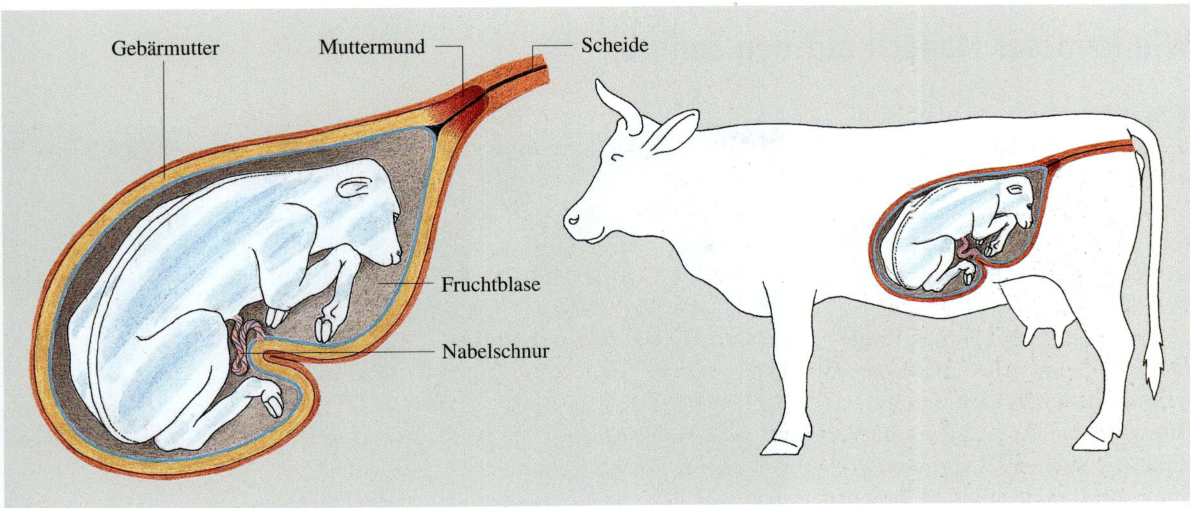

4 Die Embryonen der Säugetiere wachsen in der Gebärmutter heran.

Nesthocker und Nestflüchter Jungtiere, die unselbstständig und hilflos geboren werden, bezeichnet man als Nesthocker. Beispielsweise werden Feldmäuse vollkommen nackt und blind geboren. ↑3 Sie können ihre Körpertemperatur noch nicht selbstständig aufrechterhalten. Daher müssen sie von der Mutter gewärmt werden, bis ihnen ein eigenes Fell gewachsen ist. Das dauert etwa 10 Tage. Dagegen haben junge Hunde oder Katzen bei ihrer Geburt bereits ein dichtes Fell, sind aber ebenfalls blind und hilflos. Auch sie werden noch eine ganze Zeit von der Mutter in einem möglichst versteckt gelegenen Nest umsorgt. Bei Weibchen mit Nesthockerjungen ist die Tragzeit oft sehr kurz. Ein Muttertier bringt meist mehrere Junge zur Welt. Ein Teil der Entwicklung erfolgt noch im Nest.
Andere Säugetiere bringen weit entwickelte Jungtiere zur Welt, die ihrer Mutter schon wenige Stunden nach der Geburt folgen können. Man bezeichnet sie als Nestflüchter oder Mitläufer. ↑5 Dazu gehören zum Beispiel Fohlen, Kälber, Frischlinge, Rehkitze und Delfinjunge. Auch diese Jungtiere werden von ihrer Mutter gesäugt und vor Gefahren geschützt.

Bei Säugetieren erfolgen die Befruchtung der Eizellen und die Entwicklung der Embryonen im Körper des Muttertiers. Nach der Geburt werden die Jungen einige Zeit von der Mutter mit Milch gesäugt.

5 Pferdefohlen sind Nestflüchter.

Aufgaben

1 Erläutere, was du unter innerer Befruchtung verstehst.

2 Schildere Erlebnisse oder eigene Beobachtungen an Säugetieren, die ihre Jungen aufziehen.

3 Nenne Gründe für die unterschiedlich hohe Anzahl an Nachkommen bei verschiedenen Arten von Säugetieren.

4 Vergleiche Nesthocker und Nestflüchter.

5 Gehört der Mensch zu den Nesthockern oder zu den Nestflüchtern? Begründe deine Meinung.

6 Bei manchen Fischen, Fröschen und Vögeln kümmern sich besonders die Männchen um frisch geschlüpfte Jungtiere. Erkläre, warum diese Form der Brutpflege bei Säugetieren nicht ausgebildet ist.

Wie kam der Mensch auf den Hund?

Der Hund ist schon vor mehr als 12 000 Jahren zum Weggefährten des Menschen geworden. Aus der anfänglichen Jagdgemeinschaft des Menschen mit den wolfartigen Vorfahren des Hundes hat sich der zahme Haushund entwickelt. Heute sind Hunde Kamerad, Familienmitglied und Sportsfreund. Sie hüten Vieh, führen Blinde, retten Ertrinkende und Verschüttete, suchen Drogen und Sprengstoff und stellen Verbrecher. Warum steht der Hund dem Menschen so nahe?

1 Hunde und Menschen in der Hundeschule

Beobachten Untersuchen Experimentieren

Der Hund, ein zahmer Wolf?

Hund und Wolf haben viel gemeinsam. Aber sind sie sich wirklich so ähnlich?

2 Wölfe leben in Rudeln zusammen.

1 Nenne Unterschiede zwischen einem zahmen Tier wie dem Haushund und einem Wildtier wie dem Wolf.

2 Überlege, wie man vorgehen könnte, wenn man ein Wildtier zähmen möchte.
Informiere dich (z. B. im Zoo), wie man junge Wölfe „zähmt".

3 Betrachte die Abbildung ↑2. Beschreibe das Zusammenleben der Wölfe. Vergleiche mit unseren Haushunden.

4 Hunde müssen erzogen werden, zum Beispiel in einer Hundeschule. ↑1 Erkundige dich, wie die Erziehung eines Hundes erfolgt.

5 Nenne Hunderassen, die auf Abbildung 1 erkennbar sind.

Vom Wolf zum Hund

Wolf und Mensch freunden sich an Schon in der Steinzeit schloss sich der Wolf Menschen an. Vermutlich folgten hungrige Wölfe den Steinzeitmenschen, wenn diese auf die Jagd gingen. An den Lagerplätzen fielen Fleischreste für sie ab. Dadurch wurden sie zutraulicher und gewöhnten sich an den Menschen. Vielleicht zogen die Menschen Jungtiere auf. Aus diesen wurden zahme Wölfe.

Zähmung und Züchtung Irgendwann bemerkten die Menschen, dass der Wolf ihnen nützlich sein konnte. Er half bei der Jagd, schlug Alarm vor Feinden und diente in kalten Winternächten als „Wärmekissen“. Vielleicht waren Jungtiere auch Spielkameraden der Kinder. Tiere, die besonders zahm und lernfähig waren, wurden ausgewählt und miteinander verpaart. Diese Züchtung führte dazu, dass die mit dem Menschen lebenden Wölfe sich immer mehr von ihren in freier Wildbahn lebenden Artgenossen unterschieden. So wurde das Wildtier Wolf in tausenden von Jahren zum Haustier. Diesen Vorgang nennt man Domestikation.

Hunderassen – von Zwergen und Riesen Der Mensch hat immer neue Rassen gezüchtet. Rassen entstehen durch gezielte Kreuzung (Paarung) von Tieren mit bestimmten Eigenschaften. So schaffen Züchter einen Typ mit neuen Merkmalen. Heute gibt es etwa 400 Hunderassen.
In manchen Fällen führt die Zucht zu Rassemerkmalen, die für die Tiere sehr nachteilig sind. Manche große Rassen leiden an Erkrankungen der Hüftgelenke, Bulldoggen haben extrem kurze Schädel mit verengten Nasenöffnungen und leiden häufig unter Atemnot. Neben den Rassehunden gibt es eine Vielzahl von Mischlingen unterschiedlicher Größe und Aussehen und mit vielfältigen Eigenschaften.

Biologisches Prinzip

Geschichte und Verwandtschaft
Alle Hunderassen sind miteinander verwandt, denn sie stammen von einem Vorfahr, dem Wolf, ab. Während man dem Deutschen Schäferhund oder dem Husky die Abstammung vom Wolf noch ansieht, haben Zwergrassen wie der Yorkshireterrier nur wenig Ähnlichkeit mit ihrem Vorfahr.
Ob Lebewesen verwandt sind, kann man nur erkennen, wenn man ihre Geschichte kennt.

3 Schlittenhunde

4 Deutsch-Drahthaar

5 Beagle

Aus dem Wildtier Wolf wurde durch Domestikation ein Haustier, der Hund. Der Mensch nutzte Verhalten und Eigenschaften des Wolfes. Im Laufe von Jahrhunderten entstanden über 400 Hunderassen. Der Hund ist eines der ältesten Haustiere.

Aufgaben

1 Nenne Eigenschaften des Wolfes, die der Mensch nutzte, um aus dem Wildtier ein Haustier zu machen.

2 Sammle Zeitungsartikel oder informiere dich im Internet über Hunderassen. Fertige ein Plakat mit möglichst vielen Hunderassen an.

3 Erkläre, was man unter einem Mischling versteht.

4 Hunde können verschiedene „Berufe“ haben: Arbeitshunde – Jagdhunde – Familienhunde.

a Welche Eigenschaften machen sie besonders geeignet dafür?

b Die meisten Hunderassen kannst du einer dieser drei Gruppen zuordnen. Fertige eine Tabelle mit drei Spalten an und trage dir bekannte Rassen ein. Ordne auch die hier abgebildeten Rassen zu. ↑3–5

c Einige Rassen lassen sich schwer zuordnen. Welche? Begründe.

5 Tierschützer protestieren gegen die Zucht mancher Rassen. Ein Beispiel ist der Chinesische Nackthund, der kaum Fell hat. Nenne mögliche Gründe, warum Tierschützer die Zucht dieser Rasse ablehnen.

Methode

Expertenbefragung – Bei einer Hundezüchterin

Wenn man spezielle Informationen zu einem bestimmten Thema benötigt, empfiehlt es sich häufig, mit einem Experten zu sprechen.
Mancher von euch möchte vielleicht mehr über Hunde erfahren. Auch wer selbst ohne Hund lebt, kommt mit ihm in Berührung. Sei es, wenn dir der Hund des Nachbarn begegnet oder dir ein fremder Hund im Park entgegenkommt. Wie verhält man sich richtig? Was ist alles zu beachten, wenn man einen Hund als Haustier in die Familie nehmen will?
Zum Thema Hund können euch besonders gut Hundezüchter, Tierärzte oder Mitarbeiter eines Tierheims Auskunft geben. Besprecht in der Klasse, wie ihr euch in einer Gruppe auf die Befragung vorbereiten könnt. Überlegt, welche Aufgaben die anderen Gruppen bearbeiten können.

Tipp: Es ist auch möglich, dass der Fachmann oder die Fachfrau zu euch in die Schule kommt. Bittet ihn oder sie, einen Hund mitzubringen. Einen Besuch im Tierheim könntet ihr gemeinsam mit der ganzen Klasse nach gründlicher Vorbereitung durchführen. Sprecht euch zuvor mit eurer Lehrerin oder eurem Lehrer ab.

1 Wie finden wir einen Experten?

Im Telefonbuch oder im Internet kann man nach Fachleuten suchen. Anschriften von Hundezüchtern erfahrt ihr auch über einen Zuchtverein. Dort kann man euch einen Züchter in der Nähe nennen, der zurzeit auch Welpen hat. Vereinbart telefonisch einen Termin. Plant, wie ihr dorthin kommt.

1 Golden-Retriever-Hündin beim Säugen der Welpen

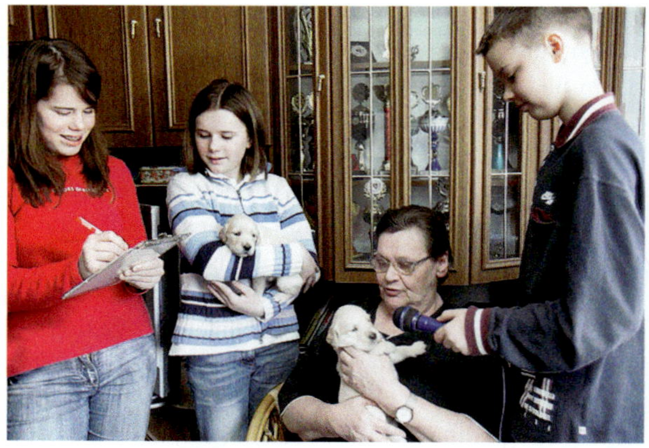

2 Die Züchterin wird befragt.

2 Wie bereiten wir uns auf die Befragung vor?

Erstellt einen Fragebogen. Überlegt vorher, wie ihr die Fragen formuliert. Vermeidet Fragen, die nur mit „ja" und „nein" zu beantworten sind. Sie bringen wenig Information! Bereitet den Fragebogen beispielsweise zu folgenden Inhalten vor: gezüchtete Rassen, Hinweise zur Hundehaltung, Verhalten der Hunde, Probleme der Hundezucht.

3 Schülerin mit Welpen

3 Durchführung der Expertenbefragung

Vereinbart, wer fragt, wer Notizen macht, wer das Aufnahmegerät bedient und wer fotografiert. Für die Notizen sollten am besten mehrere von euch zuständig sein, damit alles Wichtige festgehalten wird.
Wenn euer Gesprächspartner zu lange spricht, unterbrecht ihn höflich mit einer Zwischenfrage. Wenn ihr eine Antwort nicht richtig verstanden habt, fragt nach. Vergesst nicht, euch am Schluss für das Gespräch zu bedanken.

Expertenbefragung – Bei einer Hundezüchterin

4 Auswertung der Ergebnisse
Setzt euch in der Gruppe zusammen und sichtet eure Materialien. Wählt geeignetes Material aus und sortiert es nach Themen. Verteilt die Aufgaben für die Darstellung eurer Ergebnisse, die Dokumentation.

5 Dokumentation
Fertigt zu jedem Thema, über das ihr etwas erfahren habt (z. B. Rasse, Hundehaltung usw.), ein Plakat mit den Ergebnissen an. Sucht dafür nur die wichtigsten Fotos aus. Berichtet in der Klasse über eure Expertenbefragung. Schreibt eine Reportage für die Schülerzeitung. ↑4

Die Klasse 5a – auf den Hund gekommen?

Bio-Unterricht mal ganz anders: Besuch bei einer Hundezüchterin

Im Rahmen des Biologieunterrichts besuchten wir, die Schülerinnen und Schüler der Klasse 5a, eine Züchterin für Golden-Retriever. Bei der Befragung haben wir viel Spannendes über Hunde erfahren. Einen Teil unserer Ergebnisse haben wir hier für euch zusammengefasst.

Aller Anfang ist schwer! – Hunde sind Nesthocker
Hundewelpen werden blind und taub und völlig hilflos geboren. Sie sind ganz auf die Hundemutter angewiesen. Diese ernährt die Welpen, leckt sie, hält sie warm und sauber. In den ersten Lebenstagen orientieren sich die Welpen mit ihrem Tast- und Geruchssinn. So finden sie auch den Weg zur Milchquelle. Die Welpen entwickeln sich schnell. Nach drei Wochen werden sie allmählich von der Muttermilch entwöhnt. Die Züchterin gibt die Welpen aber erst mit acht Wochen ab.

Anne hätte so einen süßen Welpen am liebsten gleich mitgenommen!

Was Hund und Herrchen lernen müssen
– Der Hundehalter muss die „Hundesprache" erlernen.
– Frauchen oder Herrchen müssen Anführer (Rudelführer) sein.
– Der Rudelführer muss konsequent und fair sein.
– Der Hund muss Aufgaben bekommen, auch im Spiel.

Das alles muss vor dem Kauf eines Hundes bedacht werden!
– Ist die ganze Familie einverstanden?
– Sind Hunde in eurem Haus erlaubt?
– Bedenke, dass ein Hund mehr als 15 Jahre alt werden kann!
– Bedenke die Kosten für Futter, Tierarzt, Steuer, Haftpflichtversicherung.
– Wo bleibt der Hund im Urlaub?
– Welche Rasse ist für unsere Familie geeignet?
– Junge Hunde benötigen besonders viel Auslauf, Zeit und Geduld!
– Bist du bereit, einen Hundehaufen deines Hundes in der Stadt zu „entsorgen"?
– Hat jemand in deiner Familie Allergien gegen Tierhaare?
– Wer erzieht den Hund?

4 Reportage für die Schülerzeitung „Blitzlicht"

Aufgaben

1 Schreibe für dich selbst auf, was du Interessantes bei der Befragung erfahren hast.

2 Junge Hunde, die noch gesäugt werden, nennt man Welpen.
a Beschreibe das Aussehen der Welpen mithilfe der Abbildungen. ↑1, 3
b Hundewelpen sind Nesthocker. Erläutere, was das bedeutet.
c In welchem Alter gibt der Züchter oder die Züchterin die Welpen frühestens an den neuen Besitzer ab? Begründe.

3 Wenn man einen Hund als Haustier zu sich nimmt, muss man vieles bedenken.
a Schreibe auf, was man alles beachten muss.
b Erkundige dich bei einem Hundebesitzer nach den Kosten für den Hund in einem Monat, in einem Jahr.
c Besuche ein Fachgeschäft für Tierbedarf und notiere die Preise von Artikeln, die man für den Hund benötigt.
d Wer einen Hund zu sich in den Haushalt aufnimmt, übernimmt Verantwortung. Begründe.

Wölfe sind die Vorfahren aller Hunde

Es fällt schon schwer, zu glauben, dass Yorkshireterrier und Deutsche Dogge und alle anderen Hunderassen vom Wolf abstammen. Vor allem, weil Wölfe in Rudeln von bis zu 20 Tieren leben, der Hund dagegen meist allein mit seiner Menschenfamilie. Woran liegt es, dass Hunde so eng mit den Menschen zusammenleben können? Weshalb ordnen sie sich unter?

1 Heulendes Wolfsrudel

Beobachten Untersuchen Experimentieren

2 Die Körpersprache des Wolfs

Hunde und Wölfe sprechen eine Sprache

Wenn man die oben gestellten Fragen beantworten und Hunde besser verstehen will, muss man sich mit der Lebensweise und dem Verhalten des Wildtiers beschäftigen, von dem der Hund abstammt: dem Wolf.

1 In Abbildung 2 ist die Körpersprache des Wolfs dargestellt.
a Beschreibe die verschiedenen Körpersignale. ↑2
b Gib an, welche dieser Verhaltensweisen du auch von Hunden kennst.

2 Bittet einen Mitschüler, eine Mitschülerin oder ein Elternteil, den eigenen Hund mit in die Schule zu bringen und auf dem Schulhof zu zeigen, was er kann (z. B. „Komm“, „Sitz“, „Platz“, „Bei Fuß“). Beobachtet genau.

3 Beobachte Hunde, wenn sie sich begegnen.
a Wie verhalten sie sich? Achte dabei auf den Gesichtsausdruck, die Ohren, den Schwanz und die Lautäußerungen. Beschreibe das Verhalten und die Körpersprache, wenn sich die Hunde freundlich begegnen/sich die Hunde eher feindlich gegenüberstehen/ein Rüde und eine Hündin sich begegnen/zwei Rüden sich begegnen. ↑3
b Vergleiche mit der Körpersprache des Wolfs.

4 Beobachte einen Hund, der sein Revier gegen Eindringlinge verteidigt. Beschreibe sein Verhalten.

3 Zwei männliche Hunde begegnen sich.

Leben im Wolfsrudel

Wölfe sind Rudeltiere Das Rudel besteht aus erwachsenen Männchen, den Rüden, und erwachsenen Weibchen sowie den Jungtieren. Innerhalb des Rudels hat jedes Tier seine Rolle. Der Leitwolf oder die Leitwölfin führt die Gruppe bei der Jagd an. Während einige Wölfe die Beute über Kilometer hinweg hetzen, greifen andere von der Seite an. Jungtiere lernen von Anfang an, sich in die strenge Rangordnung im Rudel einzugliedern. Wölfe benötigen ein Revier von 100 bis 200 Quadratkilometern. Seine Grenzen werden von den Wölfen mit „Duftmarken" markiert. Da unsere Haushunde vom Wolf abstammen, hat ihr Verhalten viele Gemeinsamkeiten mit dem Verhalten der Wölfe.

Die Sprache der Wölfe Wölfe haben eine ganz bestimmte Körpersprache, die von allen Artgenossen verstanden wird. ↑2 Immer wieder kommt es zu Kämpfen, bei denen sich das unterlegene Tier auf den Rücken legt und dem Überlegenen die Kehle zeigt. Dies löst bei dem ranghöheren Tier eine Beißhemmung aus, das heißt, es lässt von dem anderen los. Verletzungen gibt es daher selten.

Biologisches Prinzip

Information und Kommunikation
Wölfe verständigen sich durch bestimmte Laute, Gesichtsausdruck und Körperhaltung. Man bezeichnet dies als Kommunikation. Innerhalb ihrer Art tauschen Tiere untereinander Informationen aus, indem sie arteigene Signale benutzen.

4 Wölfe mit Beute

5 Kämpfende Wölfe

Wölfe leben in Rudeln mit sehr großen Revieren. Ihre Verständigung erfolgt mit Körperhaltung, Gesichtsausdruck, Duftmarken und Lauten. Im Wolfsrudel herrscht eine strenge Rangordnung.

Aufgaben

1 Wölfe in freier Natur gibt es in Europa nur noch selten.
a Finde Gründe dafür.
b Nenne Länder Europas, in denen es frei lebende Wölfe gibt.
2 In Sachsen wurden Wölfe wieder heimisch.
a Nenne Bedingungen für eine erfolgreiche Wiederbesiedlung.
b Erläutere Probleme, die in Gegenden mit wild lebenden Wölfen auftreten (Internetadresse: www.smul.sachsen.de).
3 Beschreibe das Verhalten der Wölfe in Bild ↑4.
4 Erläutere, woran du das ranghöhere Tier bei einem Rangordnungskampf erkennst. ↑5
5 Erläutere, welche Bedeutung das Heulen für die Wölfe haben könnte.
6 Manchmal heult auch ein Hund, wenn eine Sirene zu hören ist. Erkläre dieses Verhalten.
7 Erläutere die Bedeutung der Duftmarken bei Wölfen und Hunden.
8 Meist lebt in einer Familie nur ein Hund. Beschreibe die Rolle des Besitzers gegenüber ihm.

Die Katze – ein Schleichjäger

Zusammengerollt liegt die Katze auf dem Fensterbrett in der Sonne. Ab und zu unterbricht sie ihre Ruhephase, um das dichte Fell mit der rauen Zunge zu reinigen. Von „ihren" Menschen lässt sie sich gern streicheln und auf den Arm nehmen. Einmal aus dem Haus, verwandelt sie sich aber von einem Moment auf den anderen in eine unbezähmbare Jägerin. Welche Eigenschaften machen sie dazu? Wie leben und vermehren sich Katzen?

1 Eine aufmerksame Katze bei der Jagd im Garten

Beobachten Untersuchen Experimentieren

Spiel – oder mehr?

Wie mit einem Hund kannst du auch mit einer Katze spielen. Durch Beobachtung kannst du herausfinden, welche Funktion das Spiel für sie hat.

1 Spiele mit einer Katze, die du gut kennst. Wirf ihr ein Wollknäuel hin und beobachte sie.

2 Notiere die unterschiedlichen Bewegungen, die die Katze dabei vollzieht, und die Körperhaltungen, die sie einnimmt.

3 Finde eine Erklärung dafür, dass Katzen so gern mit einem Wollknäuel spielen.

2 Beutefang der Hauskatze

Auf Schleichjagd Mit ihren scharfsichtigen Augen und dem feinen Gehör entdeckt die Katze ihre Beute. Lautlos schleicht sie sich zum Mäusefang an. Plötzlich schnellt sie mit gestreckten Vorderbeinen nach vorn und schlägt ihre spitzen Krallen in das Beutetier. Mit einem Biss in den Nacken tötet sie die Maus und trägt sie davon. Die Katze ist ein Schleichjäger. An diese Art des Beuteerwerbs ist sie gut angepasst. Die kurzen Beine ermöglichen ein Anschleichen in geduckter Haltung. Dabei setzt sie ihre samtweichen Pfoten nur mit eingezogenen Krallen auf. Die Krallen sind beim Anschleichen in Hautfalten versteckt. So verursachen sie kein Geräusch.

Die drei Katzensprachen Katzen sind Einzelgänger. Nur zur Paarungszeit finden sie für kurze Zeit zusammen. Auch Katzen verständigen sich durch ihre Körpersprache, die sich aber von der des Hundes unterscheidet.

3 Aus der Körpersprache von Katzen

Bevor die Katze kratzt, droht sie. Das erkennt man an der Stellung der Ohren, an den Augen und an der Schwanzhaltung. Macht sie einen Buckel und zeigt sie die Zähne, steht ein Angriff bevor.
Die Katze kann sich auch durch Lautäußerungen verständigen. Wenn sie schnurrt, fühlt sie sich wohl. Eine Warnung oder Drohung wird mit Knurren und Fauchen angezeigt. Hat sie Hunger oder will ins Haus, dann miaut sie. Wenn sich zur Paarungszeit Kater und Katze suchen, kann man lautes Jaulen hören.
Um ihr Revier abzugrenzen, verspritzt die Katze Harn und hinterlässt so ihre Duftmarke. Fremde Katzen können riechen, dass hier eine andere Katze ihr Revier hat.

Orientierung auch im Dunkeln „Katzenaugen“ findet man an Fahrrädern, Autos oder manchmal auch an Kleidungsstücken. Es sind Reflektoren, die in der Dunkelheit leuchten, wenn sie angestrahlt werden. Ähnliches lässt sich auch bei den Augen der Katzen beobachten. Sie verfügen nämlich über eine zusätzliche Schicht, die vom Auge eingefangenes Licht noch einmal spiegelt. Deshalb leuchten die Augen der Katze, wenn sie bei Dunkelheit angestrahlt werden. ↑5
Am Tag sieht die Katze genauso gut wie der Mensch, nachts jedoch 6-mal besser. Das liegt daran, dass eine Katze eine sehr viel geringere Lichtmenge benötigt, um etwas zu erkennen.
Die relativ großen Augen sind beide nach vorn gerichtet und ermöglichen ein gutes räumliches Sehen. Im Dunkeln orientieren sich Katzen mithilfe ihrer Tasthaare (Schnurrhaare). Katzen verlassen sich aber auch auf ihren Gehörsinn, der sie 4-mal besser hören lässt als Menschen. 30 Muskeln sorgen für die Beweglichkeit der Ohren in fast alle Richtungen.

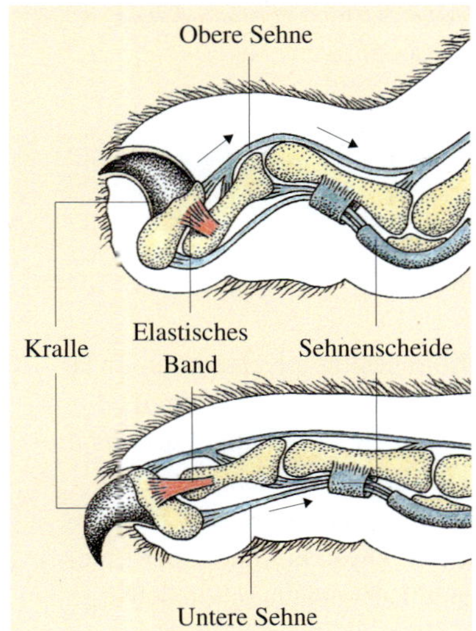

4 Kralle eingezogen (oben) und ausgestreckt (unten)

5 Katzenaugen bei Dunkelheit

Aufgaben

1 Betrachte Abbildung 2. Finde Bezeichnungen für die wichtigsten Jagdabschnitte. Übertrage das Diagramm unten in dein Heft und trage statt der Fragezeichen die Jagdabschnitte ein.

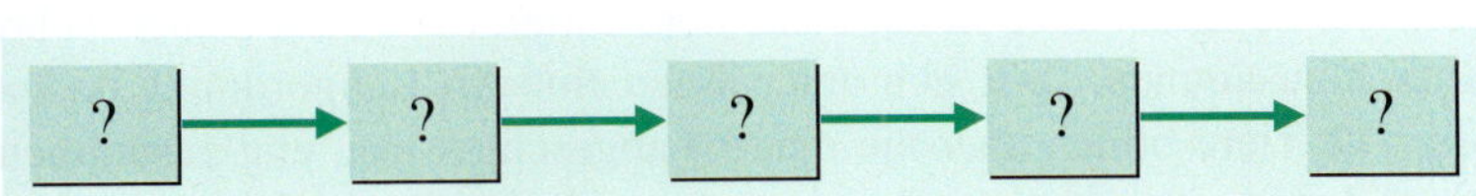

2 Bevor eine Katze kratzt, droht sie. Beschreibe ihre Körperhaltung mithilfe von Bild ↑3.

3 Die Krallen der Katze sind normalerweise eingezogen und liegen in Hautfalten verborgen.

a Abbildung 4 unten zeigt die Krallen in ausgefahrenem Zustand. Erläutere anhand des Bildes, wie das Ausfahren geschieht.

b Welchen Nachteil hätte es, wenn Katzen die Krallen auf ähnliche Weise eingezogen halten müssten?

Unsere Katze bekommt Junge

1 Kampf zweier Kater

Die Katze ist „rollig" – Paarungszeit Im Frühjahr und Herbst ist lautes Miauen zu hören: Es ist Paarungszeit. Die Weibchen miauen in dieser Zeit laut und durchdringend, sind unruhig und rollen sich auf dem Boden hin und her. Im Revier einer „rolligen" Katze versammeln sich oft mehrere Kater und versuchen, sich durch laute „Katzengesänge" gegenseitig zu vertreiben und der Katze ihre Kraft und Ausdauer zu zeigen. Immer wieder kommt es dabei zu Auseinandersetzungen. Dabei stehen sich die Rivalen zunächst „hochbeinig" und mit gesträubten Rückenhaaren gegenüber. Ihre heftig zuckenden Schwanzspitzen signalisieren höchste Anspannung und Angriffsbereitschaft.

Die Konkurrenten „singen" in allen Tonlagen. Gibt keiner von beiden nach, erfolgt ein blitzschneller Angriff. Ein kreischendes, fauchendes und zischendes Bündel wälzt sich am Boden, bis einer von beiden den Kampf aufgibt. Nicht immer ist es allerdings der Sieger, der sich der Katze nähern darf, um sich mit ihr zu paaren: Sie sucht sich ihren Partner selbst aus.

Schon gewusst?

Eine gesunde Katze kann zwei- bis dreimal im Jahr Junge bekommen. Wenn ein Wurf aus vier Jungen besteht, sind das schon mindestens acht Kätzchen. Diese könnten aber im ersten Lebensjahr schon selbst jeweils vier Junge bekommen haben. Das kann bei Katzen, die ins Freie dürfen, zum Problem werden. Um eine große Zahl unversorgter Katzen zu verhindern, lassen viele Katzenbesitzer ihre Tiere kastrieren. Dabei entfernt der Tierarzt Teile der Fortpflanzungsorgane.

2 Katze mit ihren Jungen. Sie sind jetzt etwa drei Wochen alt.

Die jungen Katzen Acht Wochen nach der Paarung bringt die Katze in einem Versteck vier bis sechs Junge zur Welt. Die Jungtiere sind Nesthocker und beginnen erst nach ungefähr zwei Wochen ihre Umgebung zu erkunden und zu spielen. Bei Gefahr packt die Mutter sie am Nacken und bringt sie an einen sicheren Ort. Noch vier Wochen säugt und betreut sie die Jungen, dann werden die Kätzchen zunehmend selbstständiger, bleiben aber zunächst noch in der Nähe der Mutter. Leben auf Dauer mehrere Katzen zusammen, lässt sich unter ihnen eine Art Rangordnung beobachten. Die Tiere bilden aber nie eine so abgeschlossene, eng zusammengehörende Gruppe mit fester Rangordnung wie Wölfe oder Hunde.

Historisches

Geschichtliches zur Katze

Anhand von Katzenabbildungen an den Wänden der Pyramiden sowie anhand von Katzenmumien, die in Gräbern gefunden wurden, hat man herausgefunden, dass die in Ägypten wild lebende Falbkatze schon seit vielen tausend Jahren auch als Haustier gehalten wurde.
Das Töten einer Katze galt in Ägypten als schweres Verbrechen und konnte deshalb mit dem Tod bestraft werden.
Römische Legionäre brachten schließlich die Falbkatze von ihren Feldzügen aus Ägypten mit nach Europa. Dort paarten sich die Falbkatzen mit den einheimischen Wildkatzen. Daraus entstand letztlich unsere Hauskatze, die auch heute noch als Mäuse- und Rattenfänger von den Menschen sehr geschätzt wird. Aus der Hauskatze wurden im Laufe der Zeit viele verschiedene Rassekatzen gezüchtet.

3 Die Falbkatze – Stammform der Hauskatze

4 Katzenrassen: Karthäuser (oben) und Siam (unten)

Katzen sind Schleichjäger. Ihr Körperbau ermöglicht lautloses Anschleichen und das schnelle Ergreifen der Beute. Katzen verständigen sich über Körpersprache, Lautäußerungen und Duftmarken. Sie orientieren sich mit leistungsfähigen Sinnesorganen. Die Katzenjungen sind Nesthocker.

Aufgaben

1 Der Kater geht bei einer Auseinandersetzung „hochbeinig“ und mit gesträubten Rückenhaaren auf den anderen Kater zu. Erläutere die Bedeutung dieser Körperhaltung.

2 Sind Katzenjunge Nesthocker oder Nestflüchter? Begründe deine Entscheidung.

3 Auch wenn die Jungen noch gesäugt werden, bringt die Mutter ihnen ab und zu eine halbtote Maus. Finde eine Erklärung.

4 Vergleiche Hund und Katze. Lege dazu in deinem Heft eine Tabelle an und trage für beide Tierarten folgende Merkmale ein: Art des Beutefangs, Fortbewegung beim Beutefang, Verständigung mit Artgenossen, Aufzucht der Jungen, Skelett.

5 In 5000 Jahren ist es den Menschen nicht gelungen, Katzen für eine Aufgabe ähnlich wie Hunde abzurichten. Nenne mögliche Gründe dafür.

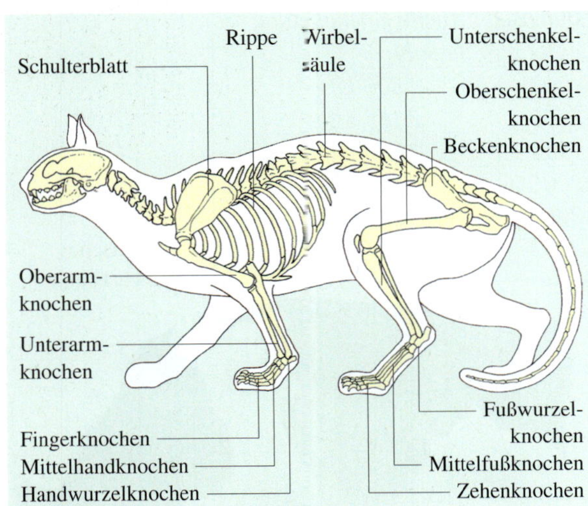

5 Skelett der Katze

Rinder liefern uns vor allem Milch und Fleisch

Wenn du zum Frühstück ein Glas erfrischende Milch trinkst, denkst du wohl kaum daran, wie lang der Weg vom Stall auf den Tisch ist. Vielleicht hast du dich schon einmal gefragt, warum Kühe überhaupt so viel Milch geben? Müssen sie dazu ein Kalb haben?

1 Milchmahlzeit

Beobachten Untersuchen Experimentieren

Milch und mehr

Kuhmilch ist ein wertvolles und vielseitig verwendbares Nahrungsmittel. Finde selbst heraus, was es mit der Milch auf sich hat.

1 Erstelle eine Liste der Milchprodukte, die im Supermarkt angeboten werden. Welche nutzt du selbst, welche werden in eurem Haushalt verwendet?

Durchschnittliche Milchleistung einer Kuh im Jahr	
1800	*800 Liter*
1900	*2165 Liter*
1950	*2480 Liter*
2000	*6112 Liter*
2002	*6272 Liter*
2003	*6537 Liter*

2 Deutsche Schwarzbunte

2 Sammle leere Verpackungen von Milchprodukten und stelle sie in der Klasse aus. Lies über die Inhaltsstoffe auf den Packungen genau nach und versuche die Angaben zu klären.

3 Vergleiche die Zusammensetzung verschiedener Milchsorten. Begründe, warum Milch ein gesundes Nahrungsmittel ist.

4 Fertige mit Abbildungen und Texten aus Zeitschriften und Büchern zu folgenden Themen eine Wandzeitung oder Collage an: „Vom Gras zur Butter" und „Vom Stall zur Fleischtheke im Supermarkt". Vielleicht kannst du auch selbst Fotos anfertigen.

5 Werte die Tabelle zur Milchleistung aus.
a Zeichne ein Säulendiagramm, aus dem man die durchschnittliche Milchleistung einer Kuh von 1800 bis zur Gegenwart ablesen kann. Beschreibe die Entwicklung.
b Berechne, wie viel Milch eine solche Kuh heute pro Tag liefert.

6 Fertige eine Übersicht zu Speisen an, die aus Rindfleisch hergestellt werden.

Milch, Fleisch oder beides?

Ziele der Rinderzüchtung Vor etwa 7000 Jahren begann der Mensch Rinder zu züchten. Zunächst nutzte er Fleisch und Milch, aber auch die Zugkraft der Tiere. Es dauerte Jahrtausende bis zur Entwicklung von Hochleistungsrindern. Heute nutzen wir fast ausschließlich leistungsfähige Milch- und Fleischrassen. Zweinutzungsrassen haben sowohl eine hohe Milchleistung als auch viel Fleisch.

Milchrassen Die Deutsche Schwarzbunte wird weltweit am häufigsten gehalten. ↑2 Sie wurde speziell für die Milchproduktion gezüchtet. Schwarzbunte sind die echten „Milch-Champions“: mehr als 10 000 Liter pro Jahr und Tier sind keine Seltenheit. Zu den Milchrassen zählen auch die Jerseyrinder.

3 Schottisches Hochlandrind

4 Gallowaykuh mit Kälbern

Schon gewusst?

Wie heißen Mutter, Vater, Kind?
Rind: Name der Tierart
Kuh: weibliches Rind, das bereits gekalbt hat
Bulle/Stier: männliches Rind
Ochse: männliches Rind, das unfruchtbar gemacht (kastriert) worden ist
Färse: weibliches Jungtier, das noch nicht gekalbt hat
Kalb: ein Jungtier bis zum Alter von sechs Monaten (männlich: Bullenkalb, weiblich: Kuhkalb)

Fleischrassen und Zweinutzungsrassen Die zottigen, hornlosen Galloway-Rinder stammen aus Schottland. ↑4 Sie gehören bei uns inzwischen zu den wichtigsten Fleischrassen. Diese robusten Rinder werden oft von Ökolandwirten gehalten und können das ganze Jahr über draußen bleiben. Andere Fleischrassen sind zum Beispiel Hereford, Limousin, Angus, Charolais, Schottisches Hochlandrind. ↑3 Das Deutsche Fleckvieh ↑5 bringt hohe Milch- und Fleischleistung und gehört deshalb zu den Zweinutzungsrassen, wie auch zum Beispiel das Braunvieh und die Rotbunten.

Der Mensch züchtet und nutzt Rinder schon seit Jahrtausenden. Heute sind die Milchleistung und hochwertiges Fleisch besonders wichtig.

5 Fleckviehherde

Aufgaben

1 Vergleiche frühere Ziele der Rinderzüchtung mit denen von heute.

2 Erläutere den Nutzen der verschiedenen Rinderrassen. Gib auch Beispiele für die Benennung von Rassen an.

3 Informiere dich über weitere Körperteile des Rindes, die der Mensch nutzt. Ordne Produkte zu, die daraus hergestellt werden.

4 Bewerte die Folgen gesunkener Milchpreise für die Landwirte und die Tierhaltung.

Rinder sind Wiederkäuer

1 Kuh beim Fressen von Gras

Der Weg der Nahrung beim Rind Wenn du eine Kuh beim Grasen auf der Weide beobachtest, siehst du, dass sie mit ihrer langen, rauen Zunge Grasbüschel umfasst und abreißt. Was geschieht damit?
Die Nahrung wird unzerkaut geschluckt und gelangt durch die Speiseröhre in den Pansen. Hier wird sie mit dem vorhandenen Futterbrei vermischt. Anschließend gelangt der Grasbrei in kleinen Portionen in den benachbarten Netzmagen. Nun formen sich Futterballen, die wieder in das Maul zurückbefördert werden. Bis die Nahrung gründlich gekaut ist, dauert es fast eine Stunde. Rinder sind Wiederkäuer. Den gut eingespeichelten Nahrungsbrei schluckt die Kuh zum zweiten Mal. Nun gelangt er in den Blättermagen. Hier wird ihm Wasser entzogen. Im Labmagen beginnt die eigentliche Verdauung mithilfe von Verdauungssäften. Im sehr langen Darm wird der Verdauungsvorgang beendet. Alle Nährstoffe werden in den Körper aufgenommen. Die unverdaulichen Reste werden als Kot abgegeben.

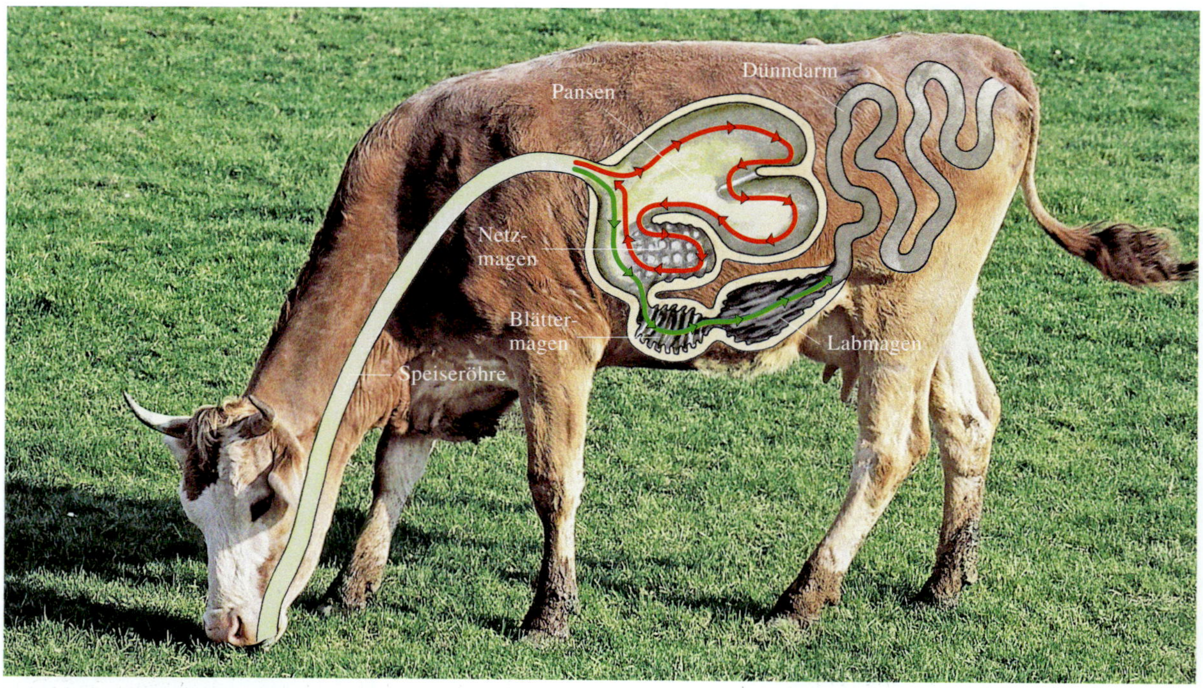

2 Verdauungsorgane des Rindes

Aufgaben

1 Beobachte eine grasende Kuh auf der Weide. Achte darauf, wie sie das Gras aufnimmt. Beschreibe.

2 Erkläre, warum sich die Kuh nach längerem Fressen hinlegt.

3 Eine Kuh frisst 60 bis 70 kg Gras und trinkt 100 Liter Wasser pro Tag. Verdeutliche diese Mengen anhand eines anschaulichen Beispiels für deine Klassenkameraden. Ein Wassereimer fasst 10 Liter.

4 Die Nahrung des Rindes wird in verschiedenen Organen verarbeitet.

a Beschreibe deinem Tischnachbarn den Weg der Nahrung anhand der Abbildung. ↑2

b Benenne die einzelnen Stationen mit den Zahlen 1–6 und fertige eine Tabelle mit 3 Spalten an: 1. Spalte: Zahl, 2. Spalte: Name des Verdauungsorgans, 3. Spalte: Aufgabe des Organs.

Ohne Kalb keine Milch!

3 Kuh mit neugeborenem Kalb

4 Das Kalb wird gesäugt.

Für die Milchviehhaltung werden weibliche Rinder bereits mit etwa 18 Monaten künstlich besamt. Nach einer etwa 9-monatigen Schwangerschaft wird ein Kalb geboren, Zwillinge gibt es selten.
Das neugeborene Kalb wird zunächst mit der Muttermilch ernährt. Schon nach kurzer Zeit wird das Kalb vom Muttertier getrennt und auf Muttermilchersatz umgestellt. Die natürliche Milchbildung in den Eutern der Kuh wird durch täglich zweimaliges Melken mit Melkmaschinen über zehn Monate lang nach dem Kalben ausgenutzt. Die Kuh muss jedes Jahr ein Kalb bekommen, sonst gibt sie keine Milch mehr.
Werden die Kühe regelmäßig besamt, können sie fünf bis sechs Jahre lang als Milchlieferanten genutzt werden. Anschließend werden sie geschlachtet. Männliche Rinder werden überwiegend für die Fleischerzeugung als Mastbullen gehalten.

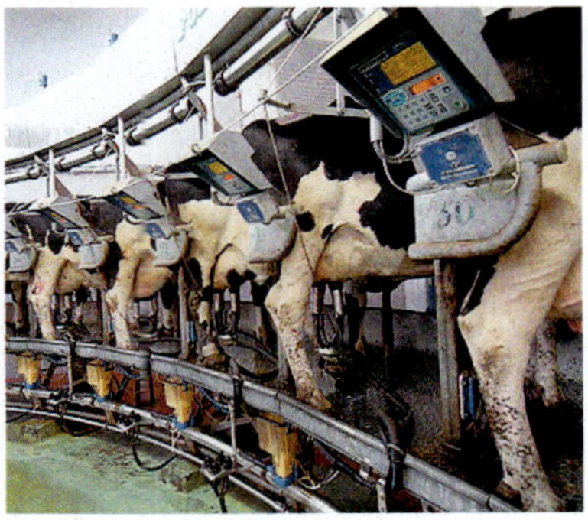

5 Kühe im Melkstand

Rinder liefern uns vor allem Milch und Fleisch. Sie sind reine Pflanzenfresser. Der Magen besteht aus Pansen, Netzmagen, Blättermagen und Labmagen. Rinder gehören zu den Wiederkäuern.

Aufgaben

1 Erläutere, warum Milchkühe jährlich ein Kalb gebären müssen.

2 Neugeborene Kälber gehören zu den Nestflüchtern. Begründe.

3 Vergleiche die Abbildungen ↑4 und ↑3. Erläutere, was mit der Milch geschieht.

4 Kälber werden oft in Einzelboxen gehalten, in denen sie sich wenig bewegen können. ↑6

a Versuche, eine Begründung für diese Haltungsform zu finden.

b Vergleiche Abbildung ↑6 mit Abbildung ↑4. Welche Haltungsform ist eher artgerecht? Begründe deine Meinung.

6 Mastkälber in Boxenhaltung

Zur Diskussion Tierhaltung

1 Fleisch aus dem Supermarkt

Fleisch war noch nie so billig!

Isst du gerne Hamburger, Chickenwings, Bratwurst oder Döner? Oder isst du eher wenig Fleisch? Vor 50 Jahren war Fleisch, verglichen mit anderen Lebensmitteln, viel teurer. In vielen Familien gab es nur selten Fleisch, nämlich den so genannten „Sonntagsbraten". Fleisch, Milch, Eier sind heute Massenware. Gibt es einen Zusammenhang zwischen den Preisen und der Form der Tierhaltung?

„Personalausweis" für Rinder
Seit 1998 muss jedes Kalb spätestens 7 Tage nach der Geburt mit einer Ohrmarke gekennzeichnet werden. Diese gibt Auskunft über Herkunftsland, Bundesland und Betrieb. Die Kennzeichnung und die Erfassung der Daten erfolgt in allen Ländern der Europäischen Union. Sie soll dem Verbraucher genaue Auskunft über die Herkunft seines Rindleischs geben.

2 Der Knopf im Ohr verrät die Herkunft.

Gestiegener Verbrauch

Durchschnittlich verzehrt jeder Deutsche pro Jahr 85 kg Fleisch, 90 Liter Milch und 225 Eier. Dieselbe Menge Fleisch und Eier wird heute schneller, mit weniger Futter, weniger Arbeitszeit und auf weniger Fläche erzeugt als noch vor 50 Jahren. Heute gibt eine Hochleistungskuh bis zu 10 000 Liter Milch im Jahr, ein Schwein nimmt täglich bis zu 1000 Gramm zu, ein Huhn legt jährlich fast 300 Eier.

Massentierhaltung

Im Durchschnitt besteht heute in Deutschland eine Rinderherde aus etwa 50 Tieren, ein Schweinebestand aus 120 Tieren. Es gibt aber auch „Tierfabriken" mit bis zu 30 000 Mastschweinen. Solche Massentierhaltung ermöglicht für den Verbraucher verlockende Preise. In Deutschland leben mehr als 25 Millionen Hausschweine. Selten sieht man sie im Freien. In Großställen liegen die Tiere auf nackten Spaltenböden. Das sind Gitter aus Metall oder Beton, durch deren Ritzen Kot und Urin (Gülle) in eine Grube abfließen können. Häufig dringt kein Tageslicht in die Ställe und jedes Tier hat nur wenig Bewegungsraum. Oft zeigen die Tiere Verhaltensstörungen: zum Beispiel beißen sie sich gegenseitig die Schwänze ab. Wird nährstoffreiches Mastfutter verfüttert, haben die Mastschweine nach etwa sechs Monaten ihr Schlachtgewicht erreicht.

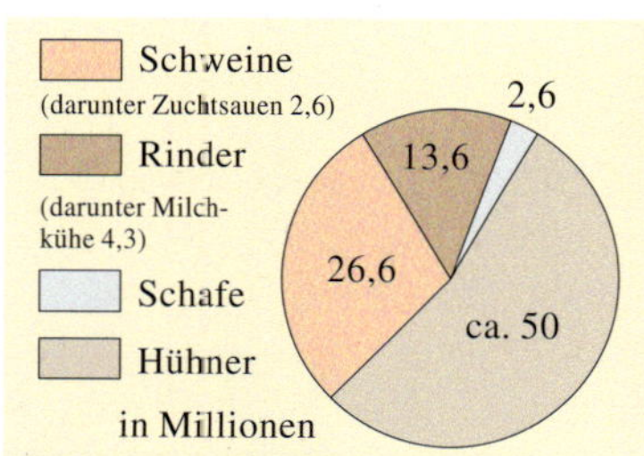

3 Tierarten in der Landwirtschaft

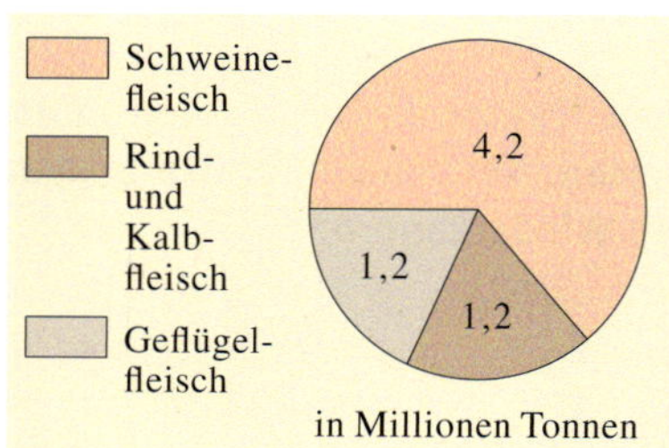

4 Fleischerzeugung in Deutschland

Pro-Kopf-Fleischverbrauch in Deutschland (kg)

Jahr	Gesamt	Schwein	Rind	Geflügel
1950	26,2	?	?	?
1960	52,8	29,4	19,2	4,2
1970	70,8	38,4	24,0	8,4
1980	83,3	50,2	23,3	9,8
1990	94,6	60,1	22,1	12,4
2000	84,2	54,2	14,0	16,0
2005	84,5	54,5	12,3	17,7

5 Schweinemaststall

Zur Diskussion Tierhaltung

Artgerechte Tierhaltung – leben „Bio-Schweine" besser?
Auf Biohöfen gibt es Ställe, in denen die Schweine in kleineren Gruppen in Buchten gehalten werden, die nur zum Teil mit Spaltenboden versehen sind. Der andere Teil ist ein Ruhebereich, der mit Stroh ausgestreut wird und Ketten und anderes „Stallspielzeug" enthält. In der Regel halten die Schweine diesen Bereich sauber und verhalten sich weniger aggressiv als in den Großställen.

Bei der Freilandhaltung haben die Tiere Auslauf und können viele ihrer natürlichen Verhaltensweisen leben: wühlen, sich scheuern, gesellig leben.
Außerdem erhalten die Tiere in Biobetrieben Futter, das hohe Anforderungen erfüllen muss. Dem Futter dürfen keine Medikamente zugesetzt werden, um Krankheiten zu verhindern oder das Wachstum zu fördern, wie es bei der Massentierhaltung üblich ist.

Die Rolle des Verbrauchers
Nur etwa eines von hundert Schweinen wächst in Biobetrieben heran. Solange wir als Verbraucher an der Fleischtheke nur auf den Preis, weniger auf die Qualität und nicht auf die Herkunft achten, werden die Landwirte dazu gedrängt, Fleisch immer billiger zu produzieren. Biobauern können bei tiergerechter Haltung in der gleichen Zeit weniger Fleisch erzeugen. Deshalb sind ökologisch erzeugte Produkte teurer.

6 Muttersauen auf der Weide

§ 1 Grundsatz [...] Niemand darf einem Tier ohne vernünftigen Grund Schmerzen, Leiden oder Schäden zufügen.
§ 2 Artgemäße Tierhaltung
Wer ein Tier hält, betreut oder zu betreuen hat, muss das Tier seiner Art und seinen Bedürfnissen entsprechend angemessen ernähren, pflegen und verhaltensgerecht unterbringen.

7 Auszug aus dem Tierschutzgesetz

Aufgaben

1 Berechne, wie viele Eier jeder Deutsche pro Woche isst. Wie erklärst du dir die hohe Anzahl von Eiern, die jeder von uns verzehrt? Untersuche, in welchen Lebensmitteln Eier enthalten sind, indem du die Angaben auf der Verpackung liest.

2 Entnimm der Tabelle ↑S.74, wie viel Fleisch pro Person in den Jahren 1950 bis 2005 verzehrt wurde. Erstelle dazu ein Säulendiagramm.

3 Werte den Fleischverzehr deiner Familie aus.
a Trage eine Woche lang für jede Person in eine Tabelle ein: Wochentag, Fleischsorte, Fleischmenge.
b Gib an, wie viel Fleisch jeder gegessen hat.
c Vergleiche mit den Angaben der Tabelle ↑S.74.

4 Fertige zu Abbildung 4 ein Säulendiagramm an. Vergleiche Fleischverbrauch und Fleischerzeugung.

5 Erläutere den Vorteil der Kennzeichnungspflicht für Rinder. ↑2 Denke auch an das Risiko von „Gammelfleisch" und Tierseuchen.

6 Als Verbraucher sollte man bewusst entscheiden, welche Produkte man kauft.
a Nenne Kriterien (z. B. Tierhaltung, Geschmack), nach denen man entscheiden kann, welches Fleisch man kaufen sollte. Gib an, welche Kriterien dir besonders wichtig sind. Entscheide und begründe dann, welches Fleisch du kaufen würdest. Diskutiere mit deinem Nachbarn eure Entscheidungen.
b Erkläre, ob und wie jeder Kunde die Lebensbedingungen der Nutztiere beeinflussen kann.
c Der gestiegene Fleischkonsum ist mit dafür verantwortlich, dass viele Tiere nicht artgerecht gehalten werden. Nenne als Alternativen drei fleischlose Gerichte, die du kennst. Stelle sie der Klasse vor.

7 Informiere dich über die Lebensweise von Wildschweinen. Beschreibe die im Text genannten Haltungsformen für Schweine. Entscheide, ob sie artgerecht sind. Berücksichtige das Tierschutzgesetz. ↑7

Das Pferd – ein Tier der Steppe

Einige aus deiner Klasse werden begeisterte Reiterinnen oder Reiter sein. Mancher von euch würde vielleicht gerne seine Ferien auf einem Reiterhof verbringen. Die einen wissen viel über Pferde, andere begegnen Pferden hauptsächlich bei sportlichen Veranstaltungen oder im Fernsehen. Was hat es auf sich mit dem Ausspruch „Das Glück dieser Erde liegt auf dem Rücken der Pferde“? Was ist das Besondere an Pferden, das viele so fasziniert?

1 Beim Reitunterricht

Beobachten Untersuchen Experimentieren

1 Im Bild unten siehst du wild lebende Pferde. ↑2 Beschreibe die Landschaft. Beschreibe das Verhalten der Herde.

2 Herde wild lebender Pferde

2 Beobachte Pferde auf der Weide. Versuche, eine Rangordnung zu erkennen. Erläutere deine Beobachtung.

3 Wenn Pferde auf der Koppel weiden, kannst du manchmal beobachten, dass die ganze Herde schlagartig losgaloppiert. Versuche, eine Erklärung für dieses Verhalten zu finden.

4 Erkundigt euch, ob ihr in der Umgebung einen Reiterhof besuchen könnt. Plant vorher genau, was ihr erfahren und beobachten möchtet. Wertet eure Ergebnisse aus und stellt sie der Klasse vor.

5 Hast du Erfahrungen mit Pferden? Wenn ja, berichte darüber. Was findest du besonders schön, wenn du mit Pferden zusammen bist?

Pferde sind Herdentiere

Leben in der Steppe Pferde sind Lauf- und Fluchttiere, die ursprünglich in weiten Steppenlandschaften in Herden lebten. Die Herde bietet Schutz, da sich die Tiere bei Gefahr gegenseitig warnen können. Dabei hilft ihnen ihr ausgezeichneter Geruchs- und Gehörsinn. Ihre Augen nehmen besonders gut Bewegungen wahr. Wilde Herden bestehen aus mehreren Stuten mit ihren Fohlen, jungen Hengsten sowie einem Leithengst. Pferde sind Nestflüchter, das heißt die Fohlen können ihrer Mutter schon kurz nach der Geburt folgen. In jeder Herde gibt es eine Rangordnung.

Schnelles Laufen auf Zehenspitzen Pferde sind im Körperbau an schnelles Laufen angepasst. Sie berühren den Boden nur mit den Zehenspitzen: Sie sind Zehenspitzengänger. Das wird deutlich, wenn man sich das Beinskelett genauer ansieht. ↑3 An jedem Fuß hat das Pferd nur eine Zehe. Diese ist von einem Huf aus Horn umgeben und so geschützt. Die anderen Zehen sind zurückgebildet. Im Vergleich zum Ober- und Unterarm ist die „Hand" sehr lang. Sie besteht aus Fingerknochen, Mittelhandknochen und Handwurzelknochen. Dadurch haben Pferde lange, starke Laufbeine. Sie können damit gut springen und stundenlang laufen, ohne zu ermüden.
Je nach Geschwindigkeit haben Pferde verschiedene Gangarten. ↑4 Beim Schritt kannst du nebenher gehen. Dagegen kannst du beim Trab nur noch mit dem Fahrrad mithalten. Im Galopp erreichen gute Rennpferde Geschwindigkeiten bis zu 60 Kilometer pro Stunde.

Gras als Nahrung In Steppenlandschaften wachsen vor allem Gräser. Pferde sind an diese Art der Nahrung angepasst. Sie rupfen das Gras mit den Schneidezähnen des Ober- und Unterkiefers ab. Bei längeren Halmen werden die Lippen zuhilfe genommen. Mit den breiten Backenzähnen wird das Gras gründlich zerkleinert und zwischen den rauen Schmelzfalten zerrieben. Dabei nutzen sich die Zähne mit der Zeit stark ab. Pferde sind keine Wiederkäuer. Der kleine Magen kann nur wenig Nahrung aufnehmen. Deshalb müssen Pferde viel häufiger fressen als zum Beispiel Rinder. Der lange Darm sowie der große Blinddarm spielen bei der Verdauung eine wichtige Rolle.

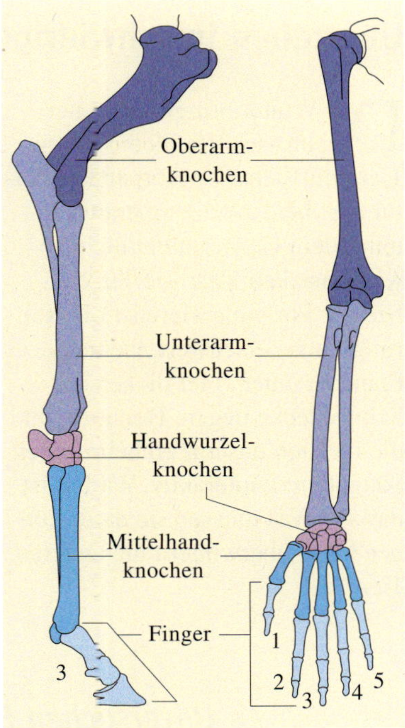

3 Vorderbein des Pferdes und Arm des Menschen im Vergleich

4 Gangarten des Pferdes

Pferde sind Herdentiere, die bei Gefahr fliehen. Das Fluchtverhalten stammt von ihren wilden Vorfahren, die in weiten Steppenlandschaften lebten. Als Zehengänger sind die Pferde an schnelles Laufen angepasst. Pferde sind Pflanzenfresser.

Aufgaben

1 Beschreibe den Bau des Vorderbeines eines Pferdes. Vergleiche mit dem Armskelett beim Menschen. Wo ist das Hand-, wo das Ellenbogengelenk? ↑3

2 Erläutere, was ein Zehenspitzengänger ist.

3 Ein Sprichwort sagt: „Einem geschenkten Gaul schaut man nicht ins Maul". Was kann man an einem Pferdegebiss erkennen?

4 Pferde in einer Herde zeigen bestimmte Verhaltensweisen. Achte dabei auf Ohrenspiel, Schnauben, Wiehern, Stellung des Schweifes, Beknabbern, Ausschlagen. Deute sie. Stelle Vermutungen an.

5 Nenne Verhaltensweisen von Pferden, die an das Leben ihrer wilden Vorfahren erinnern.

Überleben in schwierigen Zeiten: Angepasstheit an Kälte

Der Winter bringt mit seiner Kälte viele Probleme für Tiere mit sich. Die Körpertemperatur darf bei Außentemperaturen unter dem Gefrierpunkt nicht so weit absinken, dass die Tiere erfrieren. Für viele Tiere ist die Nahrungssuche erschwert, wenn die Pflanzen unter einer dicken Schneedecke liegen. Dennoch sind die meisten unserer einheimischen Säugetiere winteraktiv. Warum ist das so? Was müssen sie dafür können? Wie überwintern die anderen Tiere?

1 Tierspuren im Schnee

Beobachten Untersuchen Experimentieren

2–5 Hermelin im Sommer (oben) und im Winter (unten)

Kälteschutz

Mit einem Versuch kannst du ermitteln, was die Kälte bei den Tieren bewirken kann und was sie dagegen tun können.

1 Fülle einen durchsichtigen Plastikbecher zur Hälfte mit Wasser. Markiere den Wasserstand.

a Stelle den Becher für einige Stunden in den Gefrierschrank. Vergleiche nun den Stand des Eises mit deiner Markierung. Notiere deine Beobachtung.

b Der Körper von Menschen und anderen Säugetieren besteht zu etwa zwei Dritteln aus Wasser. Wasser befindet sich auch unmittelbar im Bereich der Haut. Erläutere die Gefahr für ungeschützte Körperstellen beim Absinken der Außentemperaturen unter den Gefrierpunkt.

2 Betrachte die Abbildungen vom Fell des Hermelins und vergleiche Sommer- und Winterfell. ↑2–5

Überwinterungsstrategien

Winteraktiv Die meisten Säugetiere sind auch im Winter aktiv. Das Wildschwein beispielsweise findet im Spätsommer reichlich Nahrung. Es frisst sich ein dickes Fettpolster an. Diese Fettschicht verringert die Wärmeabgabe und bildet für das Tier eine Nahrungsreserve. Diese Nahrungsreserve ist nötig, denn die Aufrechterhaltung der Körpertemperatur und aller Körperfunktionen benötigt Energie. Meist findet das Wildschwein mit seinem Rüssel auch unter dem Schnee noch ausreichend Nahrung. Feldmäuse legen unter der Schneedecke tunnelartige Laufgänge an. Der Maulwurf gräbt im Winter seine Jagdgänge tiefer, um noch Regenwürmer zu finden.
Viele Säugetiere bekommen im Winter ein dichteres Fell. Beim Hermelin unterscheidet sich das Sommerfell vom Winterfell nicht nur in der Dichte der Wollhaare, sondern auch in der Farbe. Auch Rehe, Feldhasen und Rothirsche sind winteraktive Säugetiere. In manchen Waldgebieten helfen Jäger oder Förster den Tieren, unbeschadet über die kalte Jahreszeit zu kommen. Sie richten für diese Tiere zusätzlich Futterstellen ein.

6 Rehe sind winteraktiv.

7 Eichhörnchen halten Winterruhe.

8 Der Igel ist ein Winterschläfer.

Winterruhe Der bekannteste Winterruher ist das Eichhörnchen. ↑7 Es bleibt im Winter bei besonders kalter Witterung tagelang in seinem Nest, dem Kobel. Dabei wechselt es immer wieder die Schlafhaltung – im Gegensatz zu echten Winterschläfern, die starr liegen bleiben. Die Körpertemperatur bleibt gleich, der Herzschlag und die Atmung sind kaum verringert. Von Zeit zu Zeit erwacht das Eichhörnchen und sucht seine Vorräte auf, die es im Herbst versteckt hat.

Winterschlaf Der Igel sowie der Siebenschläfer, die Haselmaus und die Fledermaus sind „echte“ Winterschläfer unserer Heimat. ↑8, 9
Bis zum Herbst hat der Igel so viel Fett angesetzt, dass er davon den gesamten Winter über zehren kann. Tief im Laub oder im Komposthaufen eingewühlt und eingerollt, hält er im gut isolierten Nest seinen Winterschlaf. Während des Winterschlafs sind verschiedene Funktionen seines Körpers verändert. Da der gesamte Tierkörper wenig Energie verbraucht, wird auch nur wenig Sauerstoff benötigt. So wird neben der Anzahl der Atemzüge auch die Anzahl der Herzschläge während des Winterschlafs stark herabgesetzt. Die Körpertemperatur des Igels sinkt weit ab. Trotzdem ist sein Herbstspeck bis zum Frühjahr weitgehend aufgebraucht.

9 Fledermaus im Winterschlaf

Umgebungs-temperatur	Körper-temperatur
20 °C	20 °C
13 °C	13 °C
2 °C	2 °C
0 °C	0 °C

1 Die Zauneidechse ist wechselwarm.

Winterstarre Kriechtiere, Lurche, Fische und Insekten sind wechselwarm. Das heißt: Ihre Körpertemperatur wechselt mit der Temperatur ihrer Umgebung. ↑1 Wenn es draußen warm ist, haben die Tiere einen warmen Körper und sind aktiv. Im Winter werden sie starr und steif, sie verfallen in die Winterstarre. Unter den Gefrierpunkt darf die Körpertemperatur aber nicht fallen. Die Tiere sterben sonst. Sie brauchen daher einen frostsicheren Platz, zum Beispiel im Schlamm eines Teiches oder in Höhlen im Boden. Erst wenn es draußen warm wird, erwachen sie aus der Winterstarre.

3 Der Igel rollt sich zum Winterschlaf zusammen.

2 Zauneidechsen in einer Erdhöhle

Manche Tiere, wie einige Insekten sowie Fischarten im Eismeer, können sogar überleben, wenn ihre Körpertemperatur unter den Gefrierpunkt sinkt. Sie bilden körpereigene „Gefrierschutzmittel", die das tödliche Einfrieren ihrer Körperflüssigkeiten verhindern.

Unter unseren heimischen Säugetieren gibt es winteraktive Arten, Winterschläfer und Winterruher. Wechselwarme Wirbeltiere (Fische, Lurche und Kriechtiere) sowie wirbellose Tiere (z. B. Insekten) suchen im Herbst frostfreie Verstecke auf und verfallen in eine Winterstarre, erst bei steigenden Frühlingstemperaturen werden sie wieder aktiv.

Aufgaben

1 Der Igel überwintert in einem Kompost- oder Laubhaufen. Welchen Vorteil hat er hier? Überprüfe deine Vermutung, in dem du die Temperatur im Inneren und am Rand eines Komposthaufens misst. Vergleiche.

2 Tiere, die Winterschlaf oder -ruhe halten, rollen sich beim Überwintern meist ein. ↑3

a Fülle gleiche Mengen heißes Wasser in ein kugelförmiges und ein zylindrisches Gefäß. ↑4 Miss die Temperatur in Fünfminutenabständen im Verlauf der Stunde.

b Vergleiche die Ergebnisse.

c Erkläre nun den Vorteil des Zusammenrollens.

3 Vergleiche die unterschiedlichen Überwinterungsstrategien in einer Tabelle.

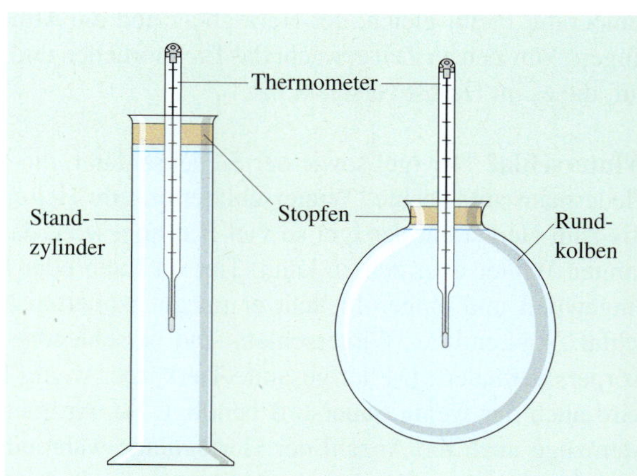

4 Versuchsaufbau

Diagramme auswerten

In einem Versuch haben Biologen die körperlichen Veränderungen des Igels bei verschiedenen Umgebungstemperaturen untersucht. Zur Veranschaulichung wurden die gemessenen Werte in zwei Diagrammen dargestellt. Um bei der Auswertung keinen Aspekt der Daten zu übersehen, solltet ihr am Besten schrittweise vorgehen.

1 Diagramm beschreiben: Macht euch zuerst ein Bild, worum es in dem Diagramm geht: Um welche Art von Diagramm handelt es sich? ↑5 Was ist genau in dem vorliegenden Diagramm dargestellt?

2 Ablesen: Nachdem ihr euch einen Überblick verschafft habt, was das Diagramm darstellt, befasst ihr euch mit den genauen Inhalten. An der linken Skala könnt ihr ablesen, welche Körpertemperatur der Igel im Frühling zeigt, nämlich bei einer Außentemperatur von 13 °C.

3 Vergleichen: Ihr habt nun die Körpertemperaturen des Igels bei den unterschiedlichen Außentemperaturen im Jahresverlauf abgelesen. Jetzt solltet ihr die Werte, die ihr festgestellt habt, auf verschiedene Weise vergleichen.

Der Biologe überlegt zuerst, welche Vergleiche sinnvoll sind.
- Hier könntet ihr für die einzelnen Jahreszeiten die Körpertemperatur mit der Außentemperatur vergleichen. Sind die Unterschiede zwischen beiden Werten immer gleich groß?
- Ihr könnt auch die angegebenen Körpertemperaturen untereinander vergleichen. Wann ist die Körpertemperatur am höchsten, wann am niedrigsten?

4 Interpretieren: Sicher sind euch bei euren Vergleichen Regelmäßigkeiten aufgefallen oder auch unerwartete Abweichungen von dieser Regelmäßigkeit. Nun ist es eure Aufgabe, diese Ergebnisse zu deuten, das heißt zu interpretieren.

In einem weiteren Schritt könnt ihr das zweite Diagramm in den Vergleich einbeziehen, nachdem ihr auch dieses beschrieben und die Werte abgelesen habt. ↑6
- Zu welcher Jahreszeit ist die Zahl der Atemzüge am größten, wann am kleinsten?
- Bei welcher Körpertemperatur atmet der Igel wie oft?

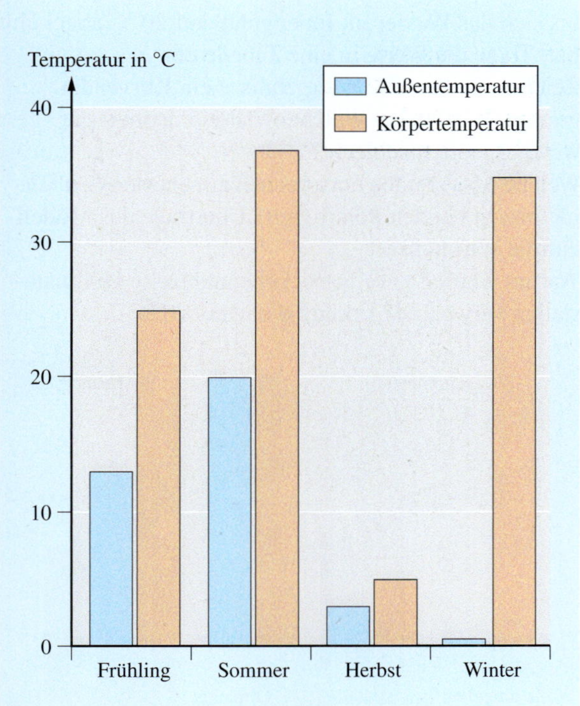

5 Körpertemperatur des Igels bei verschiedenen Umgebungstemperaturen

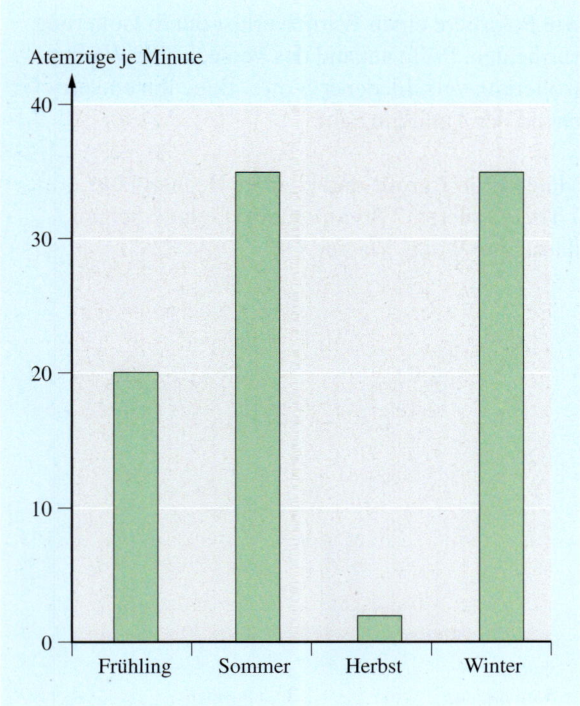

6 Anzahl der Atemzüge des Igels pro Minute bei verschiedenen Umgebungstemperaturen

Warum friert der Eisbär nicht?

Wir sind oft froh, wenn der Winter endlich vorbei ist und wir die Winterpullover beiseite legen können. Unsere einheimischen Tiere verlassen dann ihre Winterquartiere. Diese Möglichkeit haben die Tiere der Polargebiete nicht: Sie leben meist das gesamte Jahr über in Schnee und Eis. Warum erfriert der Eisbär nicht in der Polarkälte? Durch welche Schutzeinrichtungen können Tiere in ihrem extremen Lebensraum überleben?

1 Eisbär in seinem Lebensraum

Beobachten Untersuchen ***Experimentieren***

Lebensweise und Lebensräume

In den Polargebieten der Erde müssen die Lebewesen ganz besonders gut gegen die Kälte gewappnet sein, um zu überleben.
Im folgenden Modellversuch kannst du herausfinden, wie Polartiere einen Wärmeverlust durch Isolierung vermeiden. Prüfe anhand des Versuchs die Wärmeisolierung verschiedener Stoffe. Baue ihn entsprechend der Abbildung auf.

Material: je 7 große und kleinere Bechergläser, 7 Thermometer, 7 Styropordeckel, glatte Schnur, flauschige Wolle, Wasser, Öl.

Durchführung: Fülle das Außengefäß jeweils mit folgendem Füllmaterial: Luft, Wasser (20 °C), glatte Schnur (trocken), glatte Schnur (nass), flauschige Wolle (trocken), flauschige Wolle (nass), Öl (20 °C). ↑2
Das Wasser im Innengefäß sollte ca. 60 °C haben.
Auswertung: Lies die Temperatur alle 3 Minuten ab, bis sich das Wasser im Innengefäß auf 20 °C abgekühlt hat. Trage die Werte in eine Tabelle ein.
Zeichne für deine Messergebnisse ein Kurvendiagramm. Vergleiche: Welches Material isoliert gut, welches isoliert schlecht?
Welche Messgefäße entsprechen am ehesten den Verhältnissen bei den Polartieren? Übertrage das Modell auf die Wirklichkeit.
Warum werden jeweils trockene und nasse Hüllmaterialien verwendet? Erkläre die Messwerte.

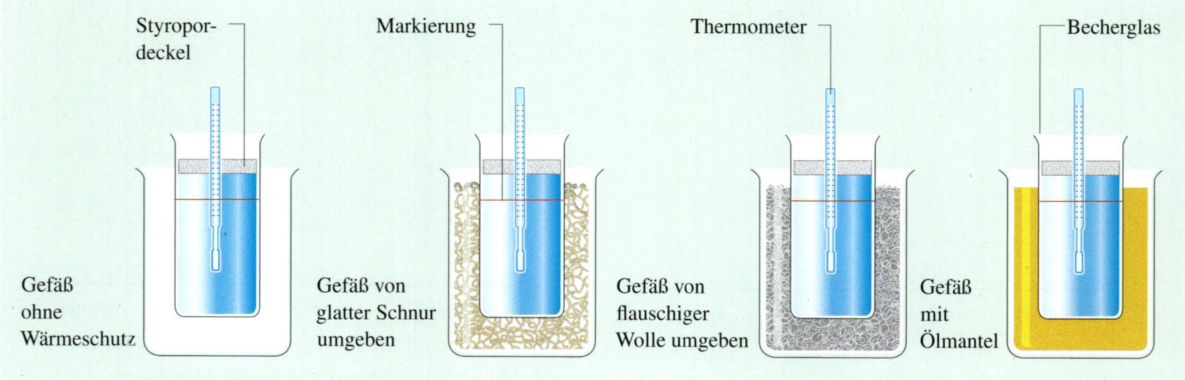

2 Modellversuch zur Wärmeisolierung

Leben in der Kälte

Fell, Speck und Körpergröße als Kälteschutz Das Packeis an den Küsten des Nordpolarmeeres ist der Lebensraum der Eisbären. Ein dichtes Fell und eine dicke Speckschicht schützen sie vor Auskühlung. An Land ist das dichte Fell ein äußerst wirksamer Kälteschutz. Die feine, sehr dichte Unterwolle wird durch Talg aus zahlreichen Talgdrüsen wasserfest eingefettet. Im eisigen Wasser schützt das Fell die Eisbären aber nicht vor Wärmeverlust. Dort verhindern eine dicke Speckschicht unter der Haut und die große Körpermasse eine rasche Auskühlung. Die fetthaltige Nahrung liefert ihnen genügend Energie. Außerdem haben Eisbären stark behaarte, riesige Pfoten. Die Behaarung sorgt dafür, dass über die Pfoten nur wenig Körperwärme an den Boden abgegeben wird. Die große Fläche der Pfoten verhindert ein rasches Einsinken in den Schnee – wie bei Schneeschuhen.

Auch im Winter aktiv Eisbären sind das ganze Jahr über aktiv, selbst im eisigen Polarwinter. Während starker Schneestürme lassen sie sich vom Schnee zuwehen. Ist der Sturm vorbei, graben sie sich wieder aus.

4 Der Eisbär ist an extreme Kälte angepasst.

Fortpflanzung Eine trächtige Bärin zieht sich im Winter zurück. Sie lässt sich vom ersten Schneesturm zuwehen und häuft den Schnee zu einer Höhle auf. Dort bringt sie zwei Junge zur Welt. Sie zehrt von ihren Fettreserven und ernährt die Jungen mit ihrer sehr fetthaltigen Milch. Im Frühjahr siedelt sich die Familie auf dem Eis an. Von dort aus jagen die Bären.

Der Eisbär ist mit seinem Körperbau und mit seinen Verhaltensweisen an das Leben in der Arktis angepasst.

3 Pfotenabdruck eines Eisbären

Biologisches Prinzip

Angepasstheit
Tiere, die in der Polarregion zu Hause sind, wie der Eisbär, besitzen Angepasstheiten an die kalte Umgebung.
Dazu gehören Körpermerkmale wie das warme Fell und die Fettschicht. Aber auch das Verhalten der Tiere wie das Sich-Zuschneienlassen bei Schneestürmen stellt eine Angepasstheit dar.

Aufgaben

1 Die Inuit (Eskimos) jagen Eisbären, indem sie sie solange hetzen, dass diese überhitzen und sich dann nicht mehr richtig zur Wehr setzen können. Nenne die biologische Grundlage für diese Jagdstrategie.

2 Erläutere die Folgen des ständigen Rückgangs des Packeises in der Arktis für die Eisbären und die dort lebenden Menschen

3 Gib einen Überblick über die Angepasstheit des Eisbären an das Leben in der Arktis.

Überleben in der Wüste

Endlose Sandmeere, Hitze und große Trockenheit kommen uns in den Sinn, wenn wir an Wüsten denken. Aber selbst in Wüsten gibt es Pflanzen und Tiere, die unter diesen Bedingungen überleben können.
Wie aber können diese Lebewesen bei so hohen Temperaturen überleben? Wie kommen sie mit der geringen Menge an Wasser aus?

1 Die Wüste erscheint lebensfeindlich.

Beobachten **Untersuchen** *Experimentieren*

Extreme Bedingungen

Wüstentiere sind an die lebensfeindlichen Lebensbedingungen in der Wüste angepasst.

1 Liste mithilfe der Bilder ↑1–3 auf, welchen Bedingungen Tiere in der Wüste ausgesetzt sind.

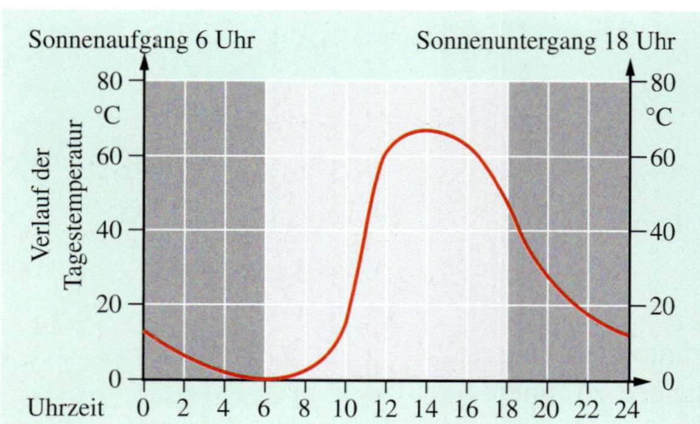

2 Verlauf der Tagestemperatur in der Sahara

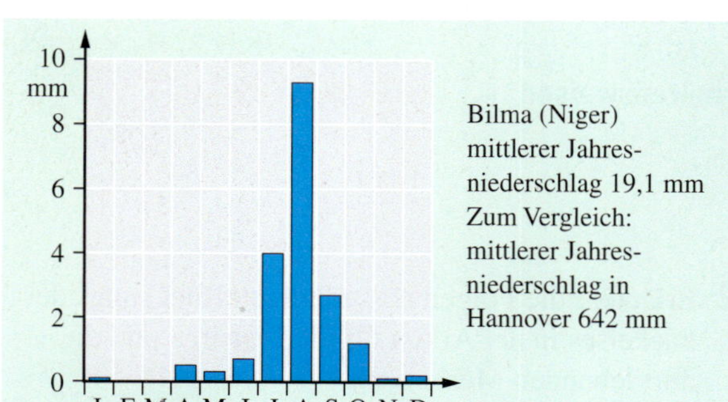

3 Jahresniederschlagsmenge in der Sahara.

2 Erläutere Möglichkeiten (Strategien) mit denen die Tiere unter diesen Bedingungen überleben können.

3 Beschreibe mithilfe der Abbildungen ↑4 und ↑5 die Angepasstheit an das Wüstenleben bei Chamäleon und Fennek.

4 Chamäleon

5 Fennek

Auf heißen und leisen Sohlen

Dromedar Das Dromedar, auch Einhöckriges Kamel genannt, gehört zu den Säugetieren, die an große Hitze und Trockenheit hervorragend angepasst sind. Auffallend an diesem Tier sind drei Merkmale: lange Beine, Rückenhöcker und ein hoch aufgerichteter Kopf. ↑6 Durch die langen Beine ist der Körper relativ weit vom heißen Wüstenboden entfernt. Die Fußsohlen bestehen aus dicken, elastischen Polstern, die dehnbar sind und durch ihre große Sohle das Laufen im Sand erleichtern. ↑8 Im Rückenhöcker werden die Fettvorräte gespeichert. Die Atemluft ist bei Wind oder Sturm in dieser Höhe weniger sandhaltig. Durch verschließbare Nasenlöcher und lange, zweireihige dichte Wimpern sind Nase und Augen der Dromedare bei Sandstürmen geschützt. ↑7 Das dicke, wollige Fell schützt nachts vor Kälte und am Tag vor Hitze.

6 Das Dromedar kann Hitze und Kälte ertragen.

7 Kopf eines Dromedars

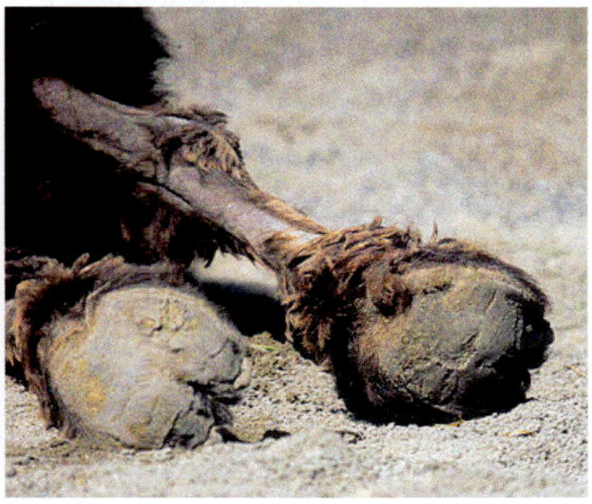
8 Fußsohle eines Dromedars

Schwarzkäfer Auch Insekten haben Tricks gegen Hitze und Trockenheit. Wie die Dromedare schützen sich Schwarzkäfer durch lange Beine vor der Hitze des Sandes. Als wechselwarme Tiere regeln sie ihre Körpertemperatur, indem sie Wärme aus ihrer Umgebung aufnehmen oder an ihre Umgebung abgeben. Sie lecken den morgendlichen Tau vom Boden. Die beiden Vorderflügel sind zu einer harten, geschlossenen Deckschale verwachsen. Damit wird das Körperinnere vor Austrocknung geschützt.

Schon gewusst?

Wasserspeicher
Dromedare können bis zu zwei Wochen ohne zu trinken und bis zu einem Monat ohne zu fressen in der Wüste überleben. Sie sind in der Lage, auf Vorrat etwa 100 Liter Wasser in zehn Minuten aufzunehmen.

Wüstentiere haben spezielle Angepasstheiten an die extremen Umweltbedingungen in ihrem Lebensraum. Körperbau und Verhalten sind an die Temperaturverhältnisse sowie das geringe Wasser- und Nahrungsangebot angepasst.

9 Schwarzkäfer in der Wüste

Aufgaben

1 Informiere dich über Dromedare und Trampeltiere und ihre Lebensräume. Erläutere, welche der beiden Arten besser in einem Zoo in unserer Klimaregion zu halten ist. Begründe.

2 Trage die auf diesen Seiten vorgestellten Angepasstheiten in eine Tabelle ein. Ordne den Vorteil zu, den das Tier davon hat.

Angepasst an Dunkelheit – Fledermäuse

Fledermäuse haben seit jeher die Phantasie der Menschen angeregt. Ihre überwiegend nächtliche und heimliche Lebensweise sowie ihre Fähigkeit, sich im Dunkeln perfekt orientieren zu können, waren dem Menschen unerklärlich und unheimlich. Wie schaffen sie es, sich bei absoluter Dunkelheit im Luftraum zu orientieren und schnell fliegende Beute zu jagen?

1 Wie findet das Große Mausohr den Nachtfalter?

2 Fledermaus bei der Jagd auf einen Nachtfalter

3 Die Zwergfledermaus hat ein Insektenfressergebiss.

Mit den Ohren sehen

Fortbewegung und Ernährung Fledermäuse sind die einzigen Säugetiere, die wirklich fliegen können. Anders als ihr Name vermuten lässt, gehören sie nicht zu den Mäusen oder anderen Nagetieren. Sie haben ein Insektenfressergebiss, das dem des Igels oder des Maulwurfs gleicht. Insekten stellen nämlich die Hauptnahrung unserer Fledermäuse dar. ↑3

Orientierung Fledermäuse sind nachtaktive Tiere. In der Dämmerung fliegen sie auf Jagd nach Insekten. ↑2 Mit ihren sehr kleinen Augen können sie sich nicht gut genug orientieren. Daher besitzen sie ein eigenes Orientierungssystem, das es ihnen ermöglicht, auch in absoluter Dunkelheit zu fliegen und zu jagen: die Echoortung. Dazu stoßen sie Ultraschalllaute aus, die weit höher sind, als dass wir Menschen sie hören könnten.

Ähnlich hohe Töne könnt ihr mit einer Hundepfeife produzieren. Wenn diese Ultraschalllaute auf einen Gegenstand oder ein Beutetier treffen, werden sie wie ein Echo zurückgeworfen und die Fledermaus kann sie mit ihren sehr empfindlichen und großen Ohren auffangen. Aus diesem Echo können die Tiere erkennen, wo und wie weit entfernt ein Gegenstand ist, welche Größe er hat und wie er sich bewegt. Ihr Flugverhalten passen sie dann daran an.

4 Wochenstube in einem alten Dachstuhl

Lebensweise Fledermäuse sind nur vom Frühjahr bis zum Herbst aktiv. Den Winter verbringen sie im Winterschlaf in Baumhöhlen, Felshöhlen, alten Gebäuden oder stillgelegten Bergwerksstollen. Dazu hängen sie sich – wie beim Schlafen und Ruhen auch – mit den Füßen kopfüber an die Decke. Unglaublich, dass sie im Frühjahr so auch ihre Jungen zur Welt bringen. Dann gibt es teilweise recht große Ansammlungen von Muttertieren mit ihren neugeborenen Jungen, die Wochenstuben genannt werden. ↑4 Die Tiere rücken eng zusammen, um sich gegenseitig zu wärmen. Da Fledermäuse sehr reinliche Tiere sind, müssen sie, wenn sie mal müssen, regelrechte Verrenkungen durchführen, um ihr Fell und ihre Flügelhaut nicht zu beschmutzen.

Flughunde In tropischen Ländern verbreitet sind die Flughunde, die sich meistens nicht über Echoortung orientieren, sondern über ihre großen Augen, die insbesondere an die Dämmerung angepasst sind. ↑6 Sie ernähren sich von Früchten und Blütennektar.

Fledermäuse sind die einzigen Säugetiere, die fliegen können. In der Dunkelheit können sie sich mit Echoortung orientieren.

Schon gewusst?

Vampire gibt es wirklich!
Die Heimat der Vampirfledermäuse ist Südamerika. Sie ritzen mit ihren rasiermesserscharfen Zähnen die Haut von größeren Säugetieren an und lecken dann deren Blut auf. ↑5

5 Vampirfledermaus

6 Flughund

Aufgaben

1 Versucht nun selber, euch mithilfe eures Gehörs im Raum zu orientieren. Wie könntet ihr dabei vorgehen?

2 Wo verwenden wir Menschen eine ähnliche Technik wie die Fledermäuse mit ihren Ultraschalllauten?

3 Informiere dich bei einer Naturschutzgruppe in deiner Umgebung darüber, wie man Fledermäusen helfen kann.

4 Im 18. Jahrhundert führte ein Forscher namens Spallanzani Versuche durch, mit denen er dem Orientierungsvermögen der Fledermäuse auf die Spur kam. Informiere dich hierüber und berichte.

5 Wie sind andere Tiere an ein Leben in der Dunkelheit angepasst? Vergleiche die Fledermaus mit der Katze und ihren Möglichkeiten, in der Dämmerung zu jagen.

Überblick

Wirbeltiere leben in unterschiedlichen Lebensräumen. Die Lebensräume an Land, im Wasser und in der Luft, aber auch die jahreszeitlichen Bedingungen erfordern für die Tiere bestimmte Anpassungen.

Fische

Fische sind die einzige Wirbeltiergruppe, die immer an Wasser gebunden ist. Sie sind durch ihre schuppige schleimige Haut und Flossen an das Schwimmen im Wasser angepasst. Fische atmen über Kiemen. Fische sind wechselwarm und pflanzen sich mit äußerer oder, bei den Knorpelfischen, auch innerer Befruchtung fort.

1 Kiemen eines Hechts

Lurche

Lurche sind durch ihren Körperbau und ihre Fortbewegungsmöglichkeiten an ein Leben sowohl im Wasser als auch auf dem Land angepasst. Ihre Larven entwickeln sich im Wasser und machen eine Metamorphose durch. Sie atmen durch Kiemen. Ausgewachsene Lurche leben auch auf dem Land und atmen durch Lungen und Haut. Lurche können ihre Körpertemperatur nicht selbst regulieren: sie passt sich der Umgebungstemperatur an. Die Lurche sind also wechselwarm. Den Winter müssen sie in Kältestarre überstehen.

Kriechtiere

Kriechtiere sind wechselwarme Tiere, die sich kriechend bewegen. Sie sind durch ihre feste, verhornte Haut an trockene Lebensräume angepasst. Während ihres Wachstums häuten sie sich von Zeit zu Zeit. Ihre Fortpflanzung durch innere Befruchtung ist vom Wasser unabhängig. Die befruchteten Eier werden durch Erdwärme ausgebrütet.

2 Fütterung von Rehwild im Winter

Vögel

Vögel sind durch ihren Körperbau, leistungsfähige Lungen, ihre Federn und Flügel dem Lebensraum Luft angepasst. Im Körperinnern befruchtete Eier mit einer Kalkschale werden im Nest ausgebrütet. Bei den Jungen unterscheidet man Nesthocker und Nestflüchter. Ihre Körpertemperatur ist immer gleich, man bezeichnet die Vögel daher als gleichwarm. Vögel, die bei uns überwintern, sind Standvögel. Andere Vögel weichen der Kälte und dem ungünstigen Nahrungsangebot durch Vogelzug oder Teilziehen aus.

Säugetiere

Auch Säugetiere sind gleichwarm. Sie sind durch verschiedene Strategien an die kalte Jahreszeit angepasst. Tiere, die im Winter aktiv sind, besitzen ein Winterfell und ein dickes Fettpolster als Energievorrat. Bei Winterschläfern sinkt die Körpertemperatur. Dadurch werden weniger Fettreserven verbraucht. Bei Tieren, die Winterruhe halten, ist die Körpertemperatur nicht verändert.

3 Wacholderdrossel im Winter

Wirbeltiere

Fische, Lurche, Kriechtiere, Vögel und Säugetiere sind in ihrem Körperbau unterschiedlich. Zugleich haben sie aber ein sehr wichtiges gemeinsames Merkmal: ein inneres Skelett mit einer Wirbelsäule. Deshalb fasst man diese Tierklassen als Wirbeltiere zusammen. Alle anderen Tiergruppen (z. B. Insekten, Spinnentiere, Krebstiere und Weichtiere) werden demgegenüber als wirbellose Tiere zusammengefasst.

alles **klar?**

1 In manchen alten Büchern ist vom „Walfisch“ die Rede. Du weißt, dass Wale zu den Säugetieren gehören. Welche Merkmale zeigen, dass der Wal kein Fisch ist?

2 Das Bild rechts zeigt die Entwicklung eines Kammmolchs, die für die Schwanzlurche typisch ist. ↑4 Vergleiche sie mit der Entwicklung des Grasfroschs. Halte Unterschiede und Gemeinsamkeiten in der Entwicklung von Froschlurchen und Schwanzlurchen in einer Tabelle fest.

3 Amselmännchen grenzen innerhalb ihres Lebensraums ihre Reviere ab.

a Erläutere die Bedeutung der Revierbildung für Vögel.

b Beschreibe, auf welche Weise Vögel ihre Reviergrenzen markieren können.

4 In Polargebieten leben keine Kriechtiere. Erkläre.

5 Zur Erinnerung: Bei Vögeln und Säugetieren gibt es zwei Typen von Jungtieren – Nesthocker und Nestflüchter. Vergleiche sie. ↑5, 6

4 Entwicklung des Kammmolchs

6 Winterruhe und Winterschlaf gibt es nur bei den Säugetieren, nicht bei den Vögeln. Erkläre, weshalb Winterschlaf und Winterruhe für Vögel als Überwinterungsstrategie nicht in Frage kommen.

7 Bei 8 °C Lufttemperatur hatte eine Katze 39 °C, eine Zauneidechse 8 °C Körpertemperatur. Dann hielt man sie zwei Stunden bei 30 °C Lufttemperatur. Wie hoch waren nun die Körpertemperaturen? Erkläre.

8 Entscheide, welche Einteilung sinnvoller ist, um einen Überblick über die Vielfalt der Wirbeltiere zu erhalten:
Einteilen nach Haus- und Wildtieren;
Einteilen nach dem Lebensraum Wasser, Land und Luft;
Einteilen nach Ähnlichkeiten im Körperbau.
Bei welcher Einteilung würde der Specht in einer Gruppe mit den Säugetieren auftauchen, obwohl er ein Vogel ist? ↑7

5 Pferdefohlen auf der Weide

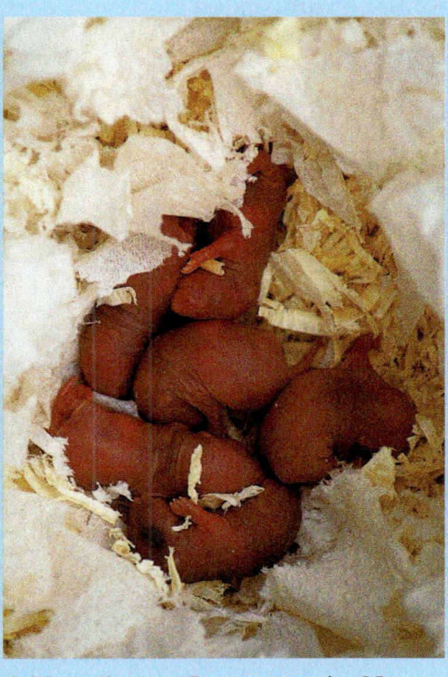

6 Neugeborene Rennmäuse im Nest

7 Specht

Teste dich!

1 Die Fortpflanzung von Tieren muss an ihren Lebensraum angepasst sein, damit die Art überleben kann.

a Beschreibe die Art der Fortpflanzung für jede Klasse der Wirbeltiere.

b Erläutere für jede Wirbeltierklasse die Abhängigkeit der Fortpflanzung vom Lebensraum.

c Die Klimaerwärmung auf der Erde kann auch zu höheren Temperaturen und geringeren Niederschlägen in Deutschland führen. Begründe, welche Auswirkungen du für die hier heimischen Lurche und ihre Artenanzahl erwartest.

2 Die Kriechtiere haben den Lebensraum Land sehr erfolgreich besiedelt. Viele Kriechtierarten kommen heute sogar in den Wüsten vor.

a Zähle Merkmale auf, die wichtig für den Erfolg der Kriechtiere waren.

b Welche Veränderungen in der Artenanzahl von Kriechtieren erwartest du, wenn man vom Äquator nach Norden und nach Süden geht? Begründe deine Meinung.

c Kriechtiere können leichter einen Hitzschlag bekommen als Menschen. Gib dafür eine mögliche Erklärung an. Beschreibe, wie sich Kriechtiere vor Überhitzung schützen.

3 Vögel sind an Fortbewegung in der Luft angepasst.

a Nenne die körperlichen Anpassungen, die den Vögeln das Fliegen ermöglichen.

b Säugetiere unterscheiden sich zum Teil stark in der Körperform, bei Vögeln ist sie einheitlicher. Erkläre den Unterschied.

4 Die Körpertemperatur des Eichhörnchens schwankt nicht.

a Werte das Diagramm aus. ↑1

b Welche Rückschlüsse kannst du auf die Überwinterungsstrategie des Eichhörnchens ziehen?

c Beschreibe weitere Überwinterungsstrategien von Wirbeltieren.

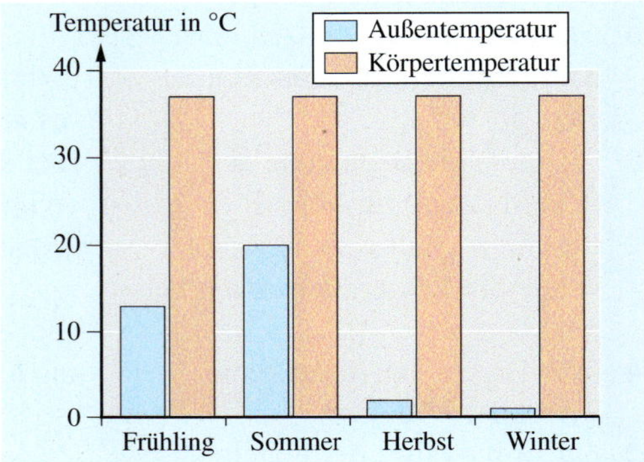

1 Körpertemperatur des Eichhörnchens bei verschiedenen Umgebungstemperaturen

Die Farben zeigen, worauf es bei einer Aufgabe ankommt:
■ Sachverhalte wiedergeben ■ Wissen anwenden ■ komplexe Probleme lösen

❯ Die Lösungen findest du im Anhang.

Schätze deine Kenntnisse und Fähigkeiten ein.

Aufgabe	Lerngebiet/Fähigkeit	Lösungshilfe	Auswertung
1	Ich kann die Art der Fortpflanzung der Wirbeltierklassen beschreiben und ihre Angepasstheit an einen Lebensraum erläutern.	32, 33, 35, 39, 44, 58	Ordne dazu deiner Lösung im Heft ein Smiley zu:
2	Ich kann Merkmale der Kriechtiere nennen und ihre Angepasstheit erläutern.	39	☺ Ich konnte die Aufgabe richtig lösen.
3	Ich kann die Angepasstheit der Vögel an die Fortbewegung in der Luft beschreiben.	48 – 49	😐 Ich konnte die Aufgabe nicht komplett lösen.
4	Ich kann Diagramme auswerten und Überwinterungsstrategien von Wirbeltieren beschreiben.	79 – 81	☹ Ich konnte die Aufgabe nicht lösen.

Aus dem Leben der Samenpflanzen

Das Leben eines Apfelbaums ist spannend – zumindest auf den zweiten Blick. Denn im Laufe eines Jahres passiert viel. Im Frühjahr ist die Baumkrone voller rosafarbener Blüten, an denen Insekten summen. Im Spätsommer kann man leckere Äpfel ernten. Welche Bedeutung haben diese Früchte eigentlich für den Apfelbaum selbst? Und im Herbst fällt das bunte Laub zur Erde – ist das nicht Verschwendung?

1 Wie vermehren sich die Samenpflanzen? Warum sind manche von ihnen dabei von Insekten abhängig?

2 Schneeglöckchen: Woher kommen im Frühjahr die ersten Blumen?

Samenpflanzen

haben für uns große Bedeutung, nicht nur in Blumensträußen. Trotzdem wissen viele Menschen nur sehr wenig über den Bau und die Lebensweise der Samenpflanzen.

3 Wie kommen die Früchte an den Baum?

Auch Samenpflanzen sind Lebewesen

Erkunde den Bau der Samenpflanzen. Untersuche, wie sich Samenpflanzen ernähren, wie sie wachsen und sich vermehren.

4 Pflanzen liefern einen bedeutenden Anteil unserer Nahrung. Doch wissen wir, welche Pflanzenteile wir da essen?

5 Wie überstehen Pflanzen den Winter?

6 Grünpflanzen können ohne Licht nicht wachsen. Warum eigentlich nicht?

Samenpflanzen – mehr als nur Unkraut

Erkennst du die Pflanzen auf diesem Bild? Einige werden oft nur als Unkraut, andere als Nutzpflanzen eingeordnet. Trotz ihres unterschiedlichen Aussehens und Nutzens für uns gehören sie alle zu den Samenpflanzen, die man auch als Blütenpflanzen bezeichnen kann. In welchen Baumerkmalen zeigen sie Gemeinsamkeiten? Und welche Funktionen haben diese Teile im Leben der Samenpflanzen?

1 Wildkräuter in einem Getreidefeld

Beobachten Untersuchen Experimentieren

Wir untersuchen den Bau von Samenpflanzen

1 Aus der Grundschule kennst du sicherlich noch die folgenden Pflanzenteile: Wurzel, Stängel (Sprossachse), Blätter, Blüte und Frucht. Sieh dir die abgebildete Menükarte ↑2 eines Restaurants an. Schreibe auf, welche Pflanzen angeboten werden und welcher Pflanzenteil gegessen wird.

2 Lege eine vollständige krautige Samenpflanze zwischen Zeitungspapier und beschwere sie mit einigen Büchern.
Nach einer Woche sollte die Pflanze trocken sein. Klebe sie nun auf weißes Blatt Papier und beschrifte die Pflanzenteile.

3 Die Sprossachsen der Samenpflanzen sind an die unterschiedliche Lebensweise der Pflanzen angepasst.
Die drei Bilder ↑3–5 zeigen die Sprossachsen verschiedener Pflanzen. Vergleiche sie. Fertige dazu eine Tabelle an. Notiere darin sowohl die Gemeinsamkeiten als auch die Unterschiede der Sprossachsen.

Menükarte

Vorspeise:
Spargelcremesuppe mit Schnittlauch

Hauptspeise:
Hähnchenschnitzel in Sahnesoße mit Kartoffeln und Leipziger Allerlei (Erbsen, Blumenkohl, Möhren und Kohlrabi)

Dessert:
Vanilleeis mit heißen Himbeeren und Erdbeeren

2 Menükarte

3 Tulpen

4 Rosskastanie

5 Ackerwinde an einem Grashalm

Bau der Samenpflanzen

Teile einer Samenpflanze Die meisten Pflanzen deiner Umgebung sind Samenpflanzen. Zu ihnen gehören beispielsweise Gräser, Getreidepflanzen, Tulpen, Kakteen, Palmen, Laubbäume und Nadelbäume. Alle Samenpflanzen sind in die Wurzel sowie die Sprossachse mit den Laubblättern und Blüten gegliedert. In den Blüten werden von der Pflanze im Laufe ihres Lebens Samen oder Früchte mit Samen gebildet.

Biologisches Prinzip

System
Die Pflanze ist eine Einheit, ein System, in dem verschiedene Teile (Organe) zusammenwirken.

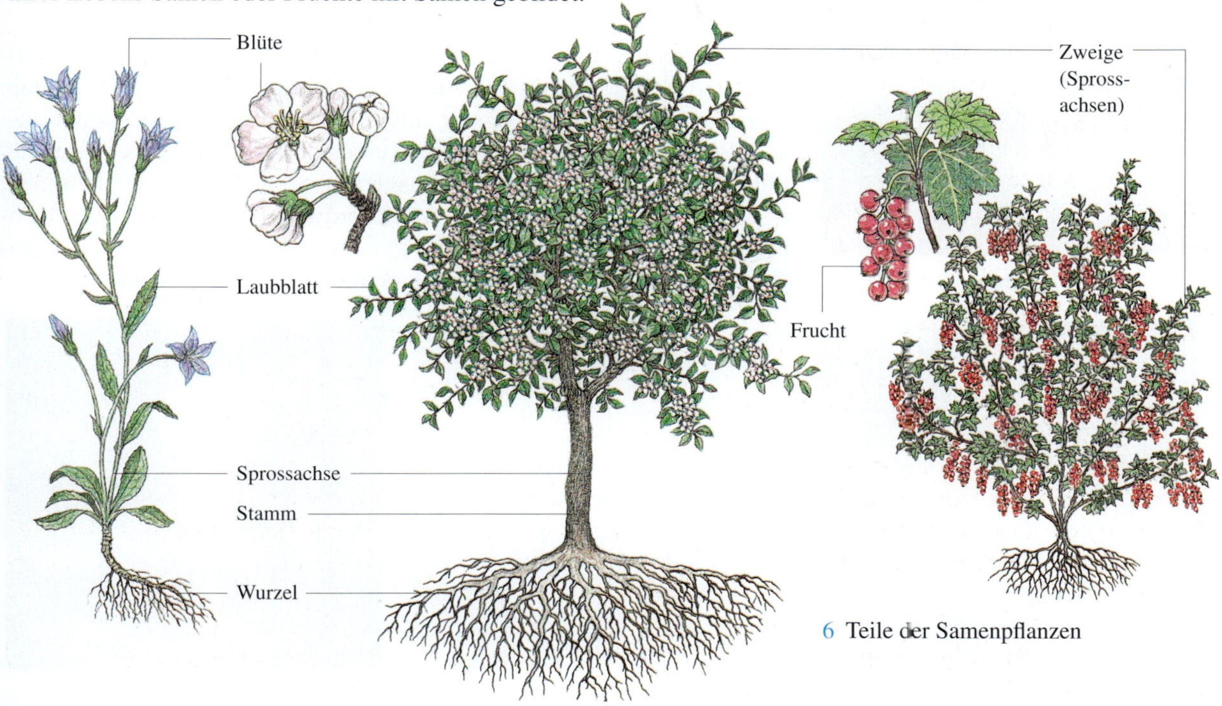

6 Teile der Samenpflanzen

Besonders schöne Formen und Farben von Blüten findet man bei Rosen, Lilien, Kakteen und Orchideen. Andere Samenpflanzen haben kleinere und weniger auffällige Blüten (z. B. Gräser und viele Bäume).
Algen, Moospflanzen oder Farnpflanzen bilden dagegen niemals Blüten und Samen aus. Deshalb werden diese Gewächse nicht zu den Samenpflanzen gezählt.

Die Samenpflanzen sind in die Wurzel sowie die Sprossachse mit Laubblättern und Blüten gegliedert. Sie pflanzen sich mit Samen fort.

7 Auch Seerosen, Ahorn und die Gemeine Fichte gehören zu den Samenpflanzen.

Bau und Funktion der Wurzel

1 Hauptwurzelsystem

Entwicklung und Bau der Wurzel Bei der Keimung eines Samens entwickelt sich zuerst die Keimwurzel. Aus ihr bildet sich bei vielen Samenpflanzen allmählich ein Hauptwurzelsystem, welches aus einer Hauptwurzel mit zahlreichen Seitenwurzeln besteht. Bei einigen Pflanzen (z. B. Gräser, Bananen) stirbt die Hauptwurzel ab. Dafür entwickeln sich aus den unteren Sprossteilen so genannte sprossbürtige Wurzeln.

Funktionen der Wurzel Die Wurzeln wachsen zwischen die Bodenteilchen und nehmen durch Tausende feiner Wurzelhaare, die sich an den Wurzelspitzen befinden, Wasser mit darin gelösten Mineralstoffen aus dem Boden auf. ↑99/7 Diese Stoffe werden durch die Sprossachse in alle Pflanzenteile geleitet. Zugleich verankern Wurzeln die Pflanzen im Boden. Dabei kann man Tiefwurzler (z. B. Eichen) und Flachwurzler (z. B. Fichten) unterscheiden. Bei manchen Pflanzen ist die Wurzel auch ein Speicherorgan (z. B. bei der Zuckerrübe, dem Rettich und der Möhre).

2 Sprossbürtiges Wurzelsystem

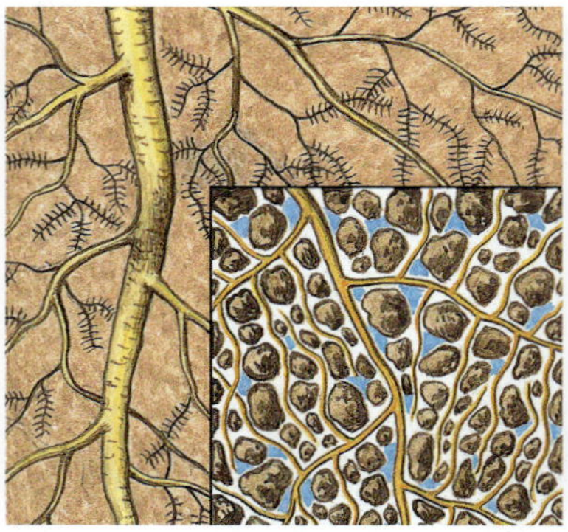

3 Wurzelverzweigungen im Boden (vergrößert: Wurzelspitzen)

4 In der verdickten Wurzel der Zuckerrübe ist Zucker gespeichert.

Aufgabe

Weise die Wasseraufnahme durch die Wurzeln nach. Stelle dazu eine Pflanze (Kleines Springkraut oder Fleißiges Lieschen) mit den Wurzeln in einen Messzylinder mit Leitungswasser. Fülle zur Kontrolle einen zweiten Messzylinder bis zur gleichen Höhe mit Leitungswasser. Markiere an beiden Messzylindern den Wasserspiegel mit einem Stift oder Klebeband. Gieße etwas Öl auf die Wasseroberfläche, um die Verdunstung des Wassers zu verhindern.
Vergleiche alle 2 Stunden den Wasserstand in den Versuchsgefäßen. Markiere den unterschiedlichen Wasserstand mit anderen Farben. Notiere den jeweiligen Wasserverlust.
Zeichne den Versuchsaufbau im Anfangs- und Endstadium. Erkläre die auftretenden Unterschiede des Wasserstands in den Gefäßen.

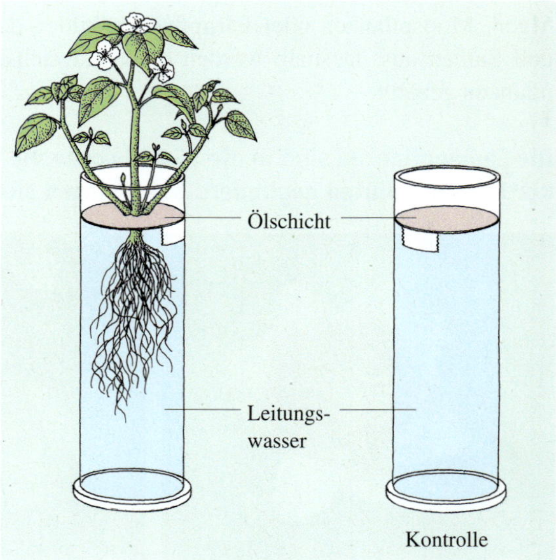

5 Nachweis der Wasseraufnahme durch die Wurzeln

Krautige und holzige Sprossachsen

Bau der Sprossachse Die Sprossachsen der Kräuter, Sträucher und Bäume sind unterschiedlich ausgebildet und besitzen verschiedene Bezeichnungen. Sie wachsen meist senkrecht nach oben und tragen die Laubblätter und Blüten.

Ausbildung der Sprossachsen bei Samenpflanzen			
Pflanzengruppe	Kräuter	Sträucher	Bäume
Sprossachse	weich, saftig	fest, verholzt	fest, verholzt
Bezeichnung	Stängel	Zweig	Stamm, Ast, Zweig

9 Das linke weiße Alpenveilchen wurde in ein Becherglas mit Wasser gestellt, gleichzeitig ein zweites weißes Alpenveilchen in eine rote Farbstofflösung. Das Bild zeigt beide Blüten nach einer Stunde. Vergleiche und versuche eine Erklärung.

Funktion der Sprossachse Ähnlich wie wir mit Trinkhalmen Saft saugen können, holen auch Pflanzen Wasser und darin gelöste Mineralsalze aus dem Boden bis in die Laubblätter, Blüten und Früchte der Pflanze. Das Wasser wird in stabilen Leitungsröhren durch die Sprossachse nach oben gesaugt.
Bei manchen Bäumen und Kletterpflanzen ist der Weg der Wasserleitung über viele Meter lang.
Die Leitungsröhren kann man an Baumscheiben von Eiche, Linde oder Weinrebe mit dem bloßen Auge oder der Lupe gut erkennen.

6 Die verholzten Leitungsröhren eines Baumes sind in Ringen angeordnet.

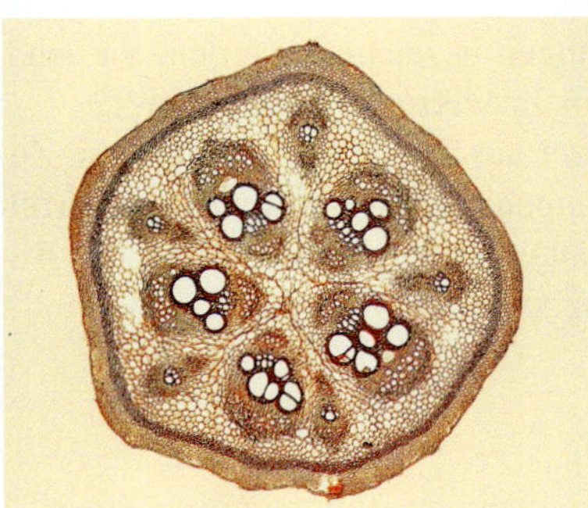

7 Leitungsröhren im dünnen Querschnitt der Sprossachse eines Krautes mit dem Mikroskop betrachtet

8 Der bis zu 40 m hohe tropische Bambus gehört zu den am schnellsten wachsenden Pflanzen.

Schon gewusst?

Manche Blumen welken in der Vase, obwohl sie im Wasser stehen. Das Wasser ist dann meist trüb und riecht nicht mehr frisch. Bakterien haben sich vermehrt, die Stängel faulen. Ein Wassertransport ist nun nicht mehr möglich. Einige Blumenhändler benutzen daher Pulver zum Frischhalten von Schnittblumen. In diesem Pulver sind neben Zucker als Nahrung für die Schnittblumen auch Stoffe enthalten, die die Vermehrung der Bakterien hemmen.

1 Laubblätter verschiedener Bäume

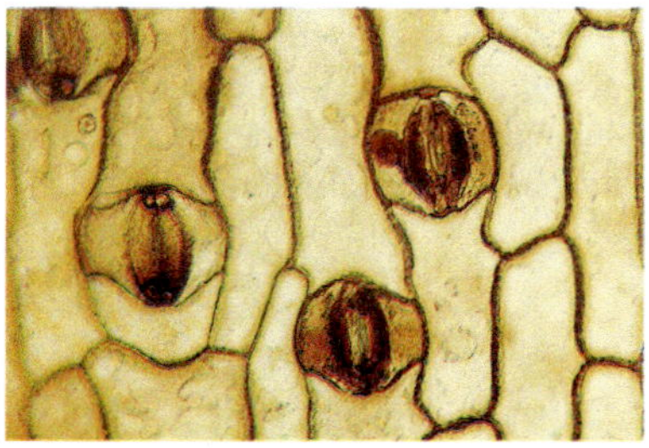

2 Spaltöffnungen

3 Blätter nehmen Licht auf.

4 Untersuchung an Blättern

Bau und Funktion der Laubblätter

Laubblätter – Vielfalt im äußeren Bau An einem Laubblatt können wir Blattfläche (Blattspreite), Blattstiel und Blattgrund unterscheiden. Wie mit einem Netz ist es von „Adern“ durchzogen, die ihm Festigkeit geben und als „Stofftransportbahnen“ dienen ↑1. Die Blattfläche kann auch aus mehreren kleinen Blättchen „zusammengesetzt“ sein. ↑5

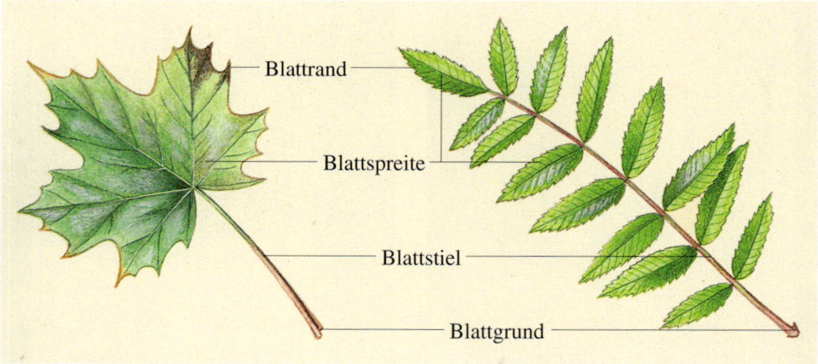

5 Einfaches Blatt des Ahorns und „zusammengesetztes“ Blatt der Eberesche

Stoffaustausch Die Laubblätter besitzen an ihren Blattunterseiten viele winzige Öffnungen, die als Spaltöffnungen bezeichnet werden. Sie sind schon mit einer guten Lupe oder mit einem Mikroskop erkennbar. ↑2 Durch diese Spaltöffnungen kann Wasser aus der Pflanze verdunsten. Zugleich kann Luft in das Blattinnere gelangen. Dies ist notwendig zur Erfüllung der Hauptfunktion der grünen Blätter für die ganze Pflanze, der Bildung von Nährstoffen unter Einwirkung von Licht. ↑S. 101

Aufgabe

Stelle eine reich beblätterte Grünpflanze in einem Blumentopf an einen warmen hellen Ort. Stülpe eine Plastiktüte so über die Pflanze, dass diese von der Außenluft abgeschirmt ist. Betrachte nach etwa 30 Minuten die Innenwand der Tüte. Erkläre deine Beobachtung. ↑4

Die Pflanzenorgane wirken zusammen

Transportaufgaben im Pflanzenkörper Die Blätter benötigen für die Nährstoffbildung Kohlenstoffdioxid, das sie mit der Luft durch ihre Spaltöffnungen aufnehmen. ↑S.98/2 Das benötigte Wasser muss aus dem Boden in die Blätter gelangen. Die anderen Pflanzenteile müssen von den Blättern aus mit den gebildeten Nährstoffen versorgt werden. Für diese Transportaufgaben befinden sich in den Pflanzen Leitungsbahnen, die ohne Unterbrechung durch Wurzeln, Sprossachse und Blätter führen.

Wasserstrom durch die Pflanze Pflanzen besitzen röhrenförmige Leitungsbahnen für den Wassertransport. Für uns sind diese Leitungsbahnen als Blattadern sichtbar. ↑6 Das von der Wurzel aufgenommene Wasser mit den Mineralstoffen fließt in den Wasserleitungsbahnen entgegen der Schwerkraft nach oben. Der Antrieb für diesen Wasserstrom nach oben wird hauptsächlich durch die Verdunstung geliefert. Bei offenen Spaltöffnungen haben die Wasserleitungsröhren eine Verbindung nach außen. Wenn Wasser verdunstet, entsteht in der dünnen Röhre eine Saugwirkung. Diese ist stark genug, um den Wasserfaden in der Röhre wie in einem Strohhalm nach oben zu ziehen. ↑8

6 Leitungsröhren im Wegerichblatt

7 Wurzelspitze

Oberflächenvergrößerung für die Wasseraufnahme Betrachtet man Wurzelspitzen genauer, so fällt ein weißer Flaum auf. Mit der Lupe kann man sehen, dass es sich hierbei um winzige Wurzelhaare handelt. ↑7 Beispielsweise befinden sich an einer Roggenpflanze etwa 14 Milliarden Wurzelhaare mit einer Gesamtoberfläche von $400\,m^2$. Die große Oberfläche der Wurzelhaare ermöglicht eine enorme Wasseraufnahmeleistung.

Nährstofftransport Neben den Wasserleitungsbahnen besitzt die Pflanze noch spezielle Leitungsbahnen für den Transport von Nährstoffen. Diese verteilen die in den Laubblättern gebildeten Nährstoffe in der Pflanze. ↑8 Beispielsweise gelangt in einer Kartoffelpflanze Zucker in gelöster Form aus den Blättern in die Kartoffelknollen. Dort wird der Zucker in Stärke umgewandelt.

Leitungsbahnen durchziehen die Pflanzen ohne Unterbrechung von der Wurzel über die Sprossachse bis in die Blätter hinein. Sie ermöglichen den Transport von Wasser und Mineralstoffen sowie Nährstoffen für die Lebensvorgänge im Pflanzenkörper.

Biologisches Prinzip

Bau und Funktion
Mit der riesigen Zahl der Wurzelhaare, die zusammen eine sehr große Oberfläche ergeben, kann die Pflanze in kurzer Zeit viel Wasser aufnehmen. Der Bau der Wurzel ist an die Funktion der Wasseraufnahme angepasst. Auch bei Organen von Tieren und Menschen ist das Prinzip der Oberflächenvergrößerung verwirklicht.

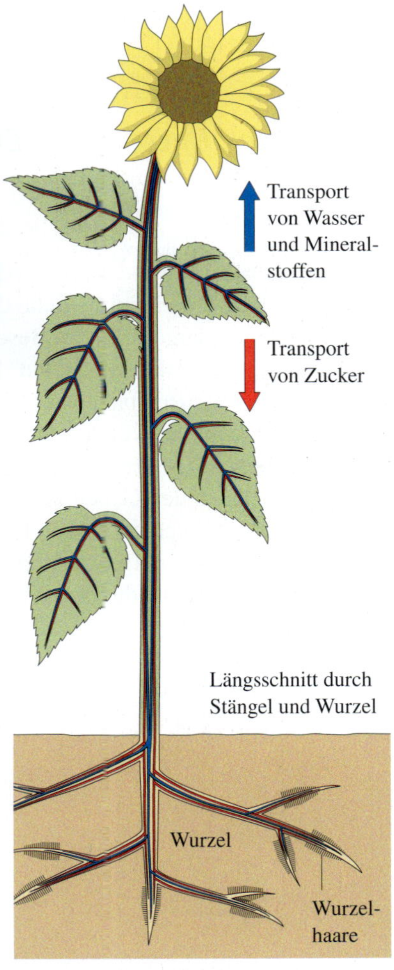

8 Stofftransport zwischen den Pflanzenorganen

Wie kommen Zucker in die Kirschen und Stärke in die Kartoffeln?

Vor allem im Sommer quellen die Supermarktregale von leckeren Früchten nur so über. Beispielsweise schmecken uns saftige Erdbeeren und Kirschen sehr gut, weil sie Zucker enthalten. Unter anderem Getreidekörner und Kartoffeln enthalten dagegen den Nährstoff Stärke. Wie kommen diese Nährstoffe in die Pflanzen hinein? Und welche Bedeutung haben sie für die Pflanzen? Zunächst könnten wir vermuten, dass die Pflanzen sie mit den Wurzeln aus dem Boden aufnehmen. Im Boden sind aber weder Zucker noch Stärke vorhanden.

1 Viele Früchte schmecken süß.

Beobachten Untersuchen Experimentieren

Kartoffeln enthalten Stärke

1 Prüfe zunächst mit Iod-Kaliumiodid-Lösung, ob diese Behauptung stimmt. Gehe dabei wie in der Abbildung ↑3 dargestellt vor. Beschreibe deine Beobachtung. ↑S.11 Du kannst auf die Kartoffelscheibe mit einer Messerspitze auch das Wort Stärke schreiben. Gib dann direkt auf die eingeritzten Buchstaben einige Tropfen der Nachweislösung. Du kannst auch den Gehalt an Stärke bestimmen. Dazu nimmst du einen Teststreifen für Stärke und drückst ihn in die aufgeschnittene Kartoffel. Die Stärkemenge kannst du dann auf dem Teströhrchen ablesen.

3 Auch so kannst du Stärke nachweisen.

2 Prüfe auch an anderen Pflanzen (z. B. Möhre, Rettich, Zwiebel), ob sie Stärke enthalten. Vergleiche. Fertige ein Protokoll an und stelle die Ergebnisse in einer Tabelle dar.

2 Stärke kann man mit Iod-Kaliumiodid-Lösung nachweisen.

Pflanzen versorgen sich selbst

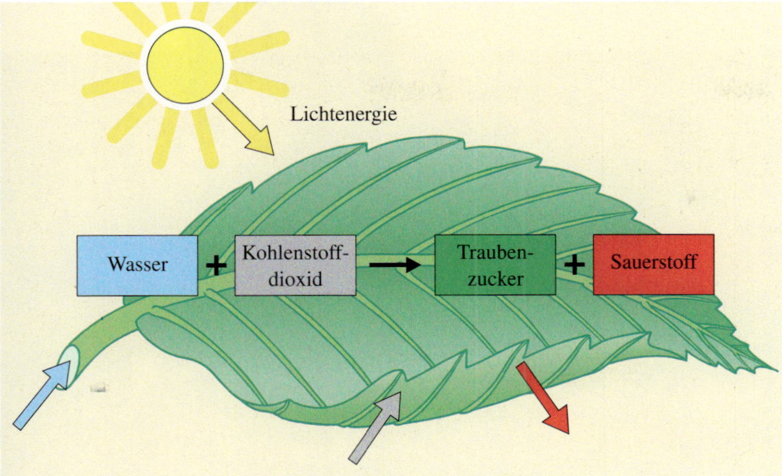

4 Nährstoffbildung in Laubblättern, als Nebenprodukt entsteht Sauerstoff.

Aufnahme von Stoffen Laubblätter sind wie kleine Fabriken. Sie bilden als Nährstoff Traubenzucker, den sie auch in Stärke umwandeln können. Um den Zucker bilden zu können, benötigen die Pflanzen Wasser und Kohlenstoffdioxid. Das Wasser wird mit den Wurzeln aufgenommen und über die Sprossachse zu den Laubblättern transportiert. Das Kohlenstoffdioxid nehmen die Pflanzen durch die Spaltöffnungen der Laubblätter aus der Luft auf.

Stoffbildung mit Licht Der grüne Blattfarbstoff wird als Chlorophyll bezeichnet. Damit können die Pflanzen Energie des Sonnenlichts aufnehmen. Diese nutzt die Pflanze, um aus Kohlenstoffdioxid und Wasser Traubenzucker herzustellen. Der Vorgang wird Fotosynthese („Stoffbildung mit Licht") genannt. Dabei entsteht außerdem als „Abfall" Sauerstoff, den das Blatt über die Spaltöffnungen an die Luft abgibt.

Pflanzen können in ihren grünen Laubblättern Zucker, den wir mit der Nahrung aufnehmen müssen, selbst herstellen. Sie benötigen diesen Nährstoff für ihre Lebensvorgänge (z. B. zum Wachstum).

Schon gewusst?

Bei der Fotosynthese bilden Kartoffelblätter Zucker. Über Nährstoffleitungsbahnen der Pflanze wird ein Teil davon in gelöster Form durch die Sprossachse von oben nach unten in die Kartoffelknollen transportiert. Hier wird Zucker in Stärke umgewandelt. Die Stärke bleibt in den Kartoffeln als Nährstoffreserve gespeichert. ↑5

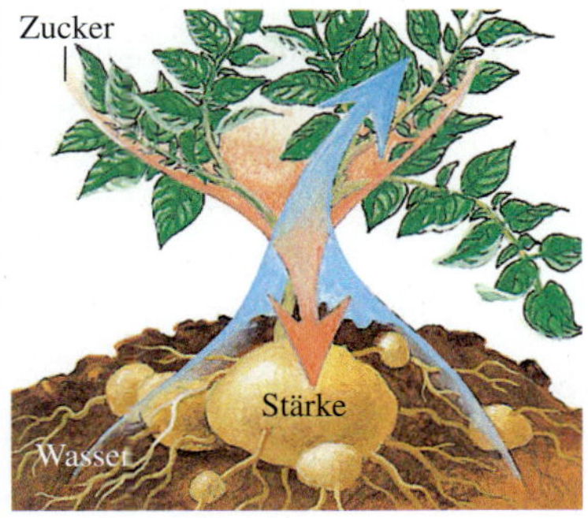

5 Stofftransport (Kartoffelpflanze)

Biologisches Prinzip

Stoff- und Energieumwandlung
Lebewesen wandeln Stoffe und Energie um. Nur grüne Pflanzen können durch Fotosynthese mithilfe von Licht Nährstoffe wie z. B. Traubenzucker herstellen. Diesen wandeln sie in weitere energiereiche Stoffe um (z. B. Stärke, andere Zucker, Fette, Eiweiße, Farbstoffe, Vitamine).

Aufgaben

1 Nenne die von der Pflanze für die Fotosynthese benötigten Stoffe. Mit welchen Pflanzenorganen werden sie aufgenommen?

2 Vergleiche unter Kohlenstoffdioxidmangel gewachsene mit normal entwickelten Pflanzen. ↑6, 7 Erkläre den Unterschied.

3 Ohne Fotosynthese in den Blättern keine Stärkespeicherung in den Kartoffelknollen. Erkläre.

4 Erläutere, wie der Zucker in die Kirschen kommt. Gehe von seinem Bildungsort in der Pflanze aus.

6 Keimlinge bei Kohlenstoffdioxidmangel

7 Normal entwickelte Kressepflanzen

Keine Tiere ohne Pflanzen

Alle Tiere haben bestimmte Nahrungsvorlieben.
So fressen Pferde vor allem Gras und Kräuter. Sie sind also auf Pflanzen als Nahrungsquelle angewiesen.
Der Hund frisst nur Fleisch, pflanzliche Nahrung kann er nicht verwerten.
Könnte der Hund also auch ohne Pflanzen leben?

1 Auf einer Weide

Beobachten Untersuchen Experimentieren

Können Pflanzen die Luft verbessern?
Bereits im 18. Jahrhundert versuchte der englische Naturforscher JOSEPH PRIESTLEY, mehr über das Verhältnis zwischen Pflanzen und Tieren herauszufinden. Dabei ging er von der Vermutung aus, dass Pflanzen „gesunde Luft" herstellen können. Im Jahr 1771 überprüfte er diese Vermutung mit einfachen Versuchen.

2 PRIESTLEYS Versuch

1 Beschreibe die beiden Versuche von PRIESTLEY mit eigenen Worten. (Die Käseglocke schließt luftdicht ab.) ↑2

2 Zu PRIESTLEYS Zeiten wusste man noch nicht viel über die Pflanzen. Auch chemische Kenntnisse gab es kaum. PRIESTLEY schloss daher aus seinen Versuchen, dass Pflanzen aus „schlechter Luft", wie er es nannte, „gesunde Luft" herstellen können. Erkläre mit deinem Wissen über das Leben und die Vorgänge bei Pflanzen das Versuchsergebnis etwas genauer.

3 Wenn man die Maus zusammen mit der Pflanze unter die Glocke setzt, kann sie hier längere Zeit gut leben. Nach einiger Zeit wird sie jedoch erneut ohnmächtig. Erkläre diese Beobachtung.

3 JOSEPH PRIESTLEY (1733 bis 1804)
Er war Prediger und Naturwissenschaftler. Er erforschte die Eigenschaften von Kohlenstoffdioxid und entwickelte dabei den „sauren Sprudel". Er gilt als Mitentdecker des Sauerstoffs und erfand den Radiergummi.

Tiere sind auf Pflanzen angewiesen

Tiere brauchen Pflanzen Viele Tiere ernähren sich von Pflanzen. Sie nehmen dabei energiereiche Stoffe wie zum Beispiel Zucker, Stärke oder Fette auf. Solche Stoffe befinden sich vor allem in Früchten und Nüssen. Auch Tiere, die nur fleischliche Nahrung aufnehmen, sind auf die Pflanzen angewiesen. In der Regel ernähren sie sich wiederum von Pflanzenfressern. ↑4 und S.158/159 Da sich Tiere von anderen Tieren oder Pflanzen ernähren, nennt man sie auch Verbraucher oder Konsumenten.
Pflanzen können bei der Fotosynthese mithilfe der Sonnenenergie Nährstoffe selbst herstellen. Sie werden deshalb auch als Erzeuger oder Produzenten bezeichnet. ↑S.154/155

Pflanzen, Tiere und die Luft Tiere sind noch in anderer Weise von Pflanzen abhängig. Ohne Pflanzen gäbe es keinen Sauerstoff in der Luft oder im Wasser. Dieser entsteht als Nebenprodukt bei der Fotosynthese. Tiere, Menschen und auch die Pflanzen selbst nehmen einen Teil des Sauerstoffs zum Verwerten der Nähstoffe auf und atmen Kohlenstoffdioxid aus. Aus dem Kohlenstoffdioxid können Pflanzen dann wieder mithilfe der Fotosynthese Zucker und Sauerstoff herstellen. Es entsteht ein Kreislauf. ↑5
Allerdings sind Pflanzen nicht auf das von Lebewesen ausgeatmete Kohlenstoffdioxid angewiesen. Denn auch bei anderen Vorgängen wie Vulkanausbrüchen oder Waldbränden gelangt Kohlenstoffdioxid in die Atmosphäre. Auch wenn der Kohlenstoffdioxidanteil in der Luft gering ist, reicht er den Pflanzen völlig aus.

Ohne Sonne kein Leben Letztendlich sind alle Lebewesen direkt oder indirekt von der Sonne abhängig: Pflanzen, weil sie die Lichtenergie für die Fotosynthese benötigen, und Tiere, weil sie sich direkt oder indirekt von Pflanzen ernähren.

Energieumwandlung Pflanzen nutzen die Sonnenenergie, um energiereiche Stoffe wie Zucker und Stärke selbst herzustellen.
Tiere nehmen energiereiche Stoffe aus der Nahrung auf. Im Körper wird die Energie aus der Nahrung zum Beispiel in Bewegungsenergie der Muskeln umgewandelt. Ein Teil der Energie wird als Wärme an die Umwelt abgegeben. Sie ist als Körperwärme zu spüren.

Tiere sind auf Pflanzen angewiesen. Diese dienen als Sauerstofflieferanten und Nahrungsquelle. Pflanzen wiederum können ohne Sonnenlicht keine Fotosynthese betreiben. So sind alle Lebewesen direkt oder indirekt von der Sonnenenergie abhängig. Ohne die Sonne gäbe es kein Leben auf der Erde.

4 Alle Tiere sind von Pflanzen abhängig.

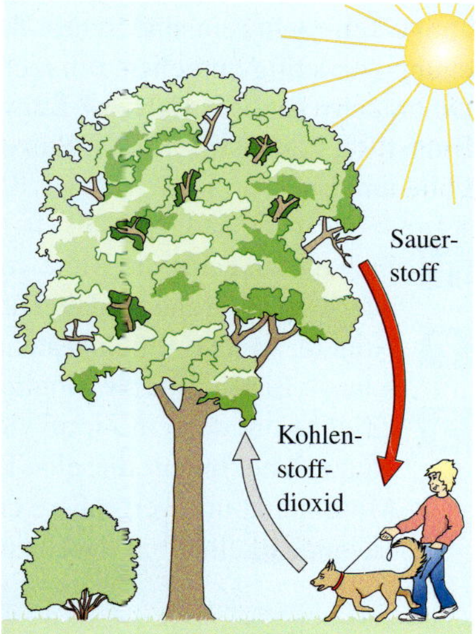

5 Kreislauf der Atemgase Kohlenstoffdioxid und Sauerstoff

Aufgaben

1 Im Verlauf der Erdgeschichte entstanden alle heute lebenden Organismen. Entscheide, ob sich zuerst Pflanzen oder Tiere entwickelt haben. Begründe deine Entscheidung.

2 Stell dir vor, die Sonne würde nicht mehr scheinen. Beschreibe, was passieren würde.

3 Erkläre, warum auch Raubtiere wie der Rotfuchs von Pflanzen abhängig sind.

Im Frühling grünt und blüht es

Blühende Pflanzen sind Naturschönheiten. Wir nutzen die Schönheit der Blüten, um anderen eine Freude zu bereiten (z. B. Blumen zum Muttertag oder Geburtstag). Jedoch hält die Blütenpracht nicht ewig. Warum verwelken Blüten nach einer gewissen Zeit und was bleibt von ihnen übrig? Warum sind die Blüten von Pflanzen so verschieden? Welche Aufgabe haben sie für die Pflanzen?

1 Blüten der Heckenrose

Methode *Untersuchung einer Blüte*

Um herauszufinden, wie Blüten aufgebaut sind, muss man sich die einzelnen Blütenteile genauer ansehen. Dazu zerlegt man die Blüte in ihre Bestandteile, sortiert diese und macht sich deren Anordnung klar. Da einige Teile sehr fein sind, musst du bei der Untersuchung vorsichtig vorgehen, um nichts zu zerreißen. Du brauchst dunkles DIN-A4-Buntpapier, Bleistift, Buntstifte, Folienstift, Zirkel, Pinzette, selbstklebende Folie und Lupe.

1 Sieh dir zunächst die Blüte von oben und von der Seite an. Benutze dabei auch die Lupe.

2 Notiere, welche Blütenbestandteile du erkennen kannst. Beschreibe sie möglichst genau.

3 Zeichne mit deinem Zirkel vier Kreise. ↑2 Nutze dabei immer dieselbe Einstichstelle als Mittelpunkt und vergrößere den Abstand der beiden Zirkelhälften jeweils um etwa 2 cm.

4 Zupfe die Blütenteile der Kirschblüte mit der Pinzette vorsichtig von außen nach innen ab. Lege die äußeren Blütenbestandteile auf den äußersten Kreis, die nachfolgenden auf den nächst inneren Kreis usw. Es entsteht ein Legebild. ↑3

5 Decke das Legebild mit einem passenden Stück der selbstklebenden Folie ab und drücke es vorsichtig fest. Nun kann dein Legebild nicht mehr verrutschen.

6 Wenn du das Legebild abzeichnen solltest, müsstest du auf viele Einzelheiten achten. Um einen Überblick zu erhalten, fertigen Biologen daher oft vereinfachte Zeichnungen, so genannte Schemata, an. Im Bild ↑4 siehst du die Schemazeichnung einer Kirschblüte, auch Blütendiagramm genannt. Zeichne es in dein Heft ab. Beschrifte sowohl das Legebild als auch das Blütendiagramm mit den entsprechenden Fachbegriffen.

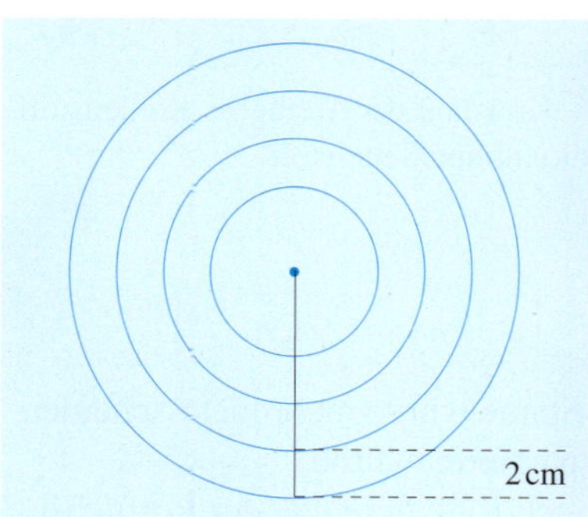

2 Kreisschema

3 Legebild der Kirschblüte

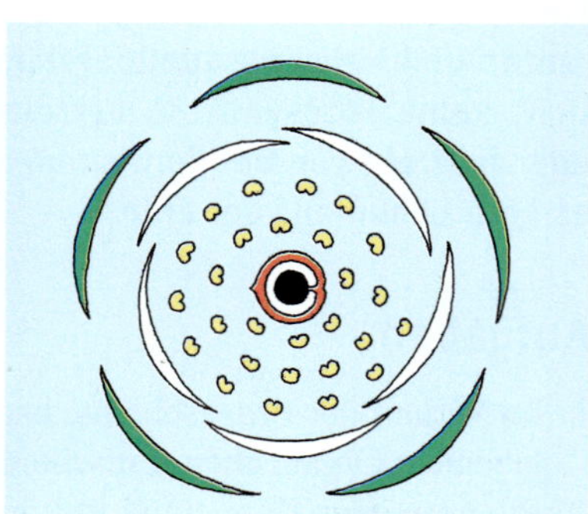

4 Schematische Zeichnung der Kirschblüte (Blütendiagramm)

Der Blütenaufbau

Grundaufbau der Blüte Obwohl Blüten sehr unterschiedlich aussehen können, haben die meisten von ihnen doch denselben „Bauplan“. ↑5 Die Blüten bestehen aus Teilen, die die geschlechtliche Fortpflanzung ermöglichen: Kelchblätter, Kronblätter, Staubblätter und Stempel. Sie haben, anders als z. B. die grünen Blätter eines Baums, nicht die Aufgabe, Nährstoffe zu produzieren, sondern dienen allein der Fortpflanzung.

Funktionen der Blütenteile Blüten entwickeln sich aus Knospen. Diese werden meist von den grünen, etwas festeren Kelchblättern geschützt. Öffnet sich die Blüte, so klappen sie nach unten und die Kronblätter werden sichtbar. Sie haben auffällige Farben und verströmen Duftstoffe. Beides lockt Insekten an.
Im Inneren der Blüte befinden sich die Staubblätter. Sie bestehen aus Staubbeutel und Staubbeutelstiel. In den Staubbeuteln befindet sich Blütenstaub, der aus Pollenkörnern besteht. In ihnen entwickeln sich männliche Geschlechtszellen.
Der weibliche Teil befindet sich in der Mitte der Blüte. Der untere Teil, der Fruchtknoten, enthält die Samenanlage mit der Eizelle. Der obere Teil, der Griffel, endet in der Narbe. Der Blütenteil aus Fruchtknoten, Griffel und Narbe wird als Stempel bezeichnet.
Gelangen Pollenkörner auf die Narbe, ist die Blüte bestäubt. ↑S.107

5 Kirschblüte im Längsschnitt

Eine Blüte besteht aus Blütenblättern, die je nach ihrer Funktion verschieden gebaut sind. Blüten ermöglichen die geschlechtliche Fortpflanzung.

Biologisches Prinzip

Bau und Funktion
Alle Teile einer Blüte sind so beschaffen, dass sie ihre Aufgaben optimal erfüllen können. Die Kelchblätter z. B. sind fest und nach innen gewölbt und können so ihre Schutzfunktion wahrnehmen. Dieser enge Zusammenhang zwischen Bau und Funktion ist ein durchgehendes Prinzip in der Biologie.

6 Blütenknospe mit bereits sichtbaren Kronblättern

Aufgaben

1 Lege eine Tabelle an, in der du den Blütenbestandteilen ihre Funktion zuordnest.

2 Präpariere eine Tulpenblüte und fertige ein Legebild an. Zeichne das passende Blütendiagramm. Vergleiche mit dem Blütendiagramm der Kirschblüte.

3 Schneide eine nicht aufgeblühte Tulpenblüte etwa 1,5 cm über dem Blütenboden mit einem Messer durch und drücke die Schnittfläche leicht auf ein Stempelkissen. Fertige einen Stempelabdruck mit dem Tulpenschnitt an. Vergleiche mit dem Blütendiagramm der Tulpe. Beschreibe.

Bienen, Wind und andere Helfer

An trockenen Sommertagen kann man beobachten, wie unzählige Bienen auf einer Wiese von Blüte zu Blüte fliegen. Die Bienen sammeln dabei am Blütenboden Nektar, den sie als Nahrung nutzen.
Welchen Nutzen haben die Pflanzen davon, dass sie den Bienen mit dem Nektar wertvollen Zucker als Nahrung anbieten?

1 Biene beim Besuch einer Kirschblüte

Beobachten Untersuchen Experimentieren

Wie entstehen Kirschen?

Beschreibe anhand der Bildfolge ↑2 mit eigenen Worten die Entwicklung von der Kirschblüte zur Frucht.
Beobachte an einem sonnigen Tag, wie viele und welche Insekten eine Blüte besuchen.
Notiere deine Beobachtungen.
Vergleiche mit einer anderen Pflanzenart.

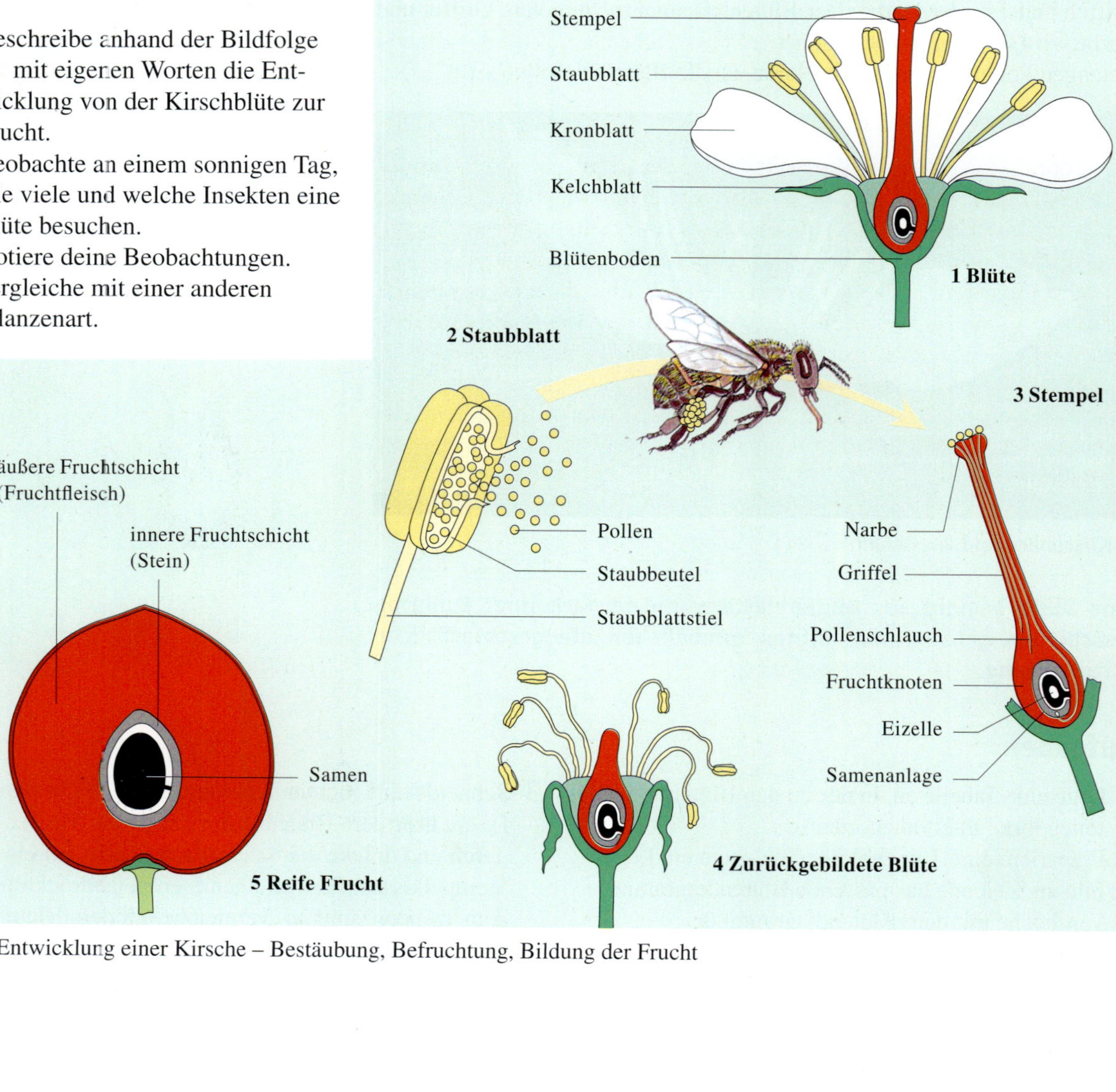

2 Entwicklung einer Kirsche – Bestäubung, Befruchtung, Bildung der Frucht

Von der Blüte zur Frucht

3 Pollen am Hinterbein einer Biene

Insektenbestäubung Viele Blütenpflanzen wie Rosen, Kirschen oder Tulpen haben große bunte Blüten. Damit locken sie verschiedene Insekten an, die darin eine süße Flüssigkeit, den Nektar, und Blütenstaub (Pollen) als Nahrung suchen. Um an den Blütenboden zu gelangen, müssen die Insekten sich an den Staubfäden mit den Staubbeuteln vorbeischieben. Dabei reißen die Staubbeutel auf und der freigesetzte Pollen bleibt an dem Tier hängen. ↑3 Beim Besuch der nächsten Blüte bleibt etwas von diesem Pollen auf der Narbe des Stempels kleben. Durch das Insekt wurde Pollen auf die andere Blüte übertragen, sie wurde bestäubt.

4 Gräser bilden große Mengen Pollen.

Windbestäubung Nicht alle Blüten werden durch Insekten bestäubt. Einige Bäume, wie Kiefer, Birke oder Haselnuss und viele Gräser bilden riesige Mengen Pollen, die vom Wind mitgerissen und weit verteilt werden. ↑4 Durch die große Pollenmenge ist es sehr wahrscheinlich, dass die meisten Narben der entsprechenden Blüten bestäubt werden.

Befruchtung Die Pollen auf der bestäubten Narbe bilden kleine Schläuche aus. Diese wachsen durch die Narbe und den Griffel bis zum Fruchtknoten. Der Fruchtknoten enthält die Samenanlage mit der Eizelle. Die männliche Geschlechtszelle aus dem Pollenschlauch, der die Eizelle als erster erreicht, verschmilzt mit der Eizelle. ↑5 Diesen Vorgang bezeichnet man als Befruchtung.

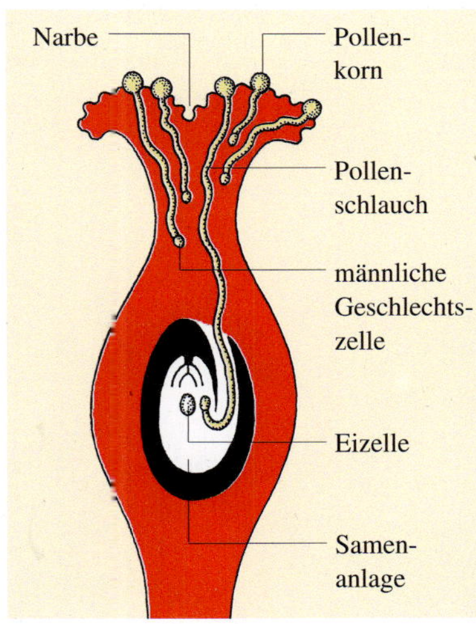

5 Befruchtung

Samen und Früchte Nach der Befruchtung der Eizelle kann sich aus der Blüte eine Frucht entwickeln. Die Blüte verblüht. Kelchblätter, Kronblätter und Staubblätter welken und fallen ab. Aus der befruchteten Eizelle bildet sich ein Pflanzenembryo mit den Anlagen für die Grundorgane Wurzel, Sprossachse und Blätter. ↑S.114 Wenn der Embryo eine bestimmte Größe erreicht hat, geht er in einen Ruhezustand über. In der Samenanlage werden Nährstoffe gespeichert. Aus der Wand der Samenanlage entsteht die Samenschale. Ein Samen besteht also aus der Samenschale, dem Embryo und einem Nährstoffspeicher. Der Fruchtknoten wird zur Frucht, die einen oder mehrere Samen mit einer häutigen, ledrigen oder fleischigen Schutzhülle umgibt.

Durch Übertragung von Pollen auf die Narbe eines Stempels wird eine Blüte bestäubt. Bei der Befruchtung verschmilzt die männliche Geschlechtszelle mit der Eizelle im Fruchtknoten. Aus dem Fruchtknoten mit der befruchteten Eizelle entwickelt sich eine Frucht. Früchte enthalten einen oder mehrere Samen.

Aufgaben

1 Imker verleihen Bienenvölker an Gewächshäuser und Gärtnereien. Begründe. Erläutere den Nutzen für den Imker.

2 Vergleiche die Blüte der Kirsche, die von Insekten bestäubt wird, mit der Blüte von Gräsern, die vom Wind bestäubt werden. ↑2, 4

3 Insekten werden nicht nur durch den süßen Nektar zu den Blüten gelockt. Nenne weitere Möglichkeiten, wie Pflanzen Insekten zu ihren Blüten locken können.

4 Erläutere den Unterschied zwischen Bestäubung und Befruchtung.

Ausblick

Bienen sind in den gemäßigten Klimazonen der Erde die wichtigsten Bestäuber von Blüten und damit für viele Wild- und Nutzpflanzen von großer Bedeutung. Darüber hinaus schätzen wir sie für den Honig, den sie produzieren.

Honigbienen – fleißige Helfer

Honigbienen leben in einem Bienenstaat zusammen, der aus vielen Tausend Bienen besteht. An seiner Spitze steht eine Bienenkönigin. Viele Aufgaben im Bienenstaat werden von den Arbeiterinnen erledigt. Als junge Bienen arbeiten sie an der Aufzucht des Nachwuchses und am Ausbau des Bienenstocks. Von ihrem 18. bis zum 20. Lebenstag sind die Arbeiterinnen Wächterinnen, die den Bienenstock vor Eindringlingen schützen. Die älteren Bienen begegnen uns am häufigsten, denn sie sind als Sammlerinnen außerhalb des Stocks unterwegs.

Die Entwicklung einer Honigbiene

1 Die Bienenkönigin legt täglich bis zu 2000 Eier in Brutzellen, die Waben. Aus den befruchteten Eiern können sich Arbeiterinnen und Königinnen entwickeln. Aus den unbefruchteten Eiern entstehen Drohnen.

2 Nach etwa drei Tagen schlüpfen aus den Eiern Larven. Diese werden von Arbeiterinnen, den Ammenbienen, anfangs mit einem speziellen Futtersaft gefüttert. Nach einiger Zeit bekommen die Larven dann nur noch Pollen und Nektar als Nahrung.

3 Etwa eine Woche nach dem Schlüpfen verpuppen sich die Larven. Während dieser Verpuppung wird der gesamte Larvenkörper vollständig umgestaltet.

4 Nach weiteren neun Tagen schlüpfen die jungen Bienen. Eine solche vollständige Verwandlung nennt man Metamorphose. Einige Larven werden nur mit dem Futtersaft gefüttert. Sie entwickeln sich später zu Königinnen.
↑Aufgabe 2

5 Bevor die erste Nachwuchskönigin schlüpft, verlässt die alte Königin zusammen mit dem halben Volk und den meisten Vorräten den Stock und sucht sich einen neuen Bienenstock.

Honigproduktion Beim Besuch der Blüten sammeln die Arbeiterinnen Nektar und Pollen. Den Pollen transportieren die Honigbienen an ihren Hinterbeinen und tragen so zu seiner Verbreitung bei. Den Nektar dagegen saugen sie mit ihrem Rüssel in den Honigmagen. Im Bienenstock würgen die Sammlerinnen den Nektar wieder heraus. Dort verarbeiten ihn die Arbeiterinnen mithilfe besonderer Stoffe, die sie selbst produzieren, zu Honig. Der Honig wird in verschlossenen Waben als Vorrat gelagert.
Um den Honig zu gewinnen, entfernt der Imker die Deckel von den Waben und schleudert diese, sodass der Honig herausfließt.

Aufgaben

1 Erstelle ein Diagramm, das die Entwicklung der Biene darstellt. Verwende dazu Pfeile, mit denen du die Entwicklungsschritte verbindest. Beginne mit der Bienenkönigin.

2 Der Futtersaft, mit dem nur die zukünftigen Bienenköniginnen immer gefüttert werden, heißt Gelée royale. Recherchiere, welche Nährstoffe es enthält. Vergleiche mit Kuhmilch.

3 Besucht in der Gruppe einen Imker. Informiert euch über seine verschiedenen Tätigkeiten innerhalb eines Jahres. Haltet einen Kurzvortrag vor der Klasse.

3 Honigbienen (von links nach rechts: Königin, Drohn und Arbeiterin)

Wie kommt die Birke auf's Dach?

Manchmal können wir Pflanzen an Stellen entdecken, an denen man sie nie vermutet hätte. Zwischen Pflastersteinen auf dem Schulhof quetschen sich winzige Blümchen hervor, in einer Dachrinne wächst eine kleine Birke und auf einer Friedhofsmauer stehen Löwenzahnpflanzen. Sicher hat sie niemand an diese Stellen verpflanzt.
Wie könnten die Pflanzen dort hin gelangt sein?

1 Wie kommt die Birke dort hin?

2 Auch Löwenzahn wächst normalerweise am Boden.

Beobachten **Untersuchen** Experimentieren

Modell und Wirklichkeit

Manche Samen bzw. Früchte werden durch den Wind verbreitet. So können sie auch auf Dächer oder Mauern gelangen, dort keimen und zu Pflanzen heranwachsen. Um Dinge besser zeigen und verstehen zu können oder unter kontrollierten Bedingungen auszuprobieren, werden oft Modelle verwendet. So werden zum Beispiel vor dem Bau von Flugzeugen kleine Modelle angefertigt. Auf diese Weise können die Ingenieure Eigenschaften des Flugzeugs untersuchen, ohne ein echtes teures Flugzeug zu benutzen. Dabei muss man beachten, dass alle Modelle Vereinfachungen der Wirklichkeit sind und nie vollständig mit ihr überein stimmen.

Modellbauwettbewerb Bastelt in einer Kleingruppe das Modell eines Samens, der durch den Wind verbreitet wird. Dabei dient eine Erbse oder eine Polystyrolkugel als Samen.

a Als Material können Papier, Pappe, Kleber, Klebstoff, Servietten, Büroklammer, Heftzwecke, Strohhalme, Federn, Bindfaden und Luftballons dienen.

b Um zu prüfen, ob das Modell gut fliegt, solltet ihr es ausgiebig testen. Je länger der Samen in der Luft bleibt, desto weiter könnte er verbreitet werden.

c Am Schluss werden die Modelle aller Gruppen mit einander verglichen. Dazu wird die Zeit gestoppt, die die verschiedenen Modelle in der Luft bleiben.

1 Nenne Pflanzen, deren Samen und Früchte durch den Wind verbreitet werden.

2 Es gibt verschiedene Möglichkeiten, dafür zu sorgen, dass Samen möglichst lange in der Luft fliegen. Nenne besondere Einrichtungen, die das ermöglichen.

3 Ordne diese Strukturen den Modellen und einigen windverbreiteten Samen zu. Fällt dir ein passender Name für die verschiedenen „Flieger" ein?

4 Vergleiche die Flugfrucht des Löwenzahns (Bild ↑3) mit einem entsprechenden Modell. Erläutere Unterschiede zwischen Modell und Wirklichkeit.

3 Löwenzahnfrüchte

Pflanzen lassen ihre Samen verbreiten

4 Früchte des Ahorns

5 Früchte des Klebkrauts

Da Pflanzen sich nicht selbst fortbewegen können, sind sie darauf angewiesen, dass ihre Samen oder die Früchte mit Samen auf andere Weise in ihren Lebensräumen verbreitet werden.

Tierverbreitung Viele Pflanzen haben farbige und schmackhafte Früchte. Dadurch werden Vögel und Säugetiere (z. B. Igel) angelockt, welche die Früchte fressen. Die unverdauten Samen werden ausgeschieden und auf diese Weise verbreitet. ↑6 Andere Tiere wie Waldmäuse oder Eichhörnchen sammeln Samen und Früchte als Wintervorrat. Da nicht alle Samen und Früchte gefressen werden und manche verloren gehen, werden sie auch auf diese Weise verbreitet. Manche Früchte haben klebrige Anhänge oder Widerhaken. ↑5 Dadurch bleiben sie im Fell von Tieren oder an der Kleidung von Menschen hängen. Wenn sie wieder abfallen, können sie schon über weite Strecken transportiert worden sein.

Windverbreitung Die Samen und Früchte vieler Pflanzen sind sehr klein und leicht, so dass sie vom Wind fortgetragen und so verbreitet werden. Manche haben kleine Segel oder Propeller, andere Schirmchen, mit denen sie leichter durch die Luft getragen werden können. ↑4

Selbstverbreitung Es gibt auch einige Pflanzen, die ihre Samen und Früchte selbst verbreiten. Der Mohn verstreut seine Samen, wenn seine Samenkapsel vom Wind bewegt wird. Das Springkraut schleudert die Samen mit einer Art Katapultmechanismus weg.

Die Verbreitung von Samen und Früchten kann vor allem durch Tiere, Wind oder Selbstverbreitung erfolgen. Der Bau von Samen und Früchten ist an die Art ihrer Verbreitung angepasst.

Biologisches Prinzip

Bau und Funktion
Aus dem Bau eines Samens oder einer Frucht kann man ableiten, wie der Samen oder die Frucht verbreitet werden. So sollte z. B. ein durch Wind verbreiteter Samen möglichst leicht sein. Diese Eigenschaft ist eine Angepasstheit an die Windverbreitung.

6 Haselmäuse werden von den Früchten der Heckenrose angelockt.

Aufgaben

1 Ordne den Früchten und Samen auf den Fotos ↑3–6 die Art ihrer Verbreitung zu. Begründe.

2 Nenne Pflanzen, deren Samen und Früchte durch Tiere verbreitet werden.

3 Schreibe eine Vermutung darüber auf, warum das Waldspringkraut auch „Rührmichnichtan" genannt wird.

4 Vergleiche die Frucht des Klebkrauts mit einem Klettverschluss. Wie könnte die Pflanze noch heißen?

5 Stelle eine Vermutung darüber auf, warum es für die Pflanzen ein Vorteil ist, dass ihre Samen und Früchte weiter verbreitet werden und nicht direkt neben der Mutterpflanze keimen und wachsen.

Manchmal geht's auch ohne Samen

Der Rasen auf einem Fußballplatz muss einiges aushalten. Fast das ganze Jahr über trampeln unzählige Stollenschuhe über ihn hinweg. Außerdem wird der Rasen auf einem guten Fußballplatz ständig gemäht und so sehr kurz gehalten. Dadurch können die Rasenpflanzen kaum Blüten bilden. Wie ist es möglich, dass sich Lücken in der Grasnarbe so schnell wieder schließen? Wird dafür ständig neuer Rasen ausgesäht?

1 Der Fußballrasen muss einiges aushalten.

Beobachten Untersuchen Experimentieren

Vermehrung ohne Samen

2 Brutblatt (Blatt mit Ablegern)

1 Rasenwerkstatt

Material: Rasenstück (ca. 20 cm × 20 cm, ca. 7 cm dick), flache Schalen, Messer, Erde

a Löse vorsichtig einzelne Pflanzen aus der Erde heraus, ohne die Wurzeln zu zerstören. Welche Pflanzenteile kannst du entdecken? Notiere.

b Lege das Rasenstück in eine Schale und schneide in der Mitte ein etwa 5 cm großes und 2 cm tiefes Loch hinein. Fülle das Loch mit Erde auf. Stelle die Schale an einen sonnigen Platz. Halte die Erde leicht feucht. Protokolliere deine Beobachtungen über mehrere Wochen.

2 Pflanzenzucht auf der Fensterbank

Material: Brutblatt (Bryophyllum) oder Grünlilie mit Tochterpflanzen, Usambaraveilchen, Blumenerde, Blumentopf, Schere, Glas oder Becher

Durchführung a): Fülle einen Blumentopf zu etwa $^3/_4$ mit Blumenerde. Löse nun vorsichtig möglichst große Tochterpflänzchen von den Blättern des Brutblattes oder den Ausläufern der Grünlilie. ↑2 Pflanze zwei oder drei Pflänzchen in den vorbereiteten Blumentopf. Achte darauf, dass die Erde immer etwas feucht, aber nicht nass ist. Das kannst du daran erkennen, dass etwas Erde am Finger hängen bleibt, wenn du auf die Erde gedrückt hast.

Durchführung b): Schneide einige Blätter vom Usambaraveilchen ab und gib sie für einige Stunden in Wasser. Lege die Blätter anschließend auf die Erde in einem vorbereiteten Blumentopf. ↑3

Protokoll: Beobachte die Pflanzen während der nächsten Wochen. Dokumentiere alle Veränderungen. Dabei kann es nützlich sein, in bestimmten Abständen Zeichnungen anzufertigen oder Fotos zu machen. Erstelle zum Abschluss ein Protokoll, das alle Ergebnisse deiner Untersuchungen zusammenfasst.

3 Dieser Blattsteckling vom Usambaraveilchen ist schon bewurzelt.

Vermehrung ohne Samen

Ungeschlechtliche Fortpflanzung Nicht alle Pflanzen sind darauf angewiesen, dass ihre Blüten bestäubt und ihre Samen verbreitet werden, um sich zu vermehren. Zum Beispiel haben alle Gräser Blüten, aber viele können sich auch ungeschlechtlich fortpflanzen. Dabei wachsen Pflanzenteile durch die Erde weiter und bilden, zum Beispiel in den Lücken im Fußballrasen, Tochterpflanzen mit den gleichen Eigenschaften wie ihre Mutterpflanze. Diese Fortpflanzungsform wird als ungeschlechtlich bezeichnet, weil sie ohne Fortpflanzungspartner, ohne Befruchtung einer Eizelle im Fruchtknoten durch eine männliche Geschlechtszelle erfolgt.

Möglichkeiten der ungeschlechtlichen Fortpflanzung In der Natur haben sich verschiedene Möglichkeiten entwickelt, wie sich Pflanzen ungeschlechtlich fortpflanzen. Die Erdbeere bildet beispielsweise kriechende Ausläufer, an denen junge Erdbeerpflanzen entstehen. ↑4 Diese bilden dann Wurzeln und können zu eigenständigen Erdbeerpflanzen heranwachsen. Auf diese Weise hat die Erdbeere sich fortgepflanzt und dabei ihre Nachkommen allein, ohne einen Fortpflanzungspartner, erzeugt. Beim Brutblatt (Bryophyllum) und der Grünlilie wachsen an der Mutterpflanze vollständige Tochterpflanzen, so genannte Ableger, heran. ↑2

4 Ausläufer einer Erdbeerpflanze

Wir nutzen die ungeschlechtliche Fortpflanzung von Pflanzen Bei anderen Pflanzen können sich aus abgetrennten Teilen komplette neue Pflanzen entwickeln. Diese Fähigkeit zur ungeschlechtlichen Vermehrung machen sich Gärtnereien bei der massenhaften Erzeugung neuer Pflanzen zunutze. Beispielsweise werden Blätter des Usambaraveilchens in Wasser gelegt. Wenn die Blattstecklinge Wurzeln gebildet haben, werden sie eingepflanzt und neue Pflanzen der gleichen Art entwickeln sich. ↑3 Manche Pflanzen kann man auch einfach in der Mitte teilen. Pflanzt man beide Teile ein, wachsen daraus zwei eigenständige Pflanzen heran. Auf diese Weise werden viele Stauden, wie beispielsweise Rittersporn oder Phlox, vermehrt.

Biologisches Prinzip

Fortpflanzung
Die Fortpflanzung von Lebewesen kann geschlechtlich (mit Befruchtung) oder ungeschlechtlich (ohne Befruchtung) erfolgen. Beide Fortpflanzungsformen haben sich in der Entwicklungsgeschichte des Lebens auf der Erde bewährt.

Bei ungeschlechtlicher Fortpflanzung bilden sich aus Teilen einer Mutterpflanze eigenständige neue Pflanzen, die ihrer Mutterpflanze vollkommen gleichen. Ungeschlechtliche Fortpflanzung erfolgt also ohne Geschlechtszellen bzw. ohne Befruchtung.

Aufgaben

1 Erstelle eine Liste von Möglichkeiten, wie sich Pflanzen ungeschlechtlich vermehren können. Nenne jeweils ein Beispiel.

2 Begründe, warum es für eine Gärtnerei sinnvoll sein kann, Pflanzen ungeschlechtlich statt mit Samen zu vermehren.

3 Vergleiche die geschlechtliche mit der ungeschlechtlichen Fortpflanzung der Blütenpflanzen. Nenne die deiner Meinung nach wichtigsten Unterschiede.

4 In Lebensmittelgeschäften kann man auch sogenannte kernlose Weintrauben oder Apfelsinen kaufen. Ermittle mithilfe des Internets warum diese Früchte als kernlos bezeichnet werden, wie sie entstehen und wie solche Pflanzen vermehrt werden.

5 Weidenbäume wachsen insbesondere an Flussufern und ragen oft weit in den Fluss hinein. Erkläre, warum es für die Weiden vorteilhaft ist, dass abgebrochene Zweige auch als Stecklinge dienen können.

Wie kann aus einem Samen eine neue Pflanze entstehen?

Samen und Früchte der Pflanzen werden auf den unterschiedlichsten Wegen weit verbreitet. Aber nur aus sehr wenigen von sehr vielen Samen entwickelt sich eine neue große Pflanze. Wie ist das überhaupt möglich? Beispielsweise dauert die Entwicklung einer 50 m hohen Buche aus einem Samen etwa 100 Jahre. Unter welchen Umständen wächst aus einem Samen überhaupt eine große Pflanze heran?

1 Aus Buchensamen entstehen Jungpflanzen (links) und später Bäume (rechts).

Beobachten Untersuchen Experimentieren

Bohnensamen genau betrachtet

1 Samen der Feuerbohne werden zur Quellung einen Tag in eine Schale mit Wasser gelegt. Entferne vorsichtig die Samenschale mit dem Fingernagel. Dabei kommen zwei Bohnenhälften zum Vorschein. Klappe sie vorsichtig auseinander.

a Fertige eine Zeichnung des aufgeklappten Samens an.

b Im Samen ist als Embryo bereits eine neue Pflanze angelegt. Beschrifte mithilfe von Bild ↑2 die Teile, die du erkennen kannst.

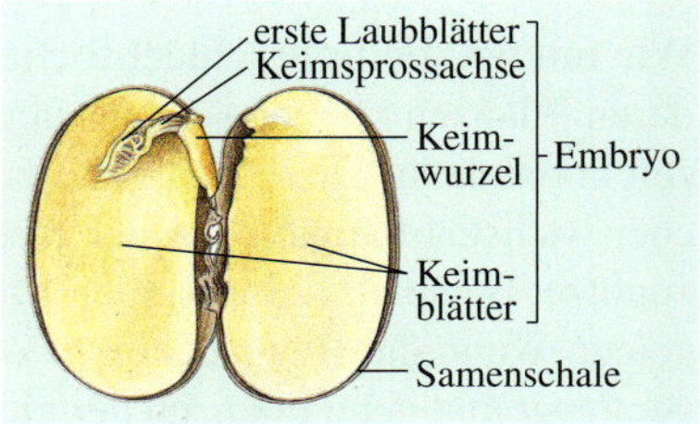

2 Teile eines Bohnensamens

2 Beschreibe die Entwicklung des Bohnensamens (Bild ↑3) mit eigenen Worten. Verwende dabei diese Begriffe: Wurzel, Keimblatt, Laubblatt, Keimsprossachse, Keimwurzel, Samenschale, Wachstum, Sonnenenergie.

3 Samen können wertvolle Nahrungsmittel für uns sein. Begründe.

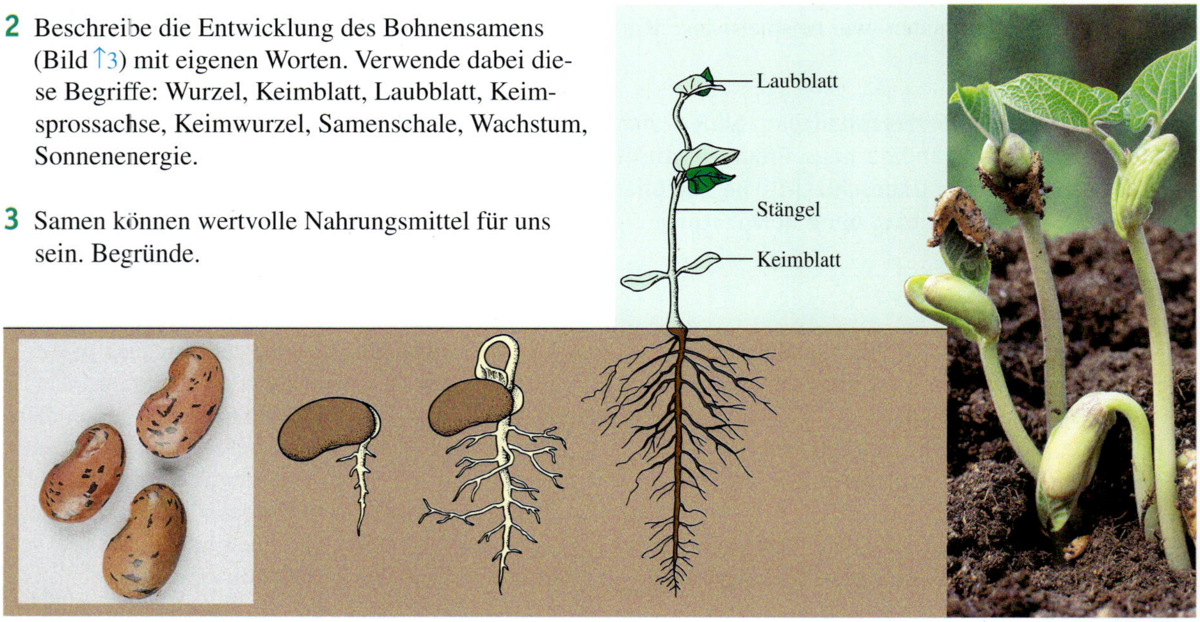

3 Entwicklung vom Bohnensamen zur jungen Keimpflanze

Methode *Experimentieren – Vermutungen überprüfen, Daten auswerten*

Mithilfe von Experimenten versuchen Naturwissenschaftler Naturvorgänge, die sie beobachtet haben, zu erklären. Ein sinnvolles Experiment besteht aus verschiedenen Schritten, die aufeinander folgen. Das gilt nicht nur für Forscher in ihrem Labor, sondern auch für Experimente in der Schule oder zuhause.

4 Versuchsanordnung

1 Beobachtung Jedes Experiment geht von der Beobachtung einer Naturerscheinung aus. *Eine solche Beobachtung ist zum Beispiel, dass Pflanzensamen auskeimen und wachsen.*

2 Fragestellung Aus der Beobachtung ergeben sich unterschiedliche Fragen, von denen du eine für das Experiment aussuchst. Beispiel: *Welche Bedingungen benötigt ein Pflanzensamen, damit er keimen kann?*

3 Vermutung Als Antwort auf die Fragestellung stellst du eine begründete Vermutung (Hypothese) auf. Für die Samenkeimung könnte sie zum Beispiel lauten: *Samen brauchen Licht, damit sie keimen können.*

4 Planung Bevor du das Experiment durchführen kannst, musst du dir genau überlegen, wie du den Naturvorgang untersuchen kannst. Dazu erstellst du ein Protokoll mit einer Liste des benötigten Materials. Beispiel: *Zur Überprüfung der „Lichthypothese" könntest du einen Blumentopf mit der Erde und dem Samen unter einen Karton stellen, so dass kein Licht hinein kommt.* ↑4

Um weitere Vermutungen zu überprüfen, veränderst du die Versuchsbedingungen. Dabei ist es sehr wichtig, dass du immer nur eine Bedingung veränderst. Beispiel: *Um zu prüfen, ob Samen auch Wasser zum Keimen brauchen, könntest du einen Samen ohne Wasser in die Erde geben. Es wäre aber falsch, den Samen ohne Wasser in die Dunkelheit zu stellen. Dann könntest du nämlich hinterher nicht entscheiden, ob das Fehlen von Wasser oder die Dunkelheit das Ergebnis verursacht haben.*

5 Durchführung Bei der Durchführung protokollierst du alle Beobachtungen und Messwerte. Am besten legst du das Protokoll schon an, bevor du mit der Durchführung beginnst.

6 Auswertung Deine Versuchsergebnisse stellst du in einer Tabelle, in Sätzen oder als Zeichnung dar.

7 Schlussfolgerung Mithilfe deines Wissens deutest du die Versuchsergebnisse. Stelle fest, ob sie deine Vermutung bestätigen oder widerlegen. ↑5

Versuch Nr.	*Zu verändernde Bedingung*	*Vermutung (Hypothese)*	*Versuchsaufbau*	*Beobachtung*	*Schlussfolgerung*
1	*Licht* 	*keimt ohne Licht nicht*			
2	*Wasser* 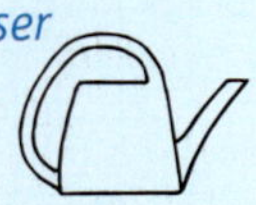				
3					
4					

5 Versuchsprotokoll (Muster)

Laubwerfer und Speicherkünstler

Im Herbst färben sich die Blätter der Laubbäume bunt und fallen noch im Herst oder im Winters ab. Insgesamt ist es im Winter viel weniger grün draußen als in den anderen Jahreszeiten. Denn auch viele andere Pflanzen trocknen im Winter ein oder verlieren ihre grüne Farbe. Warum werfen Laubbäume ihre Blätter überhaupt ab und behalten sie nicht? Wie kommen eigentlich die anderen Pflanzen durch den Winter?

1 Bäume im Winter

Beobachten Untersuchen Experimentieren

1 Laub- und Nadelbäume

Nadelbäume werfen ihre Blätter (Nadeln) nie vollständig ab. Sie sind auf andere Weise vor den Bedingungen des Winters geschützt.

a Schneide jeweils von einem Laub- und einem Nadelbaum einen kleinen Zweig ab. Gib ihn jeweils in einen Gefrierbeutel. Lege sie für mindestens einen Tag in ein Tiefkühlfach (Kühlschrank oder Gefriertruhe). Vergleiche anschließend Aussehen und Festigkeit der Zweige, nachdem du sie wieder aufgetaut hast.

b Vergleiche die Gestalt eines Laubbaums mit der eines Nadelbaums. Erkläre, warum bei Nadelbäumen auch ohne Laubfall kaum Zweige durch Schneelast abgebrochen werden.

2 Untersuchung einer Knospe

Material: Knospe eines Baumseitentriebs (z. B. Rosskastanie), Nadel oder Federmesser, Pinzette, Spiritus, Wasser. Um die durch Harz verklebten Knospenschuppen leichter entfernen zu können, werden die Knospen einen Tag in Spiritus mit etwas Wasser eingelegt. ↑2

a Entferne die äußeren harten Knospenschuppen. Vergleiche äußere und innere Knospenschuppen.

b Wenn du auch die inneren Knospenschuppen entfernst, kommen kleine grüne Blättchen zum Vorschein. Breite sie vorsichtig aus. Vergleiche sie mit den ausgewachsenen Blättern des Baums. Kannst du innerhalb der Blättchen noch etwas finden?

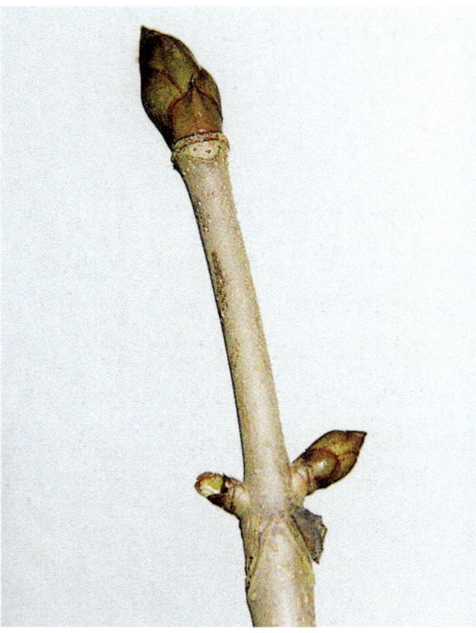

2 Endknospe einer Rosskastanie mit Seitenknospen; rechts: schematische Darstellung

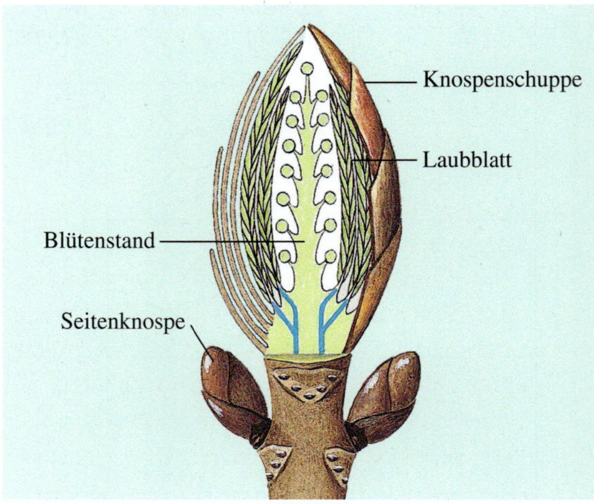

Pflanzen überdauern den Winter

Laubverfärbung und Laubfall Die Verfärbung der sonst grünen Blätter und der darauf folgende Laubfall im Herbst sind eine Vorbereitung der Laubbäume und Sträucher auf den bevorstehenden Winter. ↑1,3 Die in den Laubblättern vorhandenen Nährstoffe werden in den Stamm, die Äste und Wurzeln transportiert und dort gespeichert. Auf diese Weise gehen sie beim Abwurf der Blätter nicht verloren. Wenn die vielen dünnen Blätter an den Bäumen blieben, würden diese bei Frost erfrieren oder austrocknen, der Baum würde absterben. Außerdem bestünde die Gefahr, dass durch Schneehaufen auf den Blättern die Zweige zu schwer werden und abbrechen könnten.

3 Herbstlaub

Knospen Die meisten Bäume bilden im Sommer oder Herbst Knospen als Ruhe- oder Überwinterungsorgane. In ihnen sind vollständige Blüten- oder Blatttriebe für das nächste Jahr angelegt. Die meisten Knospen sind außen von so genannten Knospenschuppen umgeben (Bild ↑2). Durch die harten und klebrigen Schuppen sind die Blüten- und Blatttriebe in der Knospe gut vor Austrocknung, Frost und pflanzenfressenden Tieren geschützt.

Überwinterung mit Samen oder Speicherorganen Die Pflanzen, die nicht wie die Bäume und Sträucher durch ihr Holz im Winter geschützt sind, werden als krautige Pflanzen bezeichnet. Sie überwintern als Samen im Ruhezustand (z. B. Bohne, Sonnenblume) oder im Boden mithilfe ihrer Speicherorgane. Die Pflanzen, deren Samen überdauern, sterben nach der Samenreife ab. Im Frühjahr entstehen dann aus ihren Samen wieder neue Pflanzen. Von anderen Pflanzen überwintern bestimmte Pflanzenteile geschützt in der Erde. Sie dienen als Speicherorgane für die Nährstoffe, die zum Wachstum im Frühjahr benötigt werden.
Speicherorgane sind Zwiebeln (z. B. Schneeglöckchen, Tulpe), Wurzeln (z. B. Scharbockskraut) oder Teile der Sprossachse (z. B. Krokus, Schlüsselblume, Buschwindröschen).

4 Die Schlüssselblume speichert zur Überwinterung Nährstoffe in einem unterirdischen Stängel (Erdspross).

Durch den herbstlichen Laubfall sind die Laubbäume im Winter vor Austrocknung und Erfrierungen geschützt. Knospen sind die Überwinterungsorgane vieler Bäume und Sträucher. Krautige Pflanzen überwintern mithilfe von Samen oder Speicherorganen im Boden.

Aufgaben

1 Bei manchen Laubbäumen kann man die Winterruhe beenden. Schneide einen Zweig von einer Rotbuche oder von einer Eiche ab. Stelle ihn für etwa einen Tag in eine Vase mit warmem Wasser. Beobachte die Entfaltung der Knospen. Dokumentiere deine Beobachtungen mit Fotos oder Zeichnungen.

2 Erläutere, welche Bedeutung es für den Menschen hat, dass Pflanzen in Form von unterirdischen Speicherorganen und Samen den Winter überdauern.

3 Sammle im Herbst abgefallene Blätter verschiedener Laubbäume. Bestimme sie mithilfe eines Pflanzenführers. Gestalte eine Ausstellung, die über die entsprechenden Bäume informiert.

4 Beschreibe mit eigenen Worten das Leben einer krautigen Pflanze und eines Baumes im Jahresverlauf. Verdeutliche die Veränderungen anhand von Zeichnungen oder Skizzen.

Was blüht denn da?

Im Blumenladen gibt es die unterschiedlichsten und ungewöhnlichsten Pflanzen. ↑1 Große Blumen, kleine Blumen, Blumen mit einfarbigen, bunten oder ganz ohne erkennbare Blüten. Manche duften gut, andere haben überhaupt keinen Geruch, sehen aber schön aus.
Im Laden sind sie häufig nach Farben oder nach ihrem Preis sortiert. Aber wie machen das eigentlich die Biologen? Wie unterscheiden sie Pflanzen?

1 Wiesenblumenstrauß

Methode *Pflanzen ordnen*

Nicht jede Pflanze ist so bekannt, wie die, nach der im Rätselgedicht gefragt wird. Hast du sie erraten? Woran hast du sie erkannt? Um das Erkennen von Pflanzen zu erleichtern, gibt es verschiedene Möglichkeiten, sie zu ordnen. Will man zum Beispiel einen schönen Strauß zusammenstellen, sucht man Pflanzen aus, deren Blütenfarben gut zueinander passen. Natürlich kann man die Pflanzen auch nach ihrer Größe unterteilen, zum Beispiel in Bäume, Sträucher und kleinere Pflanzen. Biologen ordnen, indem sie aufgrund von Ähnlichkeit verwandte Arten zu Gruppen zusammenfassen.

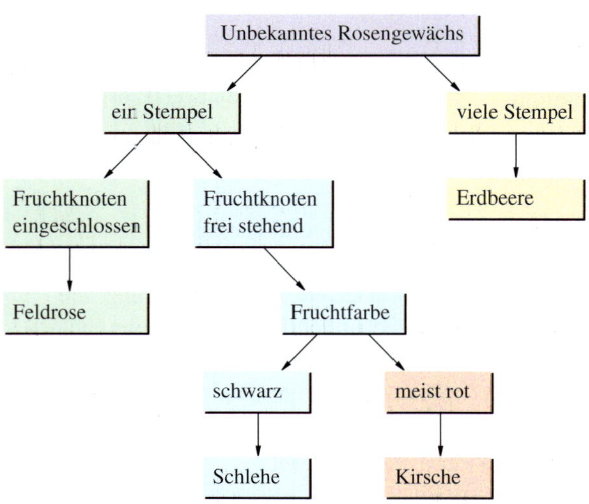

2 Bestimmungsschema für ausgewählte Rosengewächse

In Pflanzenbestimmungsbüchern stehen Aussagen über den Blütenbau und andere unterschiedlich ausgebildete Merkmale. ↑S.120 Je nachdem, ob die Aussage auf die Pflanze, die man bestimmen möchte, zutrifft oder nicht, gelangt man zur nächsten Entscheidung („entweder – oder"). Wenn man allen richtigen Aussagen folgt, findet man am Ende der Bestimmung die Art der unbekannten Pflanze. ↑2

1 Bestimme mithilfe des Schemas ↑2, um welche vier Pflanzen es sich in Bild ↑5 handelt.

2 Notiere die Artnamen der Pflanzen a) bis d).

Im Frühling, in der Maienzeit
geb ich der Wiese ein gelbes Kleid.
Die Kinder kommen, um mich zu pflücken
und ihre Haare mit mir zu schmücken.

Doch ein paar Wochen später dann
hab ich ein weißes Kleid schon an.
Und wieder kommen die Kinder geschwind
und pusten, als wären sie der Wind.

Am Ende bin ich nur noch grün,
ich schmecke den Hasen und den Küh'n. –
Nun denkt gut nach und ratet fein:
das kann der ____?____ nur sein.
(von Dieter Eschenhagen)

3 Ein lösbares Rätsel?

Ordnung in der Pflanzenwelt

Manche Pflanzen haben mehr Ähnlichkeiten untereinander als mit anderen Pflanzen. Je ähnlicher sich zwei Pflanzen sind, desto näher sind sie miteinander verwandt. Durch das Vergleichen von Merkmalen haben Biologen ein System entwickelt, um Pflanzen zu ordnen.

Die Blüte verrät die Verwandtschaft Ein sehr wichtiges Merkmal für die Zuordnung zu einer bestimmten Pflanzengruppe ist der Bau der Blüte. Alle Pflanzen mit gleichem Grundbauplan der Blüte werden zu einer Familie zusammengefasst. Aber auch zwischen den Pflanzen einer Familie gibt es Unterschiede (z. B. bei den Früchten oder im Bau der Laubblätter). Deshalb unterteilt man Familien in Gattungen. Pflanzen, die sich untereinander fortpflanzen können, gehören zu einer Art. ↑4

Rosengewächse Zur Familie der Rosengewächse gehören alle Pflanzen, deren Blüten aus fünf Kelchblättern, fünf freien Kronblättern und einem Kranz von Staubblättern bestehen. Dazu gehören zum Beispiel alle Rosenarten und viele Obstarten.

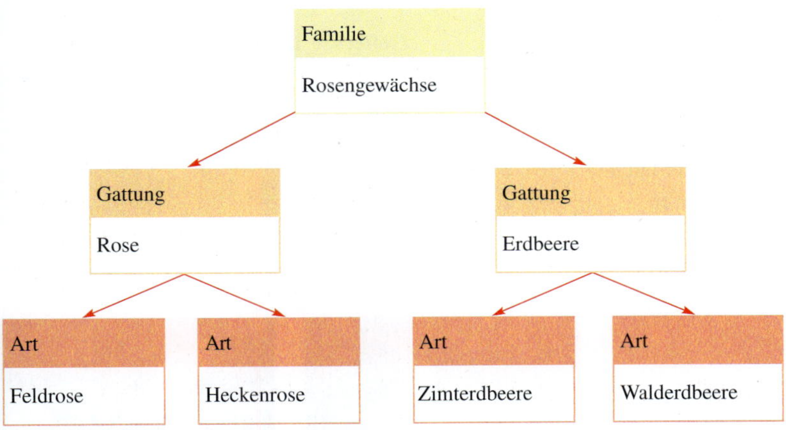

4 Ordnungsschema für Rosengewächse

Ein wichtiges Merkmal für die Unterscheidung von Gruppen der Samenpflanzen ist der Blütenbau. Pflanzen mit gleichem Grundbauplan der Blüte werden zu einer Pflanzenfamilie zusammengefasst.

Aufgaben

1 Erstelle anhand der Informationen über die Pflanzenfamilien auf den Seiten ↑S. 122, 123 eine eigene Bestimmungshilfe. Vergleiche dein Schema mit dem eines Mitschülers.

2 Erstelle einen Steckbrief wie auf den Seiten ↑S. 122, 123 für eine weitere Pflanzenfamilie. Recherchiere dazu im Internet und im Lexikon.

3 Erkundige dich in einem Blumen- oder Gartengeschäft, welche Pflanzen dort verkauft werden, und zu welcher Familie die Pflanzen gehören. Berichte.

4 Könnten die vier Pflanzen in Bild ↑5 zur gleichen Familie gehören? Begründe deine Meinung.

a) Blüten: 5 grüne Kelchblätter, 5 weiße Kronblätter, viele Staubblätter, 1 Stempel; Früchte: Der Fruchtknoten bildet meist eine rote fleischige Frucht.

b) Blüten: 5 Kelchblätter, 5 weiße Kronblätter, viele Staubblätter, 1 Stempel; Früchte: Sammelfrucht mit vielen Samen

c)
Blüten:
2-mal 5 grüne Kelchblätter, 5 weiße Kronblätter, viele Staubblätter, viele Stempel; Früchte: Aus jedem Fruchtknoten wird ein Nüsschen; der Blütenboden bildet das rote Fruchtfleisch.

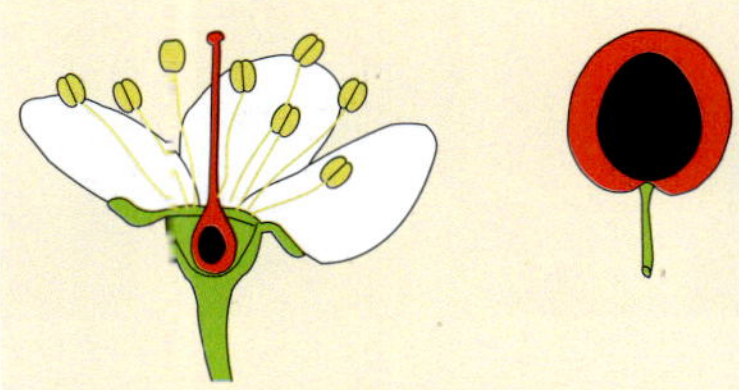

d) Blüten: 5 Kelchblätter, 5 weiße Kronblätter, viele Staubblätter, 1 Stempel; Früchte: Aus dem Fruchtknoten entsteht eine schwarze Steinfrucht.

5 Merkmale von vier Pflanzen

Methode

Gewusst wie – Pflanzen bestimmen

Pflanzen, die in wesentlichen Merkmalen übereinstimmen, werden in Familien geordnet.
Je nach Anpassung an verschiedene Standorte können auch verwandte Pflanzen sich voneinander in einzelnen Merkmalen unterscheiden, zum Beispiel in der Größe oder in der Blütenfarbe.

1 Versuche, bei einer dir unbekannten Pflanze, zunächst die Familie zu erkennen: Beispielsweise gehören Taubnesseln zu den Lippenblütengewächsen ↑S.123

2 Um das Rätsel zu lösen, um welche Art es sich genau handelt, braucht man noch einen Bestimmungsschlüssel. Wie funktioniert ein solcher Bestimmungsschlüssel?

3 Du bekommst ein Merkmal angeboten und zwei Möglichkeiten, zwischen denen du wählen kannst.

4 Betrachte nun die vorliegende Pflanze und entscheide dich für eine der beiden Varianten.

5 Am Ende der Zeile findest du einen Artnamen oder eine Ziffer, die zum nächsten Merkmalspaar führt usw.

1

1	Kronblattröhre gelb.	**Goldnessel**
1*	Kronblattröhre weiß oder rot.	**2**
2	Kronblattröhre weiß.	**Weiße Taubnessel**
2*	Kronblattröhre rot oder pink.	**3**
3	Unterlippe weiß-rot gefleckt, Kronblattröhre größer als 2 cm.	**Gefleckte Taubnessel**
3*	Kronblattröhre kürzer als 2 cm.	**4**
4	Obere Laubblätter rötlich, einzeln stehend.	**Purpurrote Taubnessel**
4*	Obere Laubblätter um den Stängel verwachsen (stängelumfassend).	**Stängelumfassende Taubnessel**

2

3

4

5

Bestimme Taubnesseln.
Passen die Merkmale nicht zu deiner Pflanze?
Taubnesseln kann man mit Ziest oder dem Hohlzahn verwechseln.
Benutze ein Pflanzenbuch zum Vergleich.

Wie lege ich ein Herbarium an?

Ein Herbarium ist eine Sammlung von gepressten und getrockneten Pflanzen, die auch Angaben zum Fundort der gesammelten Pflanzen enthält.
Für ein Herbarium benötigst du folgendes Material: Plastiktüte, mehrere Zeitungen, 2 feste Pappdeckel, Schnur, Ziegelstein oder einige Bücher, Zeichenblock, Schere, Klebestreifen (etwa 3 mm schmal und 2 cm lang) und Etiketten.

6 Vorbereitung zum Pressen

7 Pflanzenpresse

1 Wähle nur solche Pflanzenarten, die du kennst oder mithilfe des Lehrbuchs bestimmen kannst.

2 Sammle nur unbeschädigte, gut entwickelte Pflanzen. Säubere die Wurzeln und transportiere die Pflanzen in einer Plastiktüte. Notiere Pflanzenfamilie, Pflanzennamen, Fundort und Datum.

3 Lege die frischen Pflanzen einzeln so auf einen aufgeklappten Zeitungsbogen, dass die Pflanzenteile in natürlicher Lage glatt ausgebreitet sind. Füge ein ausgefülltes Etikett bei. Lege den zugeklappten Zeitungsbogen zwischen weitere Bögen.

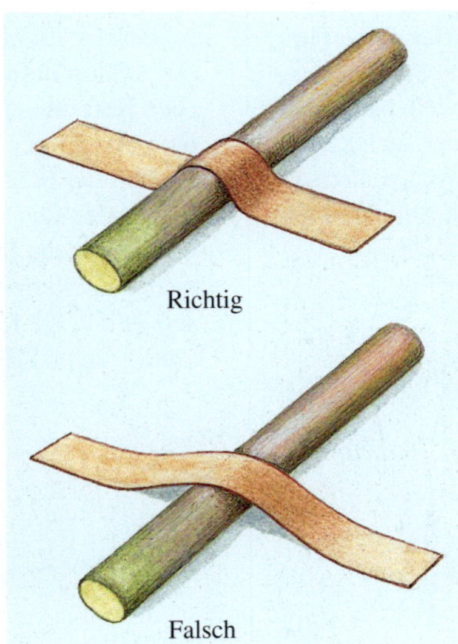

8 Anbringen der Klebestreifen

Pflanzenfamilie:
Pflanzenname:
Fundort:
Datum:
Sammler:

9 Etikett

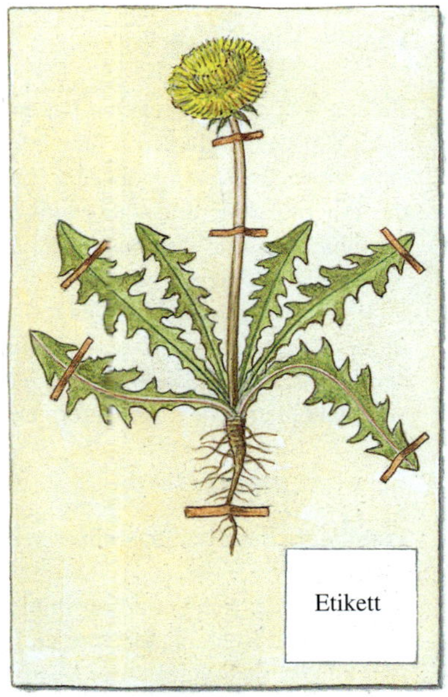

10 Herbarbogen

4 Lege die gesamte Anordnung in 2 Pappdeckel, verschnüre sie und beschwere dieses Paket mit einem Ziegelstein oder mehreren Büchern.

5 Wechsle etwa alle 2 Tage die feuchten Zwischenlagen gegen neue aus, bis die Pflanze völlig trocken ist.

6 Befestige die trockene Pflanze mit wenigen Klebestreifen auf einem Zeichenblatt. Klebe anschließend das Etikett auf.

7 Hebe die Herbarbögen lose in einer Mappe auf oder sortiere sie geordnet in einen Aktenordner ein.

Nachgehakt Steckbriefe von Pflanzenfamilien

Familie: Rosengewächse

Zu den weltweit verbreiteten Rosengewächsen gehören etwa 3 000 Arten. In den Blüten der Rosengewächse sind die vielen Staubblätter in mehreren Kreisen um das Fruchtblatt herum angeordnet. Dieses kann ein einzelnes sein (Aprikose) oder es sind mehrere Stempel vorhanden (Erdbeere).
Viele Rosengewächse sind Nutzpflanzen. Dazu gehören Apfel, Birne, Kirsche, Brombeere und Pflaume. Bei den Rosen, die als Zierpflanzen genutzt werden, wurden Staubblätter zu Kronblättern umgezüchtet.

1 Apfelblüten

Familie: Schmetterlingsblütengewächse

Die Blüten der Schmetterlingsblütler haben fünf meist verwachsene Kelchblätter. Ihre fünf Kronblätter sehen sehr unterschiedlich aus. Ein Kronblatt ist nach oben gebogen und wird Fahne genannt. Die beiden gegenüberliegenden Kronblätter sind verwachsen und heißen Schiffchen. Die zwei verbleibenden Kronblätter stehen seitlich ab und bilden die Flügel. ↑2 Im Schiffchen liegen zehn teilweise zusammengewachsene Staubblätter. Zu den Schmetterlingsblütlern gehören viele Nutzpflanzen wie Bohne, Erbse, Klee und Soja, aber auch Zierpflanzen wie Besenginster oder Wicke. Wegen ihrer typischen Früchte werden die Schmetterlingsblütler auch als Hülsenfrüchtler bezeichnet.

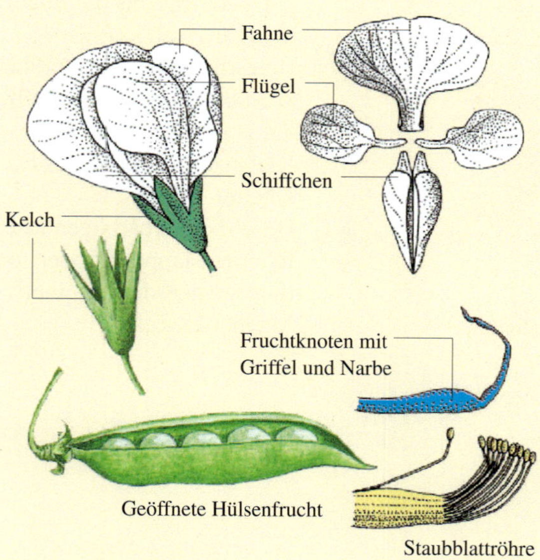

2 Merkmale eines Schmetterlingsblütengewächses: Blütenbau und Hülsenfrucht der Gartenerbse

Familie: Korbblütengewächse

Das, was man bei den Korbblütlern meist für eine Blüte hält, ist in Wirklichkeit eine Ansammlung von vielen Blüten, ein Blütenstand. ↑3, 4 Bei den Korbblütlern gibt es zwei Formen von Blüten: Die schmalen Zungenblüten befinden sich oft am Rand der Blütenstände. Sie locken Insekten an. In der Mitte, dem Körbchen, stehen dann unscheinbare Röhrenblüten, die bestäubt werden müssen (z. B. Gänseblümchen, Sonnenblume, Kamille). Bei manchen Korbblütlern gibt es nur Röhrenblüten (z. B. Kornblume) oder nur Zungenblüten (z. B. Löwenzahn).
Korbblütler prägen bei uns zeitweilig Wiesen, Felder und Wegränder. Die Sonnenblume hat als Kulturpflanze große wirtschaftliche Bedeutung: Aus ihren Samen wird Öl gewonnen. Astern, Dahlien und Margeriten sind Zierpflanzen. Die Echte Kamille ist ein Beispiel für einen Korbblütler, der als Heilpflanze genutzt wird.

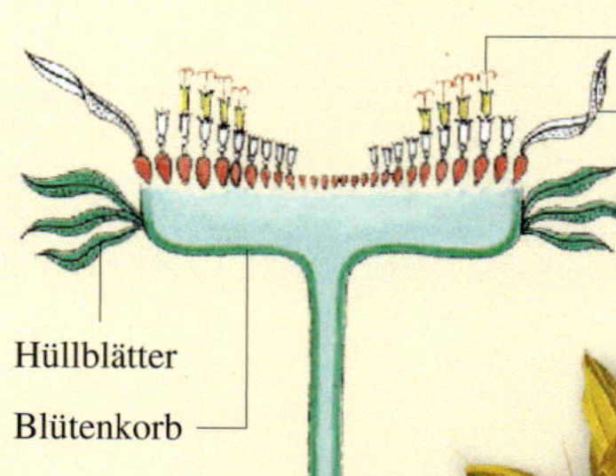

3 Blütenstand einer Sonnenblume

4 Sonnenblume

Familie: Lippenblütengewächse

Bei den Lippenblütlern findet man meist fünf Kelchblätter. Von den ebenfalls fünf Kronblättern sind zwei zur Oberlippe und drei zur Unterlippe verwachsen. Die Unterlippe ist meist etwas kleiner und dient Insekten als Landeplatz. Zwei längere und zwei kürzere Staubblätter sind mit den Kronblättern verwachsen. Der einzelne Griffel gehört zu einem viergeteilten Stempel, aus dem später auch viergeteilte Früchte entstehen. Viele Lippenblütler besitzen einen sehr intensiven Geruch, weil sie ätherische Öle produzieren. Sie werden als Gewürzpflanzen und Duftpflanzen genutzt (z. B. Salbei, Majoran, Lavendel, Basilikum und Thymian).
Die Blüte der Lippenblütler ist so gebaut, dass eine Biene, die in eine Salbeiblüte hineinkriecht, von den langen Staubblättern Pollen auf den Rücken getupft bekommt. Der Blütenbau der Lippenblütler und der Körperbau der Bestäuber sind aneinander angepasst. ↑6

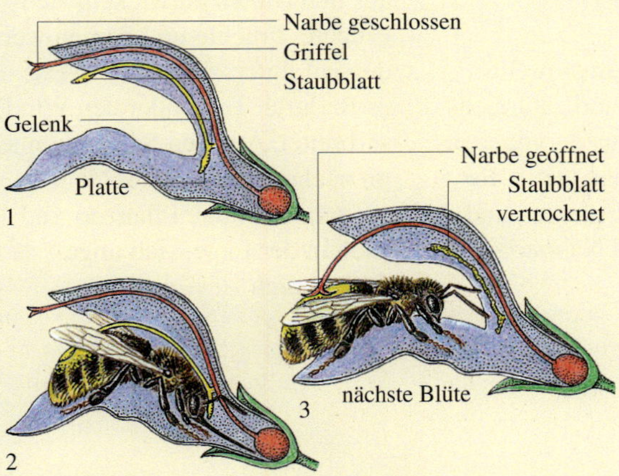

6 Bestäubungsmechanismus des Salbeis

Familie: Kreuzblütengewächse

5 Rapsblüte

Bei den Kreuzblütlern wird die Blüte von vier Kelchblättern und vier Kronblättern gebildet. In der Blüte stehen vier lange Staubblätter.
Alle diese Blütenteile sind kreuzförmig angeordnet und haben so der Familie ihren Namen gegeben. ↑5 Außerdem gehören zur Blüte noch zwei kurze Staubblätter und ein Stempel.
Die Blütenstände sind als Trauben angeordnet. Die Früchte der Kreuzblütler sind Schoten oder Schötchen.
Zu den Kreuzblütlern gehören zum Beispiel der Raps, das Hirtentäschelkraut, das Wiesenschaumkraut und die Knoblauchsrauke. Über 100 Arten der Kreuzblütler kommen in Mitteleuropa vor, weltweit sind es über 3 200 Arten.
Pflanzen aus der Familie der Kreuzblütler werden vom Menschen seit Jahrhunderten als Gemüsepflanzen, Ölpflanzen, Arzneipflanzen und Zierpflanzen intensiv genutzt. Eine dieser alten Kulturpflanzen ist der Gemüsekohl, von dem wir zahlreiche Formen mit unterschiedlicher Gestalt kennen (z. B. Weißkohl, Blumenkohl und Kohlrabi).
Viele Kreuzblütler bilden beißend scharf schmeckende bzw. riechende Stoffe, die ihnen zur Abwehr von Fressfeinden dienen. Auf manche Insekten wirken diese Abwehrstoffe sogar tödlich. Da der Mensch sie in kleinen Mengen vertragen kann, werden sie als Bestandteile im Senf oder als Meerrettich zum Würzen von Speisen verwendet. Raps als Ölpflanze ist heute zur Erzeugung von „Biodiesel“ von Bedeutung.

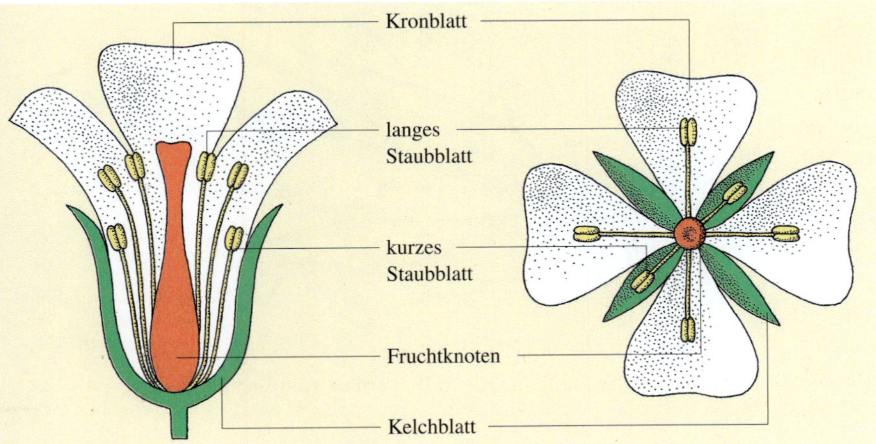

7 Bau der Kreuzblüte

Überblick

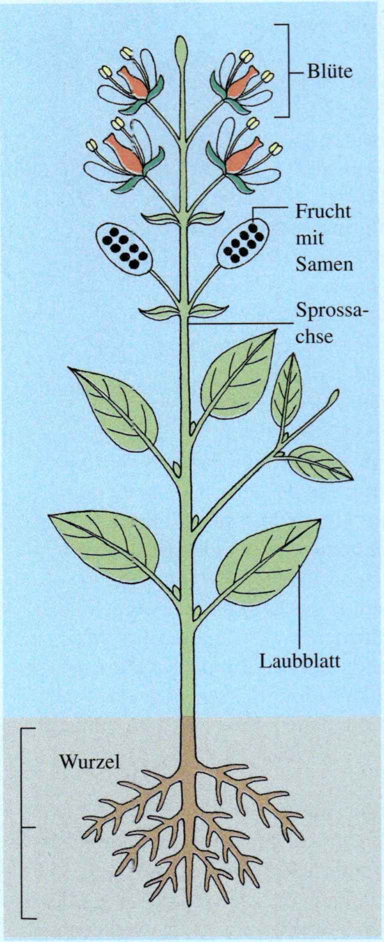

1 Bau einer Samenpflanze

Pflanzen versorgen sich selbst
Pflanzen stellen aus Wasser und Kohlenstoffdioxid mithilfe des grünen Blattfarbstoffs (Chlorophyll) und des Sonnenlichts Traubenzucker her (Fotosynthese). Außerdem entsteht dabei Sauerstoff. Zusätzlich zu Wasser, Licht und Kohlenstoffdioxid brauchen Pflanzen zum Wachstum auch Mineralstoffe, die sie durch ihre Wurzeln aufnehmen. Von dort werden sie mit dem Wasser durch die Leitungsbahnen zu den Blättern und Blüten transportieren. Durch andere Leitungsbahnen wird in umgekehrter Richtung der in den Blättern gebildete Zucker in Früchte und Wurzeln transportiert.

Pflanzen als Nahrungsquelle
Für den Menschen und zahlreiche Tiere sind viele Pflanzenorgane eine wichtige Nahrungsquelle. Besonders in Samen, Früchten und vielen Wurzeln sind Nährstoffe gespeichert.

Fortpflanzung der Samenpflanzen
Nach der Ruhe im Winter nutzen die Pflanzen die in den Samen oder in den Speicherorganen gesammelte Energie der Nährstoffe zur Keimung und zum Wachstum. Im Frühjahr und Sommer bilden sie Blüten. Durch den Wind oder durch Tiere werden die Blüten bestäubt. Zum Beispiel fliegen Insekten Blüten an, weil sie dort zuckerhaltigen Nektar oder eiweißhaltigen Pollen als Nahrung finden. Auffällig gefärbte Kronblätter und die Abgabe von Duftstoffen locken die Bestäuber an. Nach der Bestäubung ist die Befruchtung möglich, aus den Blüten entwickeln sich Früchte. Früchte und Samen werden auf unterschiedliche Weise (z. B. durch Tiere oder den Wind) verbreitet. Aus den Samen können im nächsten Jahr neue Pflanzen entstehen. Einige Pflanzen sind auch in der Lage, sich ungeschlechtlich zu vermehren.

Organe der Samenpflanzen
Alle Samenpflanzen haben Sprossachse, Blätter und Wurzeln.
Der Bau der Grundorgane der Samenpflanzen ist ihren Funktionen angepasst. Wurzeln verankern die Pflanze im Boden und ermöglichen die Aufnahme von Wasser und Mineralstoffen. Die Sprossachsen transportieren in den Pflanzen Wasser und Nährstoffe. In den Blüten werden Samen erzeugt. Die Hauptfunktion der Blätter ist die Bildung von Zucker mithilfe von Sonnenlicht (Fotosynthese).

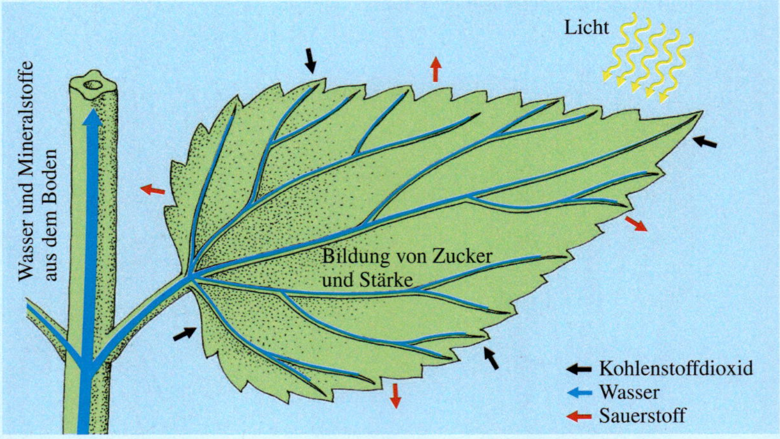

2 Die Nährstoffbildung in grünen Blättern ist vom Licht abhängig.

alles klar?

1 Erstelle eine Liste mit allen Pflanzen, die in diesem Kapitel vorkommen.
Versuche, sie mithilfe eines Bestimmungsbuchs einer Pflanzenfamilie zuzuordnen.

2 Betrachte und vergleiche die Fotos. ↑3 Beide Gefäße wurden ausreichend belichtet. Das rechte Glas ist verschlossen. Eine Flüssigkeit auf seinem Grund bindet das Kohlenstoffdioxid der Luft, die sich im Glas befindet. Erkläre das Versuchsergebnis.

3 Plane ein Experiment, mit dem man überprüfen kann, ob eine Pflanze durch den Wind oder durch Insekten bestäubt wird. Schreibe eine genaue Versuchsanleitung dazu.

4 Beschreibe das Leben einer krautigen Pflanze im Jahresverlauf.

5 Nenne drei Möglichkeiten, wie Pflanzensamen verbreitet werden können.
Erläutere an zwei unterschiedlichen Beispielen, wie der Aufbau eines Samens an die Art seiner Verbreitung angepasst ist.

6 Erläutere, wie sich Pflanzen auch ohne Samen verbreiten können.

3 Versuch mit jungen Kressepflanzen

7 Samenpflanzen und die sie bestäubenden Insekten sind einander angepasst.
Ordne den Zitronenfalter, die Stubenfliege und die Honigbiene als Bestäuber jeweils einer der abgebildeten Blüten zu. Vergleiche dazu die Mundwerkzeuge und den Blütenaufbau. Entscheide und begründe deine Zuordnung. ↑4

8 Manche Orchideen, wie beispielsweise die in Bild ↑5 dargestellte Ragwurz, wenden einen besonderen Trick an, um mit ihren Blüten Insekten anzulocken.
Betrachte die Blüte genau. Erläutere, wie sie wahrscheinlich ihre Bestäuber anlockt. ↑5

4 Wer bestäubt welche Blüte?

5 Einzelblüte der Ragwurz

Teste dich!

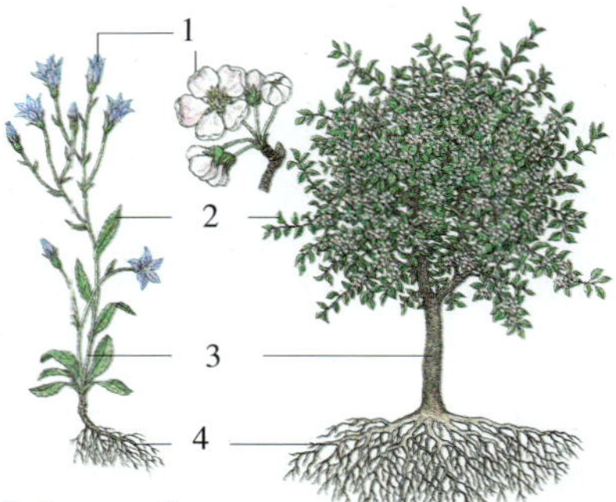

1 Samenpflanzen

1 Alle Samenpflanzen haben den gleichen Grundaufbau.

a Benenne die nummerierten Teile der Samenpflanzen (Bild ↑1).

b Nenne die Funktionen der Pflanzenorgane.

c Erläutere die Bedeutung der Bildung von Wurzelhaaren für die Wasseraufnahme durch die Pflanzen.

2 Zu den verschiedenen Jahreszeiten spielen unterschiedliche Vorgänge für die Pflanzen eine wichtige Rolle.

a Nenne vier Möglichkeiten der Überwinterung von Pflanzen.

b Erläutere die Bedeutung der Früchte für die Pflanzen, die sie produzieren.

c In manchen Gegenden kann man Birnenschnaps kaufen, bei dem eine ganze Birne in der Flasche ist (Bild ↑2). Erkläre, wie die Birne in die Flasche kommt, obwohl der Flaschenhals viel kleiner ist als die Birne.

2 Birnenschnaps

3 Damit Pflanzen wachsen können, müssen verschiedene Bedingungen erfüllt sein. Was sagst du zu folgenden Äußerungen?

a Jan kommt aus der Schule nach Hause und erzählt, dass er im Biologieunterricht gelernt hat, Pflanzen würden von Wasser und Luft leben. Das kann seine große Schwester Katrin nicht glauben und behauptet: „Pflanzen essen Licht." Wer von beiden hat Recht? Begründe.

b Tina ist zu Besuch bei ihrer Oma und hilft ihr im Garten. Dabei verteilen sie Kompost zwischen den Erdbeeren. Die Oma erklärt Tina: „Das ist, damit es die Pflanzen schön warm haben." Nimm zu dieser Aussage Stellung.

Die Farben zeigen, worauf es bei einer Aufgabe ankommt:
■ Sachverhalte wiedergeben ■ Wissen anwenden ■ komplexe Probleme lösen

› Die Lösungen findest du im Anhang.

Schätze deine Kenntnisse und Fähigkeiten ein.

Aufgabe	Lerngebiet/Fähigkeit	Lösungshilfe	Auswertung
1	Ich kann die Organe einer Samenpflanze benennen.	95–99	Ordne dazu deiner Lösung im Heft ein Smiley zu:
	Ich kann die Funktionen der Pflanzenorgane nennen.	95–99	☺ Ich konnte die Aufgabe richtig lösen.
2	Ich kann beschreiben, wie Pflanzen überwintern.	116–117	😐 Ich konnte die Aufgabe nicht komplett lösen.
	Ich kann die Bedeutung der Fruchtbildung für Pflanzen erklären.	107–111	☹ Ich konnte die Aufgabe nicht lösen.
	Ich kann die Entstehung der Flaschenbirne erklären.	106–107	
3	Ich kann die Stoffe nennen, die die Pflanzen zum Leben benötigen.	100–101	
	Ich kann Aussagen dazu kritisch bewerten.	100–101	

Lebensräume in meiner Nachbarschaft

Was würdest du sehen, wenn du über dein Wohngebiet fliegen könntest, zum Beispiel in einem Heißluftballon? Natürlich Häuser und Straßen, aber bestimmt auch Parks, Straßenbäume und Gärten, Gewässer und Felder. Eine Landschaft, egal ob Stadt oder Dorf, besteht aus verschiedenen Lebensräumen, die Pflanzen und Tiere beherbergen.

Schaust du dich in deiner Wohngegend oder auf dem Schulweg mal etwas genauer um, dann wirst du viele verschiedene

Pflanzen und Tiere

entdecken. Je nachdem was sie zum Leben benötigen, besiedeln Lebewesen ganz unterschiedliche

Lebensräume.

1 Wodurch unterscheiden sich die beiden Gärten? In welchem der beiden Gärten finden mehr Tierarten ihren Platz?

2 Brennnesseln zählen bei Gartenbesitzern zu den meistgehassten Pflanzen, andererseits sind sie Lebensgrundlage für mehrere Schmetterlingsarten. Wie kommt man aus der Zwickmühle heraus?

3 Die Spitzmaus wird als nützlicher Helfer im Garten bezeichnet. Warum wohl?

4 Die Blaumeise am Nistkasten ist leicht zu entdecken. Wer lebt wohl noch in diesem Baum?

5 Hier leben Pflanzen und Tiere auf engstem Raum. Welche Vorteile hat das für die Bewohner?

Ein Lebensraum – was ist das?

Vielleicht verlässt du deine Wohnung durch den Garten, gehst an einer Hecke, an Rasenflächen, unter Bäumen oder an einem Bach entlang oder du durchquerst einen Park. Egal, ob du eher in einer städtischen oder ländlichen Gegend wohnst, ganz bestimmt streifst du unterschiedliche Lebensräume, bis du das Schulgelände erreichst. Welches sind nun die Lebensräume, an denen du vorbeikommst? Was sind Lebensräume eigentlich?

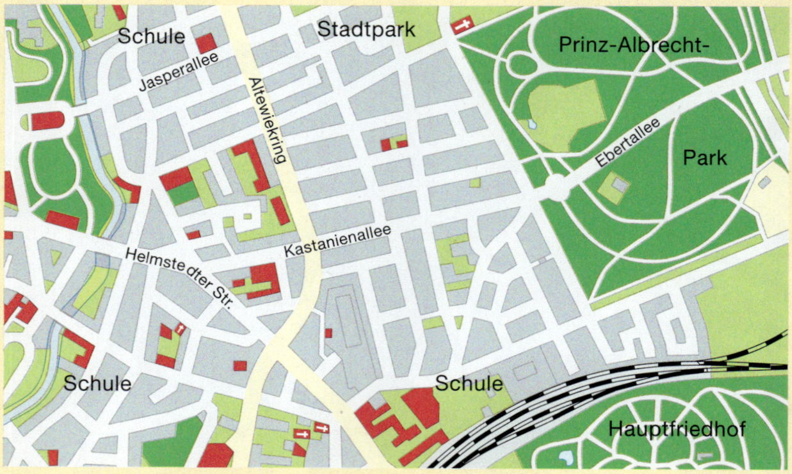

1 Ausschnitt aus einem Stadtplan

Lebensräume bieten Lebensbedingungen

2 Schulteich – artenreich oder artenarm?

Pflanzen und Tieren bewohnen für sie geeignete Lebensräume, auch Biotope genannt. Eine Hecke oder eine Wiese ist ein Biotop, aber auch ein einzelner Baum oder ein Wegrand. ↑4 Man spricht von artenreichen Lebensräumen, wenn in ihnen viele verschiedene Tier- und Pflanzenarten vorkommen. Kommen nur wenige Arten vor, spricht man von einem artenarmen Lebensraum.

Umweltfaktoren Jeder Lebensraum ist von ganz bestimmten Umweltbedingungen geprägt. Man bezeichnet sie als Umweltfaktoren. Dazu gehören Bodenbeschaffenheit, Lichtstärke, Feuchtigkeit, Windverhältnisse, Luft- und Bodentemperatur. ↑3 Pflanzen und Tiere haben unterschiedliche Ansprüche an die Umweltfaktoren. Die einen bevorzugen einen trockenen, der Sonne zugewandten Standort, die anderen eher feuchte und schattige Plätze. Unterschiedliche Lebensräume werden daher von verschiedenen Lebewesen besiedelt. Lebewesen sind an ihren Lebensraum angepasst.

3 Umweltfaktoren einer Bohnenpflanze

Beobachten Untersuchen Experimentieren

Auf dem Schulweg und auf dem Schulgelände findet ihr ganz unterschiedliche Lebensräume, die ihr untersuchen könnt.

Acker	landwirtschaftlich genutzte Fläche
Baum	besonders großer, alter Baum
Feldgehölz	kleines Wäldchen oder große Hecke auf landwirtschaftlicher Fläche
Feuchtgebiet	große Pfütze, Tümpel, nasse Wiese, Überschwemmungsgebiet
Garten	vom Menschen mehr oder weniger naturnah angelegte Fläche
Gewässer	Bach, Teich, Weiher, See, Fluss
Grüne Fassade	mit Kletterpflanzen begrünte Gebäudewand
Hecke	Kräuter, Sträucher und Bäume, in einer Reihe wachsend
Rasen	Fläche, die hauptsächlich aus Gräsern besteht; wird in kurzen Abständen gemäht und auch gedüngt
Trockenmauer	Mauer aus Natursteinen, die ohne Zement errichtet wurde
Wald	Laub-, Nadel- oder Mischwald

4 Verschiedene Lebensräume

1 Lebensräume am Schulweg

a Zeichne eine Karte deines Schulwegs. Zeichne die Lebensräume ein, die am Weg liegen. Nimm die Tabelle ↑4 (oben) zu Hilfe und fertige eine Liste an.

b Beschreibe und vergleiche die Lebensräume. Wodurch unterscheiden sie sich? Welche Tiere und Pflanzen kommen vor?

c Fertige Fotos von den einzelnen Lebensräumen an und beschrifte sie.

2 Lebensräume auf dem Schulgelände

a Besorgt euch einen Plan vom Schulgelände. Macht in Kleingruppen einen Rundgang und notiert, welche Lebensräume ihr auf dem Schulgelände findet.

b Wählt für jeden Lebensraum ein Zeichen oder eine farbige Schraffur und zeichnet sie in euren Plan ein.

c Wertet eure Untersuchung aus. Notiert, wie viele verschiedene Lebensräume ihr finden konntet und wie oft sie vorkommen. Vergleicht mit den Ergebnissen der anderen Gruppen.
Beurteilt, ob das Schulgelände abwechslungsreiche Lebensräume bietet.

5 Schulgarten

6 Trockenmauer

Lebensräume sind gekennzeichnet durch ganz bestimmte Umweltfaktoren wie Bodenbeschaffenheit, Feuchtigkeit, Temperatur, Licht- und Windstärke. Pflanzen und Tiere sind an die Umweltfaktoren ihrer Lebensräume angepasst.

Aufgaben

1 Vergleiche die Abbildungen 2, 5 und 6. Beschreibe, was einen Lebensraum ausmacht.

2 In so unterschiedlichen Lebensräumen wie Feuchtgebiet und Trockenmauer wirst du selten die gleichen Pflanzen und Tiere finden. Begründe.

3 Nenne Umweltfaktoren, die auf eine Zimmerpflanze wirken. Nimm Abbildung 3 zu Hilfe.

1 Angepasstheit von Pflanzen an trockene (A) und an feuchte (B) Standorte

Trockenpflanzen und Feuchtpflanzen

2 Die Silberdistel wächst an steinigen Hängen und auf Schafweiden. Ihre Wurzeln reichen tief in den Boden. Die Silberdistel ist geschützt.

Angepasstheit von Trockenpflanzen Wasser ist für alle Pflanzen lebensnotwendig. Doch wie ist es Pflanzen dann möglich, auch extrem trockene Lebensräume wie Steppen und Wüsten zu besiedeln? An trockenen Standorten können nur Pflanzen überleben, die ganz spezielle Anpassungsmerkmale besitzen. Solche Pflanzen nennt man Trockenpflanzen. ↑1,2

Anpassungsmerkmale von Trockenpflanzen	Vorteil für das Überleben der Pflanzen	Pflanzenarten (Beispiele)
tief reichendes Wurzelsystem;	gelangen an Wasser in großen Tiefen;	Silberdistel, Rundblättrige Glockenblume;
weit ausgebreitetes Wurzelsystem	große Wassermengen können in kurzer Zeit aufgenommen werden	Küchenschelle; Kakteen
verdickte Laubblätter oder Sprossachsen	Wasserspeicher, damit können lange Dürreperioden überlebt werden	Mauerpfeffer (Blatt), Fetthenne (Blatt); Kakteen (Sprossachse)
kleine und/oder stark behaarte Laubblätter	geringerer Wasserverlust über die Blattflächen	Glockenblume, Thymian; Königskerze

Pflanzen mit tief reichenden Wurzeln finden bei ausgetrocknetem Oberboden im Unterboden noch immer Wasser. Ist die Oberbodenschicht dünn und der Untergrund hart, dann können Pflanzen mit einem flachen, aber weit verzweigten Wurzelnetz bei Regengüssen rasch große Wassermengen aufnehmen.

Beim Mauerpfeffer und bei der Fetthenne sind die Blätter als dickfleischige Wasserbehälter ausgebildet. Als Verdunstungsschutz haben viele Trockenpflanzen kleine Blättchen oder die Blätter sind stark zerteilt. Häufig sind sie stark behaart. Thymian und Sonnenröschen haben kleine Blätter mit lederartig verdickter Haut.

3 Sumpfdotterblumen säumen schon im zeitigen Frühjahr diesen Bachrand.

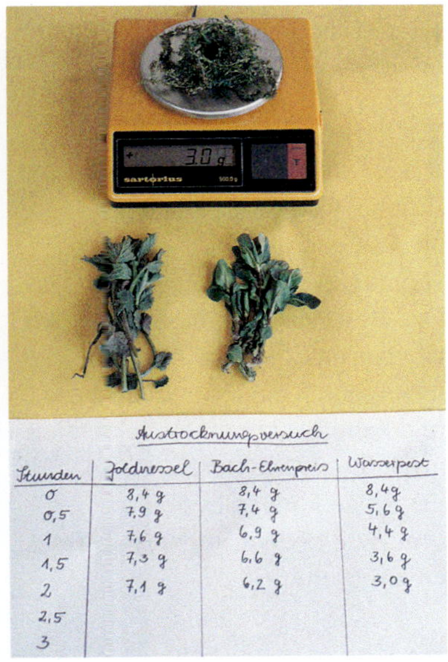

4 Austrocknungsversuch

Feuchtpflanzen Pflanzen, deren Lebensraum schattige Laubwälder, Sumpfgebiete oder Ufer von Bächen oder Flüssen sind, leiden selten an Wassermangel. Man nennt sie Feuchtpflanzen. ↑3,5 Da ihre Blätter immer von feuchter Luft umgeben sind, ist die Wasserverdunstung über die Spaltöffnungen der Blätter erschwert. Um genügend Mineralstoffe aus dem Boden aufzunehmen, müssen Feuchtpflanzen aber über die Laubblätter viel Wasser verdunsten. Dies wird durch ihre oft sehr großflächigen und dünnen Blätter ermöglicht. Die saftigen, großen herzförmigen Blätter der Sumpfdotterblume zeigen an, dass genügend Mineralstoffe und Wasser zur Verfügung stehen. Durch ihr weit verzweigtes, flaches Wurzelnetz versorgt sie sich mit Wasser. Die dem Rhabarber ähnlichen Blätter der Pestwurz sind so groß wie Kuchenbleche und vor allem auf der Unterseite behaart. Diese lebenden Haare verstärken die Verdunstung, so dass ebenfalls die Aufnahme von Mineralstoffen aus dem Boden beschleunigt wird.

5 Oft bedecken die riesigen Blätter der Pestwurz den Rand eines Baches auf weite Strecken.

Trockenpflanzen sind so gebaut, dass sie wenig Wasser verdunsten. Sie haben gut ausgebildete Wurzelsysteme, einige können Wasser speichern. Feuchtpflanzen haben oft großflächige Blätter sowie auch Haare, mit denen sie viel Wasser verdunsten können, die Blatthaut ist meist sehr dünn und wasserdurchlässig.

Aufgaben

1 Austrocknungsversuch
Benötigt werden: Sprossstücke einer krautigen Landpflanze, einer Feuchtpflanze und eventuell einer Wasserpflanze sowie eine Waage.
Durchführung: Schneide etwa gleich große Stücke von allen Pflanzen ab. ↑4
Lege die Pflanzenteile im Zimmer aus und wiege sie jede halbe Stunde, bis du sechs Messwerte ermittelt hast. Fertige ein Versuchsprotokoll an. Vergleiche die Messwerte und versuche sie zu erklären. ↑4

2 Vergleiche die Blätter von Feuchtpflanzen und Trockenpflanzen.

Leben auf, in und an Bäumen

In Parks, auf alten Friedhöfen oder an Alleen findet man große Bäume, die oft viele hundert Jahre alt sind und die uns viel aus vergangener Zeit erzählen könnten. Das Besondere an diesen Bäumen ist aber nicht nur ihr Alter. Sie stellen eigene Kleinlebensräume dar und beherbergen eine unglaublich große Zahl von Tieren. In einer alten Eiche können es 500 Arten sein. Wie können so viele Tiere in einem Baum leben?

1 Eine alte Eiche

Beobachten Untersuchen Experimentieren

Ein Baum und seine Bewohner

An einem großen, alten Baum auf dem Schulgelände oder in der Nähe könnt ihr vieles entdecken.

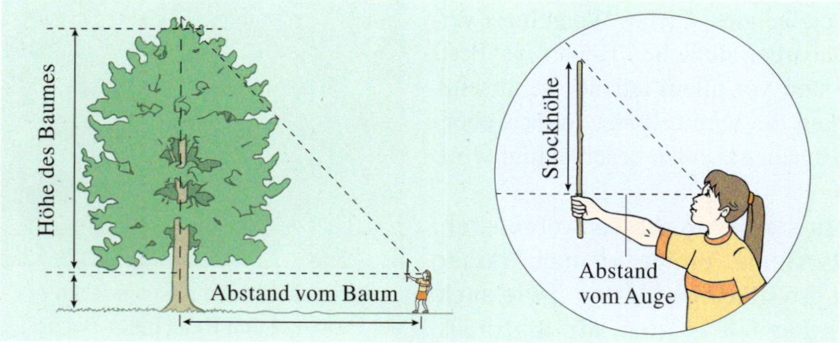

2 Wie hoch ist der Baum? – Stockmethode

1 Informiere dich über das genaue Alter eines alten Baums in deiner Nähe oder auf dem Schulgelände. Wann ist er gepflanzt worden? Wo kannst du dich erkundigen?

2 Schätze die Höhe des Baums ↑2 Halte den Stock so, dass Stockhöhe und Abstand vom Auge bei ausgestrecktem Arm gleich sind. Entferne dich so weit vom Baum, bis du die Baumspitze in einer Linie mit der Stockspitze siehst. Dein Abstand vom Baum entspricht nun der Baumhöhe.

3 Fertige einen Steckbrief für den ausgewählten Baum an. Wichtige Stichpunkte für einen Steckbrief sind: Stammumfang, Höhe, Kronenform, Laubaustrieb, Blattfall, Blütezeit, Blüten, Früchte.

4 Beobachte die Tiere, die sich im Baum aufhalten oder ihn besuchen. Notiere, um welche Tiere es sich handelt und was sie im Baum suchen (z. B. Nahrung).

5 Nenne Umweltfaktoren, die auf den ausgewählten Baum einwirken.

6 Begründe mithilfe der gesammelten Informationen, dass der Baum ein Lebensraum ist.

Ein alter Baum als Lebensraum

Nahrung, Nistplatz und Versteck Vor allem große, ältere Bäume sind ein Lebensraum für zahlreiche Tiere.
Die mächtige Baumkrone einer alten Eiche bildet einen dichten Dschungel. Dort können verschiedene Vögel wie Buntspechte oder Blaumeisen ihr Nest bauen. Eichhörnchen suchen nach Eicheln. Fledermäuse und Baummarder ↑5 bewohnen gerne alte Eichen als „Untermieter“.

Nahrungsbeziehungen Unter der rissigen Borke leben Pilze, Käferlarven und andere Insekten vom Holz der Eiche. Die Insekten wiederum dienen dem Kleiber und dem Buntspecht ↑4 als Nahrung. Der Marder lebt von Eiern und Küken der zahlreichen Vögel, aber auch von Insekten.
Am Boden sammeln Mäuse und Eichelhäher die Eicheln auf.
Zwischen den Pflanzen und Tieren gibt es also vielfältige Nahrungsbeziehungen. ↑S.158
Insekten, Schnecken, Asseln und Pilze ernähren sich vom am Boden liegenden Laub. Regenwürmer leben von den verrotteten Pflanzenteilen, die sie in die Erde ziehen, wo Bakterien und Pilze die Zersetzung fortführen. Schließlich werden im Waldboden Mineralstoffe freigesetzt, die Pflanzen zum Wachsen benötigen.

Der Lebensraum „Baum“ bietet vielen Tieren passende Lebensbedingungen und ermöglicht vielfältige Nahrungsbeziehungen.

Schon gewusst?

Gallinsekten in Vollpension
Im Sommer und Herbst kannst du an den Blättern vieler Bäume und Sträucher kugel- oder linsenförmige Wucherungen finden. Diese Gallen kommen an Eichen, Buchen, Pappeln, Ahorn, Weiden, Heckenrosen und Fichten vor. Sie haben unterschiedliche Formen. Weiche Gallen kannst du vorsichtig aufschneiden. Mit der Lupe erkennt man weiße, beinlose Larven. Sie sind aus Eiern geschlüpft, die meistens von Gallwespen in das Blatt gelegt worden sind.

Aufgaben

1 Nenne die verschiedenen Möglichkeiten, wie die unterschiedlichen Tiere die Eiche oder einen anderen großen, alten Baum nutzen.

2 Erstelle mithilfe des Textes eine Liste der verschiedenen Tiere und ihrer jeweiligen Nahrung.

3 Die Kreuzspinne fängt in ihrem Netz Insekten.

4 Buntspecht

3 Fertige Steckbriefe zu den abgebildeten Tieren an. ↑3, 4, 5 Informiere dich in Büchern oder im Internet.

5 Baummarder

4 Suche Blätter mit Gallen. Im Herbst kannst du Eichenblätter mit Gallen in ein Marmeladenglas geben, das mit feinem Gardinenstoff verschlossen wird. Vielleicht schlüpfen nach einigen Tagen oder Wochen Gallinsekten aus.

Methode

Laubbäume nach Blättern bestimmen

Um einen Baum zu bestimmen, kann man verschiedene Merkmale betrachten: die Blätter, die Blüten und Früchte, das Aussehen der Rinde, die Gestalt des Baums. Laubbäume lassen sich besonders leicht anhand ihrer Blattformen und Blattränder unterscheiden. ↑1 Mit dem folgenden Bestimmungsschlüssel kannst du einen Baum anhand eines Blattes bestimmen. Beginne dazu bei „Start" und entscheide dich jeweils zwischen zwei Möglichkeiten.

1 Bau von Laubblättern

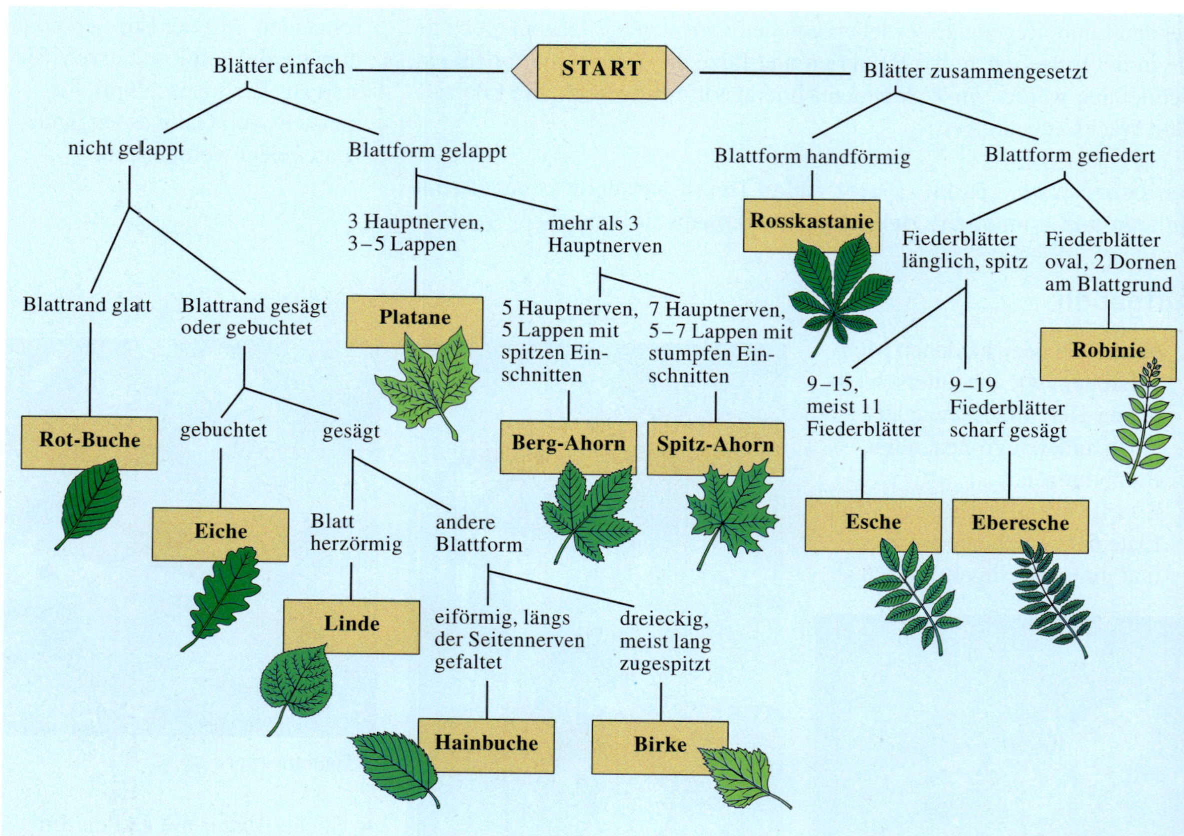

2 Bestimmungsschlüssel für einheimische Laubbäume

Aufgaben

1 Sammle in deiner Umgebung Blätter verschiedener Bäume und versuche, sie mithilfe des Bestimmungsschlüssels zu bestimmen.

2 Sammelt Blätter auf dem Schulgelände und bestimmt sie. Fertigt ein Plakat mit der Überschrift „Bäume und Sträucher auf dem Schulgelände" an. Klebt die Blätter auf und beschriftet sie.

Kartieren: Baumarten auf dem Schulgelände

Das Kartieren ist eine Methode, mit der Biologen die Pflanzenarten auf einer bestimmten Fläche oder in einem Lebensraum ermitteln. Dazu werden die Pflanzen zunächst bestimmt. Anschließend wird auf einer Karte eingetragen, wo die betreffenden Pflanzenarten wachsen. So kann man sich ein „Bild“ von einem Lebensraum machen und kann zum Beispiel auch herausfinden, ob er artenreich oder eher artenarm ist.

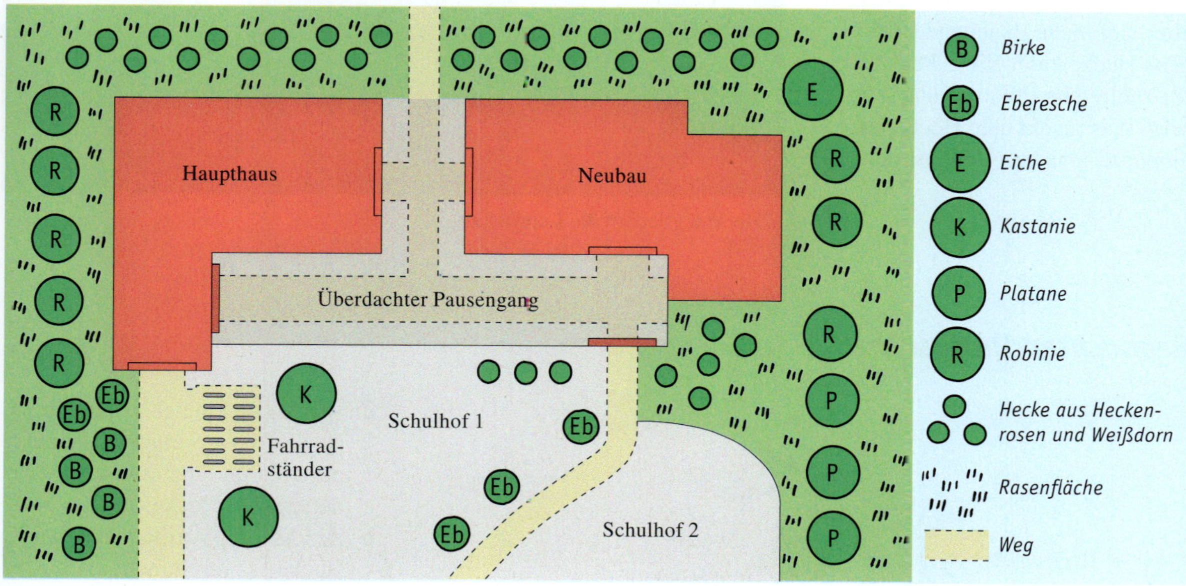

3 Beispiel für eine Kartierung

1 Material:
Schreibzeug, Schreibunterlage, Karte vom Schulgelände, Bestimmungsbücher für Bäume und Sträucher. Nehmt auch den Bestimmungsschlüssel von Seite 136 zu Hilfe sowie die Abbildungen auf S. 140 und 141.

2 Durchführung:
a Bestimmt die Bäume. Teilt dazu das Schulgelände in mehrere Abschnitte ein. Am einfachsten wird es im Sommer oder im frühen Herbst sein, wenn die Bäume Blätter und zum Teil Früchte haben.
b Legt eine Legende für die verschiedenen Baumarten an, zum Beispiel Kreise mit den Anfangsbuchstaben, also B für Buche, E für Eiche usw. ↑3
c Besorgt euch eine Karte vom Schulgrundstück, in die ihr die Bäume einzeichnen könnt. Wenn ihr einen Baum bestimmt habt, tragt ihn in eure Karte mit dem entsprechenden Zeichen an der richtigen Stelle ein. ↑3
d Im Klassenraum werden die Eintragungen in eine große Karte übertragen.

3 Auswertung:
Anhand der Kartierung könnt ihr eine Liste aller Baumarten erstellen. Diskutiert die Anzahl der Arten und deren Standort. Würdet ihr etwas ändern?

4 Spitz-Ahorn, ein häufiger Laubbaum

Lebensraum Hecke

Eine Hecke ist doch nichts Besonderes, eher langweilig, wirst du vielleicht denken. Das trifft für manche Hecken zu, die als Begrenzung und Sichtschutz gepflanzt werden. Oft sind Hecken aber viel mehr als lebende Zäune. Eine Hecke kann ein Lebensraum für zahlreiche Pflanzen und Tiere sein. Was macht eine Hecke zu einem besonderen Lebensraum?

1 Hecken gliedern die Landschaft.

Beobachten Untersuchen Experimentieren

2 Aufbau einer naturnahen Hecke

Hecke ist nicht gleich Hecke
Wenn du dir Hecken näher anschaust, wirst du feststellen, dass sie gar nicht so langweilig sind. Hecken können nämlich ganz unterschiedlich aussehen. Du findest sie auf Feldern, in Gärten, Parks und vielleicht auch auf dem Schulgelände.

1 Nenne Vor- und Nachteile einer Gartenhecke im Vergleich zu einem Zaun.

3 Geschnittene Hecke

2 Vergleiche eine geschnittene Hecke, die aus einer Pflanzenart besteht, mit einer artenreichen, naturnahen Hecke. ↑1–3

a Zeichne den Aufbau einer Hecke ↑2 vereinfacht in dein Heft ab.

b Lies den Text zum Aufbau einer Hecke gründlich, schreibe die Fachausdrücke heraus. ↑S. 139 Beschrifte in deiner Zeichnung die Bereiche der Hecke (A–D).

c Zeichne den Querschnitt einer geschnittenen Hecke. ↑3 Vergleiche mit deiner Zeichnung der naturnahen Hecke.

d Erläutere, warum eine artenreiche Hecke einem Waldrand ähnelt. Nenne Unterschiede.

3 Bestimme Heckenpflanzen im Garten oder auf deinem Schulweg. ↑S. 136, 140 und 141

4 Erkundige dich in einer Baumschule, welche Heckenpflanzen im Garten verwendet werden. Erstelle Steckbriefe mit Bildern aus Pflanzenkatalogen.

Hecken – mehr als lebende Zäune

Aufbau einer Hecke In der offenen Landschaft sind Hecken entlang von Wegen, Feldrändern, Bahndämmen und Gräben zu finden. Höhere Hecken besitzen einen inneren Bereich, die Kernzone (C). Hier können auch hohe Sträucher und Bäume wachsen, deren Kronen das Dach der Hecke bilden (A). Auf beiden Seiten schließt sich eine Mantelzone (B) aus niedrigen und höheren Sträuchern an. Die Saumzone (D) besteht aus krautigen Pflanzen und Gräsern. Typisch für den Saum sind oft Rainfarn, Echtes Johanniskraut und die Große Brennnessel. ↑5–7 An der Südseite wachsen wegen der stärkeren Sonneneinstrahlung andere Pflanzen als an der Nordseite. Eine artenreiche Hecke ähnelt im Aufbau einem Waldrand, bei dem man sich den Wald wegdenkt. Hecken haben auch eine Schutzfunktion: Sie brechen den Wind, schützen den Boden vor Austrocknung, Verwehung und Abschwemmung und bremsen herablaufendes Regenwasser. ↑S. 142 und 143

4 Naturnahe Hecke

Naturnahe Hecken Sie bestehen aus vielen verschiedenen, überwiegend einheimischen Pflanzen. Am Saum der Hecke wachsen verschiedene Kräuter, im Inneren zahlreiche Sträucher und Bäume. ↑S. 140 und 141 Solche artenreichen Hecken bieten einen vielfältigen Lebensraum. Außerdem machen sie die Landschaft abwechslungsreicher. Deshalb müssen sie erhalten bleiben und neue naturnahe Hecken gepflanzt werden.

Hecken wie grüne Zäune Meist siehst du Hecken, die nur aus einer Pflanzenart (z. B. Liguster oder Eibe) bestehen und regelmäßig mit der Heckenschere geschnitten werden. Solche Hecken werden als Grundstücksbegrenzung gepflanzt. Sie sind zwar als Sichtschutz geeignet, können aber nur für wenige Tierarten Schutz, Brutplatz oder Nahrungsquelle sein.

Hecken wirken als Wind- und Lärmschutz, filtern Staub und beeinflussen Temperatur und Feuchtigkeit in der nahen Umgebung. Artenreiche, naturnahe Hecken gliedern die Landschaft und machen sie abwechslungsreicher.

5 Rainfarn

6 Echtes Johanniskraut

7 Große Brennnessel

Beobachten Untersuchen Experimentieren

Was wächst in unserer Hecke?

Untersucht eine Hecke, in der verschiedene Pflanzenarten wachsen, oder eine Gehölzhecke auf dem Schulgelände oder in der Nähe der Schule. Bestimmt die Bäume und Sträucher und führt eine Kartierung durch. ↑S.137

Material:
Schreibzeug und Schreibunterlage, Zollstock, Bestimmungsbücher sowie die Abbildungen auf dieser Doppelseite.

Durchführung:
Arbeitet in kleinen Gruppen. Markiert einen Abschnitt einer Hecke (z. B. 5 m lang) mit farbigen Bändern. Bestimmt die Bäume und Sträucher anhand der Blätter, Blüten und Früchte.

Dornen oder Stacheln?
Dornen entspringen aus dem Holz, Stacheln dagegen werden aus der Rinde einer Pflanze gebildet und lassen sich leicht ablösen.

Auswertung:
Erstellt eine Liste der Pflanzenarten, die ihr gefunden habt. Fertigt eine Skizze an, in der ihr die Verteilung der Pflanzenarten in der Hecke eintragt. ↑S.137
Bestimmt und kartiert zusätzlich die Kräuter am Saum der Hecke. Nehmt eine Bewertung vor: Handelt es sich eher um eine artenreiche Hecke oder um eine, in der nur wenige Pflanzenarten vorkommen?

Blühende Sträucher der Hecke
Im Frühling ziehen blühende Kornelkirschen, verschiedene Weiden und andere blühende Sträucher viele Insekten an, vor allem Honigbienen. Für sie sind Nektar und Blütenpollen wertvolle Nahrung. Nebenbei übernehmen sie bei der Nahrungssuche die Bestäubung.

1 Blüten von Heckenpflanzen

Früchte von Heckenpflanzen
Die meisten Früchte reifen im Sommer und Herbst. Die roten, blauen und schwarzen Früchte sind für die Vögel eine nährstoffreiche Kost, Schlehen und Hagebutten bis in den Winter hinein. Meist sorgen Vögel für die Samenverbreitung.

2 Früchte von Heckenpflanzen

Typische Heckenbäume
In größeren artenreichen Hecken, die weitgehend naturbelassen sind, wachsen auch Bäume. Außer den gezeigten Arten stehen mitunter auch Schwarzerle, Esche und Stieleiche in Hecken.

3 Heckenbäume

Aufgaben

1 Zu welchen auf Seite 140 abgebildeten Sträuchern gehören die Früchte in den Abbildungen unten? ↑4–6 Ordne zu.

2 Schneide mit einem Messer vorsichtig durch einen Stängel der Heckenrose und der Schlehe. Welche Pflanze hat Dornen, welche Stacheln? Begründe.

4

5

6

Historisches

1 Hecken gliedern die Landschaft.

Aus der Geschichte

Schon im Mittelalter dienten Hecken als lebende Zäune. Äcker wurden durch Hecken gegen das frei weidende Vieh geschützt. Zusätzlich verhinderten sie im oft sehr windigen Norddeutschland die Austrocknung und Verwehung des Bodens. Bereits im 17. und besonders in der zweiten Hälfte des 18. Jahrhunderts wurden als Knicks bezeichnete Hecken auf etwa ein Meter hohen Erd- und Steinwällen angepflanzt. Die Hecken wurden so genannt, weil ihre Triebe nicht geschnitten, sondern umgeknickt wurden. Besonders in den letzten 50 Jahren wurden diese Wallhecken zum Hindernis für die Landwirtschaft. Um immer größere Flächen mit großen landwirtschaftlichen Maschinen bearbeiten zu können, wurden viele Knicks beseitigt, in manchen Gegenden etwa zwei Drittel.

Beobachten Untersuchen Experimentieren

Schutzwirkung der Hecken

Hecken schützen vor fremden Blicken und vor Eindringlingen. Das ist offensichtlich. Schützen sie auch vor Staub, Lärm, Austrocknung und anderen Umwelteinflüssen? Ihr könnt dies mit folgenden Versuchen herausfinden. Fallen euch weitere Versuche ein?

1 Können Hecken den Wind bremsen? – Modellversuch

Material: Backblech, Vogelsand, Fön, Eisenharke (Rechen), Handfeger, Brett (ca. 10 cm hoch)

Durchführung:

a Streue Sand gleichmäßig auf das Backblech. Erzeuge mit dem Fön künstlich Wind. ↑2

b Wiederhole den Versuch und verwende als Hindernis eine Harke.

c Wiederhole den Versuch und verwende als Hindernis die Borsten eines Handfegers.

d Wiederhole den Versuch und verwende als Hindernis ein Brett.

Auswertung:

Wofür stehen in dem Modell der Sand, der Fön und die verschiedenen Hindernisse? Vergleicht die Wirkung des Windes bei a–d. Notiert eure Beobachtungen. Beschreibt, wie eine Hecke aussehen muss, die sich besonders gut als Windschutz eignet.

2 Versuchsdurchführung

2 Hecken gegen Lärm?

Ist eine Hecke ein wirkungsvoller Lärmschutz? Stellt eine Vermutung auf. Erstellt einen Versuchsplan, mit dem ihr eure Vermutungen überprüfen könnt. Führt den Versuch durch und protokolliert alle Arbeitsschritte und Ergebnisse. Hat sich eure Vermutung bestätigt?

3 Hecken als Filter gegen Staub?

Material: durchsichtige, doppelseitige Klebestreifen, Streichholzschachteln, Bindfaden, Lupe (eventuell Stereolupe oder Mikroskop), Stift

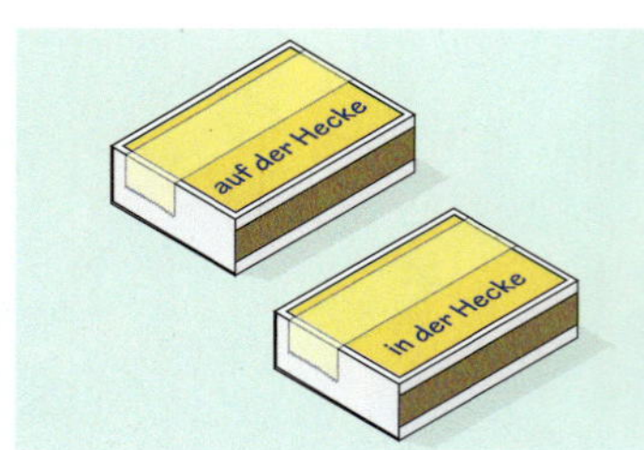

3 Vorbereitung der Streichholzschachteln

Durchführung:

a Überzieht mehrere Streichholzschachteln mit Klebestreifen. ↑3

b Wählt eine Hecke an einer Straße. Überlegt, wo ihr die Schachteln anbringen wollt. Beschriftet sie, damit ihr später wisst, wo sie standen oder hingen.

c Verteilt die Schachteln mit der Klebeseite nach oben auf die verschiedenen Stellen der Hecke (außerhalb der Hecke, vor, hinter, in der Hecke).

d Sammelt die Schachteln nach einem Tag ein.

5 Windmesser

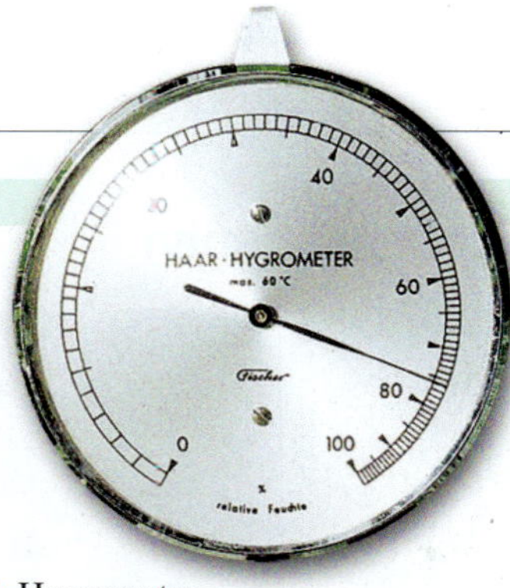

4 Hygrometer

Auswertung:

Untersucht die Klebestreifen mit der Lupe oder der Stereolupe und vergleicht sie miteinander. An welchen Stellen haben sich viele, wo nur wenige Staubteilchen festgesetzt?

Tragt die Ergebnisse in eine Tabelle oder in eine Zeichnung (Querschnitt oder Draufsicht der Hecke) ein. Beurteilt die Wirkung der Hecke als Staubfilter.

4 Prima Klima hinter der Hecke?

Material:

Digitalthermometer, Windmesser, Feuchtigkeitsmesser (Hygrometer) ↑4–6

7 Untersuchung von Klimafaktoren

Durchführung:

a Stellt Vermutungen darüber an, wie sich Temperatur, Windstärke und Feuchtigkeit in, vor und hinter einer Hecke unterscheiden.

b Legt mit farbigen Bändern fest, wo ihr messen wollt. Wählt Messstellen dicht vor und hinter der Hecke, in größerem Abstand (ca. 5 m und 10 m) und im Kern der Hecke.

c Bereitet einen Plan oder eine Tabelle vor und tragt die Messstellen ein.

d Führt dann an verschiedenen Stellen der Hecke Messungen (jeweils Temperatur, Wind und Feuchtigkeit) durch und tragt die Messwerte ein.

Auswertung:

Bestimmt, wo sich der Windschatten und wo die Windseite der Hecke befinden. Unterscheiden sich dort Temperatur und Feuchtigkeit? Vergleicht die Werte an den verschiedenen Messstellen.

6 Digitalthermometer

Aufgaben

1 Ergänze den von dir gezeichneten Aufbau einer Hecke. ↑Aufgabe 2 S.138
Markiere die Zonen der Hecke mit verschiedenen Farbtönen. Wähle für schattige, feuchte Bereiche ein dunkles Grün, für sonnigere und trockenere Bereiche ein helles Grün.
Trage für Licht-, Luft- (Wind-) und Feuchtigkeitsverhältnisse folgende Zeichen ein: (++), (+), (o), (–).*

2 Vergleiche eine Gartenhecke, die als „grüner Zaun" wirken soll, nur aus einer Pflanzenart besteht und regelmäßig geschnitten wird, mit einer naturnahen Hecke.

* Erläuterung der Zeichen:
(++): stark;
(+): mäßig;
(o): windstill;
(–): dunkel bzw. trocken.

Artenvielfalt in naturnahen Lebensräumen

Naturnahe Hecken, Wälder sowie Gewässer wie Flüsse, Seen, Teiche und Weiher sind Lebensräume, in denen wir von Jahr zu Jahr immer wieder dieselben jeweils typischen Arten von Pflanzen, Tieren und Pilzen finden und beobachten können. Um ihre Lebensräume zu schützen und zu erhalten müssen wir diese Lebensgemeinschaften genauer untersuchen. Warum sind naturnahe Lebensräume bedroht? Wie können sie erhalten werden?

1 Igel in einer Hecke

2 Ein Lebensraum für viele Tierarten

So viele Tierarten in einer Hecke?

Wer sieht einer naturnahen Feldhecke schon an, dass sie eine einmalige Artenvielfalt beherbergt? Mehr als 1 000 Tierarten entdeckten Biologen in Feldhecken: acht Kriechtierarten, fast 20 verschiedene Säugetiere, knapp 40 Vogelarten und rund 1 000 Insekten- und Bodentierarten. Diese leben ständig oder zeitweilig im Lebensraum Hecke und sind auf ihn angewiesen. Für manche Kleinsäuger ist eine dichte Hecke ein ideales Versteck, beispielsweise für Feldhase, Igel und Spitzmaus. Viele Tiere suchen hier auch ihre Nahrung oder nutzen die Hecke als Stützpunkt für die Jagd. Zahlreiche Vögel finden in der Hecke einen Nistplatz. ↑2

Beobachten Untersuchen Experimentieren

3 Häufige Kleintiere in Hecken

Safari zu den Heckentieren

Wenn ihr euch auf Heckensafari begebt, werdet ihr staunen, wie viele Tiere ihr entdecken könnt. Besonders Kleintiere wie Insekten, die auf den ersten Blick nicht zu sehen sind, könnt ihr leicht finden.

1 Beobachtet zunächst verschiedene Heckenabschnitte vorsichtig zu verschiedenen Tageszeiten. Könnt ihr eines der auf S. 146 abgebildeten Tiere entdecken?

4 Gefäße und Geräte zum Fangen

2 Bestimmt und beobachtet die Vögel in der Hecke. ↑S.147

3 Kleintiere fangen

Material: Verschiedene Gefäße, Geräte zum Fangen ↑4, Regenschirm oder weißes Tuch, Schuhkarton, Stock, Schreibzeug, Schreibunterlage, Fotokamera, Bestimmungsbücher, Karte der Hecke, Etiketten

Durchführung: Manche Tiere kannst du direkt mit einem Gefäß einfangen oder du lässt sie vorsichtig hineinkriechen. Schließe dann den Deckel. Sehr kleine Tiere kannst du mit einem Pinsel aufnehmen oder mit dem Fanggerät (Exhaustor) aufsaugen.

Bei der Abklopfmethode klopfst du mit einem Stock ein Mal kräftig auf einen Ast, ohne ihn vorher berührt zu haben. Vorher hast du ein weißes Tuch oder einen geöffneten Regenschirm daruntergelegt. Nun brauchst du die heruntergefallenen Tiere nur aufzusammeln.

Auswertung: Versuche die gefangenen Tiere zu bestimmen. Haben die Tiere 6 Beine (= Insekten), 8 Beine (= Spinnen) oder mehr als 8 Beine oder keine Beine? Nimm Abbildung 3 zu Hilfe. Notiere den Fundort. Trage deine Funde in die Karte der Hecke ein.

Beachte: Wenn die Tiere bestimmt sind, setze sie wieder in ihrem Lebensraum aus!

Fangt nicht alle Tiere – manche sind geschützt!
Lurche wie Erdkröte und Grasfrosch, aber auch Kriechtiere wie Eidechse und Ringelnatter unterliegen der Artenschutzverordnung. Sie sind ganzjährig geschützt und dürfen nicht gefangen werden. Bestimme sie an Ort und Stelle oder zeichne oder fotografiere sie. Das gleiche gilt für Tiere, die zart und verletzlich sind. Schmetterlinge solltest du aus diesem Grunde nicht einfangen, sondern gleich zu bestimmen versuchen.

Gut versteckte Tiere

Nur mit etwas Glück wirst du das eine oder andere dieser Tiere beobachten können. Meistens wirst du ihnen zufällig begegnen. Manche sind scheu oder halten sich eher in der offenen Landschaft in der Nähe von Hecken und Feldgehölzen auf, andere sind überwiegend nachtaktiv.

Steckbrief Igel

Merkmale: Kopf-Rumpf-Länge bis 35 cm, Gewicht 400 bis 1 900 g
Lebensraum: Gärten, Parks, Heckenlandschaften, lichte Wälder
Lebensweise: dämmerungs- und nachtaktiver Einzelgänger
Nahrung: Schnecken und Insekten (Igel sind wichtige Nützlinge!)
Gefährdung: vor allem durch den Straßenverkehr. Die Beseitigung von Hecken und Feldgehölzen und das Aufräumen von Parks und Gärten mit Laubsaugern schränken den natürlichen Lebensraum ein.

1 Tiere in Hecken

Aufgaben

1 Informiere dich über die oben abgebildeten Tiere und erstelle Steckbriefe ähnlich wie für den Igel.

2 Fertige eine Tabelle an, die zeigt, für welche der abgebildeten Tiere die Hecke vor allem Nistplatz, Versteck, Stützpunkt für die Jagd, Schlafplatz oder Nahrungsquelle ist. ↑1 und 2 S.144

Beobachten Untersuchen Experimentieren

Vögel beobachten

Hecken sind Lebensräume für zahlreiche Vogelarten. Sie bieten den Vögeln Nahrung und Nistplätze. An und in der Nähe von naturnahen Hecken kannst du deshalb besonders viele Vögel beobachten. Achte darauf, dass du die Vögel dabei nicht störst. ↑S.42

Material: Notizbuch, Schreibzeug, Fernglas, Vogelbestimmungsbuch.

Durchführung:

1 Zunächst ist es vorteilhaft, wenn du eine Vogelart beobachtest, die du schon kennst, zum Beispiel den Haussperling. ↑2 Der Sperling ist nicht scheu und findet sich häufig dort ein, wo Essensreste zu finden sind. Versuche, Männchen und Weibchen zu unterscheiden. Beschreibe das Verhalten.

2 Beobachte andere Vögel in unterschiedlichen Lebensräumen (z. B. Park, Feld, See). Bestimme und notiere alle Arten, die du beobachten kannst. Beschreibe so genau wie möglich Aussehen, Verhalten und Vorkommen. Vergleiche Männchen und Weibchen.

3 Beobachte Vögel im Frühjahr an einem Nest oder einem Nistkasten.
Protokolliere, wie oft die Altvögel zum Nest oder Nistkasten kommen, welche Nahrung sie mitbringen, ob beide Elterntiere füttern. Ab wann kannst du Jungvögel hören? Ab wann kann man sie sehen?

2 Sperling beim Baden

4 Beobachte besonders im Sommer Vögel beim Baden in einer Pfütze, einer Vogeltränke oder im Gartenteich. Protokolliere, welche Vogelarten zum Baden kommen und wie sich Tiere unterschiedlicher Arten verhalten. Baden sie miteinander?

Auswertung:

1 Protokolliere alle Beobachtungen und trage sie in einen Protokollbogen ein. ↑3

2 Lege ein Vogelbeobachtungsbuch an. Notiere über längere Zeit deine Beobachtungen zu einer Vogelart.

Vogelart	*Aussehen*	*Verhalten*	*Ort*	*Datum/Uhrzeit/Wetter*
Sperling (Männchen)		*badet in einer Pfütze*	*Schulhof*	*6. April, 13.10–13.15 Uhr, bewölkt*
Elstern (2)	*schwarz-weiß, langer Schwanz*	*suchen Futter im Abfallkorb; lautes Rufen, wie „schack schack schack"*	*Rand des Schulhofs*	*13. April, 11.15–11.30 Uhr, sonnig*

3 Protokollbogen

1 Ein naturnah gewachsener Mischwald ist stockwerkähnlich aufgebaut.

2 Wildschweine sind typische Bewohner unserer heimischen Wälder.

Aufgabe

Wende schrittweise die Methode „Wie lese ich einen Text?“ ↑S.13 auf den Text „Lebensraum Mischwald“ an. ↑S.148–150 Halte mithilfe deiner Notizen einen Kurzvortrag über den Inhalt des Lesetextes.

Lebensraum Mischwald

Lebensräume für Pflanzen und Tiere Unter den Lebensbedingungen der wie naturnahe Hecken stockwerkähnlich aufgebauten Mischwälder können viele Pflanzenarten leben. ↑1
Wir unterscheiden Boden-, Moos-, Kraut-, Strauch- und Baumschicht. Die Pflanzen dieser Schichten bieten in unseren heimischen Wäldern insgesamt Lebensräume für etwa 6 800 Tierarten.

Bodenschicht Im Gegensatz zu den meist dunklen Nadelbaumforsten ist es am Boden der Mischwälder oft durch die Sonneneinstrahlung heller und wärmer. Wie ein Netzwerk durchziehen Wurzeln und Pilzfäden den Waldboden, aus dem sie Wasser, Sauerstoff und Mineralstoffe aufnehmen. Regenwürmer, Schnecken, Asseln, Springschwänze, Käfer und Insektenlarven sowie viele Bakterien und andere Kleinstlebewesen leben hier. Sie alle ernähren sich von der Bodenstreu aus Laub, abgefallenen Zweigen, Blütenteilen, Früchten sowie anderen natürlichen Abfällen und zersetzen sie dabei. ↑S.158 Dadurch entstehen stets neue Mineralstoffe für die Ernährung der Pflanzen. Darüber hinaus wird der Waldboden gelockert. So wird er stärker durchlüftet und kann besser Wasser aufnehmen.

Moosschicht An Baumstümpfen, morschen Stämmen oder dort, wo die Bodenstreu den feuchten Waldboden nicht bedeckt, finden wir Laubmoose. ↑5
In den Moospolstern stehen viele Moospflänzchen dicht beieinander. Dadurch sind sie besser vor Austrocknung geschützt. Man sieht deutlich die Stämmchen und die dünnen Laubblättchen, mit denen sie Wasser und Nährstoffe aufnehmen. Wurzelähnliche Fäden dienen ihnen zur Verankerung im Boden.

Moospolster speichern etwa das Siebenfache ihrer Masse an Wasser. Nach einem Regenguss bleibt der Waldboden dadurch bis zu 14 Tagen feucht. Gleichzeitig verhindern die Moose, dass die Walderde weggespült wird. ↑3
Die Fortpflanzung der Moose erfolgt durch Sporen: Das sind lebende Teilchen, die in einer meist lang gestielten Sporenkapsel gebildet werden. ↑5
Viele Tiere suchen in Moospolstern Schutz und Nahrung. Schnecken und Insektenlarven ernähren sich von den hier wachsenden Hutpilzen. ↑S.16
Pilze zersetzen Reste von Pflanzen und Tieren. Hut und Stiel der Pilze bilden den Fruchtkörper. Er dient der Fortpflanzung. An der Hutunterseite bilden sich in Röhren oder an kleinen Blättchen Sporen. Danach unterscheiden wir Röhrenpilze und Blätterpilze. ↑4 Die staubfeinen Sporen werden durch den Wind verbreitet. Aus ihnen entsteht im Boden ein neues Pilzfadengeflecht. Bei ausreichenden Nährstoffen sowie genügend Feuchtigkeit und Wärme wachsen daraus neue Fruchtkörper.

Krautschicht Im Frühjahr, wenn die Laubblätter der Bäume noch nicht entfaltet sind, fallen uns auf dem Waldboden vor allem das weiß blühende Busch-Windröschen, das hellblaue Leberblümchen und das gelbe Scharbockskraut auf. Wie alle Frühblüher haben sie unterirdische Speicherorgane. Zur Krautschicht zählen auch Gräser, Farnpflanzen (Farne, Schachtelhalme und Bärlappe) sowie niedrige Sträucher. Farnpflanzen bestehen aus Wurzel und Spross. Bei den Farnen fallen die großen Laubblätter – die Farnwedel – auf. An ihrer Unterseite bilden sich im Spätsommer Sporenkapselhäufchen, in denen Sporenkapseln mit vielen Sporen enthalten sind. Sehr häufig sind der Adlerfarn und der Wurmfarn.
In der Krautschicht leben einige Lurche, Kriechtiere und Säugetiere. Laubsänger, Baumpieper und Zaunkönige brüten hier in gut getarnten Nestern. Zwischen Gräsern und Sträuchern findet man Spinnen, Schnecken und Insekten. An hellen Standorten errichten Waldameisen oft gewaltige Hügel aus Nadeln und zerkleinertem Holz. Sie ernähren sich von den süßen Ausscheidungen der Blattläuse, den öl- oder zuckerhaltigen Samen der Veilchen und Taubnesseln sowie von Kleintieren. Ein Ameisenvolk kann im Jahr etwa 8 Millionen Insekten oder deren Larven vertilgen.

3 Moospolster sind Wasserspeicher.

4 Der Steinpilz ist ein Röhrenpilz.

5 Laubmoos mit Sporenkapseln

6 Waldschachtelhalm

7 Blühendes Scharbockskraut

Schon gewusst?

Von seiner Schnabelform können wir auf die Nahrung eines Vogels schließen. Beispielsweise haben Meisen einen spitzen Schnabel, mit dem sie wie mit einer Pinzette kleine Insekten fangen. Greifvögel können mit ihrem Hakenschnabel Beutetiere zerteilen.

3 Schnabelform und Nahrung

4 Manchmal finden wir an einem Baum mehrere Spechthöhlen.

1 Berberitze

2 Traubenkirsche

Strauchschicht Zur Strauchschicht gehören Sträucher und junge Bäume bis zu etwa 5 m Höhe. Hasel, Vogelbeerbaum, Pfaffenhütchen, Holunder, Berberitze und Traubenkirsche wachsen an lichten Stellen des Waldes oder am Waldrand. Efeu und Wald-Geißblatt wachsen zum Licht hin „kletternd“ an anderen Pflanzen. In der Strauchschicht finden viele Vogelarten Nahrung und Unterschlupf. Manche tragen zur Verbreitung von Pflanzen bei, indem sie, wie z. B. Hänflinge, Buchfinken und Gimpel Samen und Beeren oder, wie die Eichelhäher, vor allem Nüsse und Eicheln fressen. Kohlmeisen und Rotkehlchen suchen nach Insekten und Spinnen. Wildschweine verstecken sich im Unterholz. Hirsche und Rehe finden zwischen den Sträuchern Deckung und Futter.

Baumschicht Die Kronen und Stämme der Laub- und Nadelbäume bilden das oberste Stockwerk des Mischwaldes. Die Blüten der meisten Baumarten werden durch den Wind bestäubt. Von ihren Früchten, Laubblättern, Säften, Knospen, von ihrem Holz und ihrer Rinde ernähren sich viele Tiere. Käfer, Schmetterlinge, Raupen und Blattläuse gehören wiederum zur Nahrung vieler Vögel. Meisen turnen im Gezweig, Kleiber suchen die Rinde nach Insekten ab. Spechte hämmern Löcher in kranke Bäume und erbeuten mit ihrer klebrigen Zunge Borkenkäfer. Eichhörnchen knacken Haselnüsse. Baummarder suchen nach ihrer Beute, zu der Vögel und Eichhörnchen gehören. In manchen Baumkronen nisten Habichte.

In einem naturnahen Mischwald können wir als „Stockwerke“ die Baumschicht, die Strauchschicht, die Krautschicht, die Moosschicht und die Bodenschicht unterscheiden. Die Schichten des Waldes sind Lebensräume für viele wirbellose Tiere und Wirbeltiere.

Aufgaben

1 Lege eine Tabelle an, in der du Ameisen, Asseln, Baummarder, Buchen, Buntspechte, Efeu, Hutpilze, Moose, Regenwürmer, Schnecken, Springschwänze und Kohlmeisen den Schichten des Waldes zuordnest.

2 Notiere Beginn und Ende der Blütezeiten der Frühblüher eines Mischwaldes in einer Tabelle.

3 Beobachte Waldameisen beim Beutetransport. Wie informieren sie sich untereinander?

Beobachten Untersuchen Experimentieren

Beobachtungen im Wald

5 Mischwaldboden im Sommer

6 Wald im Winter

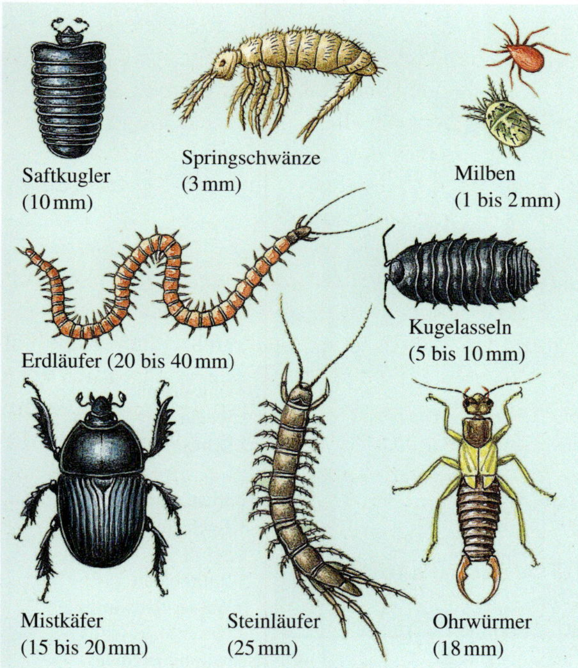

1 Im Sommer ist das Blätterdach der Laubbäume geschlossen. Unzählige Lebewesen (Bakterien, Pilze sowie die abgebildeten und andere Tiere) zersetzen die Bodenstreu der letzten Jahre.
Verteile eine kleine Gartenschaufel voll Bodenstreu aus dem Laubwald auf weißem Papier. Suche nach Tieren. Benutze eine Lupe. Wie viele Tiere zählst du? Vergleiche sie mit den Abbildungen. Hast du andere Tiere entdeckt, die du benennen kannst? Welches Ergebnis wäre in der Bodenstreu eines Nadelwaldes zu erwarten? Überprüfe.

2 Im Winter tragen die Laubbäume keine Blätter mehr. Fährten im Schnee, Fraßspuren an Gehölzen sowie Losungen verraten uns, welche Tiere sich in dieser Jahreszeit im Wald aufhalten.
Suche Spuren im Schnee und vergleiche sie mit den Abbildungen. Welche Spuren kannst du erkennen? Beschreibe und zeichne einen Trittsiegel.
Die Spur eines flüchtenden Tieres (Fluchtfährte) ist oben jeweils rechts abgebildet. Untersuche, ob unter den von dir gefundenen Spuren auch Fluchtfährten sind.

1 Teichrohrsänger im Röhricht

Gewässer als Lebensräume

Die Untersuchung eines Weihers ermöglicht uns einen Einblick in die Lebensgemeinschaft stehender Gewässer, zu denen auch Tümpel, Teiche und Seen gehören. Zum Beispiel sind Seen mehr als 2 m tief. An ihrem lichtlosen Grund wachsen keine Pflanzen. Weiher dagegen sind nur etwa 2 m tief. An freien Wasserflächen gelangt das Licht bis zum Boden. Deshalb können Wasserpflanzen hier dichte Wiesen bilden.

Bruchwaldzone und Röhrichtzone Im sumpfigen Randgebiet eines Weihers wachsen Erlen, Birken und Weiden. In dieser Bruchwaldzone können nur Pflanzenarten gedeihen, die gelegentliche Überschwemmungen und stauende Nässe ertragen. Schilf, Rohrkolben und Teichsimsen stehen oft am Rande des Weihers im flachen Wasser. Dieser Bereich wird als Röhrichtzone bezeichnet. Hier fallen uns besonders das Pfeilkraut mit seinen unterschiedlichen Blattformen, die gelb blühende Wasser-Schwertlilie und der stachlige Igelkolben auf.

2 Pflanzenzonen und einige häufige Pflanzenarten eines Weihers

3 Gemeiner Gilbweiderich (Bruchwaldzone)

4 Wasser-Schwertlilie (Röhrichtzone)

5 Schwimmende Blessralle

6 Gelbrandkäfer (Schwimmblattzone)

7 Gelbe Teichrose (Schwimmblattzone)

8 Wasserfeder (Tauchblattzone)

In Ufernähe wird das Wasser bereits im zeitigen Frühjahr durch die Sonne intensiv erwärmt. Dann beginnen die Pflanzen sich zu entwickeln. Wasserkäfer und Wasserflöhe vermehren sich, Frösche und Fische setzen ihren Laich ab. Libellen kann man beim Fliegen beobachten. Im Schilf bauen Teichrohrsänger und Stockenten ihre Nester.

Schwimmblattzone und Tauchblattzone Hier treiben Wasserlinsen frei auf der Wasseroberfläche. Weiße Seerosen, gelbe Teichrosen, Laichkräuter und Wasser-Knöterich wurzeln am Grund. Ihre Blätter bedecken mitunter große Flächen. Darauf ruhen sich junge Wasservögel aus und Frösche warten auf Beute (z.B. Insekten). ↑S.156 Weiter zur Mitte hin – in der Tauchblattzone – leben Pflanzen, in deren dünnen und zarten grünen Blättern bei Lichteinfall die Fotosynthese abläuft. Das dafür benötigte Kohlenstoffdioxid nehmen sie aus dem Wasser auf. Einige sind im Bodengrund verankert und an der Oberfläche nur in der Blütezeit sichtbar. Dann strecken sie ihre Blütenstände zur Bestäubung hoch über den Wasserspiegel. So lockt die Wasserfeder mit ihren rosafarbenen Blüten Insekten an. Pflanzen wie Froschbiss oder Wasserlinsen schwimmen meist in der Mitte des Gewässers. Das Hornblatt blüht unter Wasser.

In und an Gewässern wie Weihern, Teichen oder Seen kann man verschiedene Pflanzenzonen unterscheiden. Hier finden viele Tiere Nahrung, Brutplätze und Schutz.

Schon gewusst?

Kennst du Teufelsnadeln und Wasserjungfern? Es sind Libellen. Sie können nicht stechen! Manche Libellen erreichen eine Geschwindigkeit von 50 km je Stunde und in der Sekunde 40 Flügelschläge. Einige können ihre vier Flügel sogar unabhängig voneinander bewegen.

Aufgaben

1 Lies den Text und ermittle, welche Pflanzen in den verschiedenen Zonen eines Teiches oder Weihers vorkommen können.

2 Erkläre, warum am Boden eines Weihers ein sehr starkes Wachstum der Pflanzen möglich ist.

Fressen und gefressen werden

Am Rande eines Waldes stehen Schlehenbüsche. Von deren Blättern fressen Raupen des Schlehenspinners, eines Schmetterlings. Wenig entfernt sitzt auf einer Eberesche eine Goldammer und hält Ausschau nach Beute. Plötzlich fliegt sie in den Schlehenbusch, ergreift eine Raupe mit dem Schnabel und will davonfliegen. Doch da nähert sich ein Sperber und stürzt sich auf die Goldammer. Wer frisst hier eigentlich wen?

1 Ein Sperber hat eine Goldammer erbeutet.

Beobachten Untersuchen Experimentieren

Wer frisst wen?

Meist überlegt man sich nur, was ein bestimmtes Tier frisst, zum Beispiel, wenn man einen Steckbrief erstellt. Die meisten Tiere sind aber selbst Nahrung für andere Tiere. Zwischen den Lebewesen bestehen Nahrungsbeziehungen.

1 Im Garten kannst du folgende Tiere und Pflanzen beobachten: Katze, Blattläuse, Spinne, Blaumeise, Rosenblatt. Gib an, wer für wen Nahrung ist. Versuche, die Beziehungen in einem Pfeilschema darzustellen.

2 An einem alten Baum gibt es viele Nahrungsbeziehungen. ↑S.135 Stelle einige als Pfeilschema dar.

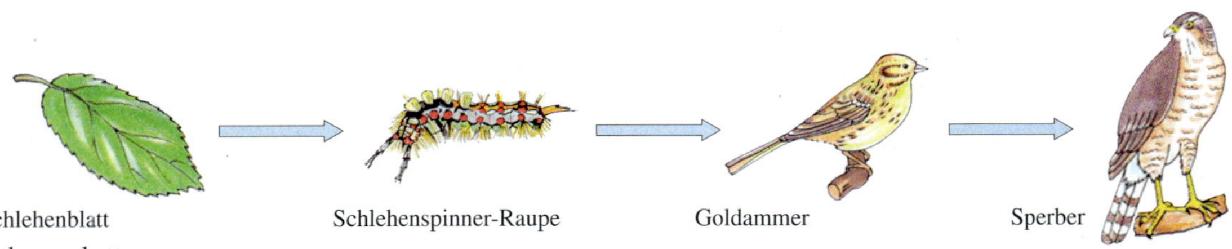

2 Nahrungskette

Nahrungsbeziehungen

Nahrungsketten Das Beispiel ↑2 beschreibt eine Nahrungsbeziehung, wie sie typisch für eine Hecke oder einen Waldrand ist. Sie besteht aus Gliedern, die wie bei einer Kette ineinandergreifen. Eine solche Nahrungsbeziehung bezeichnet man daher als Nahrungskette. Am Anfang stehen Pflanzen, von deren durch Fotosynthese erzeugten Nährstoffen sich Pflanzenfresser wie viele Insekten, Feldmäuse und manche Vögel ernähren. Sie werden von kleineren Säugetieren wie Spitzmaus oder Igel und Insekten oder Vögeln gefressen. Diese sind wiederum Nahrung von Fleischfressern wie Marder, Fuchs oder Greifvögeln. Nahrungsketten werden mit Pfeilen dargestellt. Der Pfeil bedeutet „wird gefressen von". ↑2; ↑S.103

Nahrungsnetze Die meisten Tiere sind nicht auf nur auf eine Nahrung festgelegt. Die Kohlmeise frisst nicht nur Raupen, sondern auch andere Insekten und Spinnen. Kohlmeisen werden auch von anderen Greifvögeln wie Habicht und Waldkauz sowie vom Baummarder gejagt. Jede Nahrungskette ist auf diese Weise mit den Kettengliedern anderer Nahrungsketten verknüpft. So ergibt sich aus verschiedenen Nahrungsketten ein vielteiliges Nahrungsnetz. Je artenreicher ein Lebensraum ist, umso umfangreicher ist auch sein Nahrungsnetz. ↑3

Lebensgemeinschaft und Ökosystem Pflanzen und Tiere in ihrem Lebensraum bilden eine Lebensgemeinschaft, sie sind durch Nahrungsbeziehungen und andere Wechselbeziehungen miteinander verbunden. So sind zum Beispiel viele Blütenpflanzen auf die Bestäubung durch Insekten und Räuber auf Beutetiere angewiesen.
Der Lebensraum ist gekennzeichnet durch die Umweltfaktoren, die auf die Lebewesen einwirken. ↑S.130 Alles zusammen, den Lebensraum mit seinen Umweltbedingungen und seiner Lebensgemeinschaft, bezeichnet man als Ökosystem.

Biologisches Prinzip

Steuerung und Regelung
In einem Lebensraum besteht normalerweise ein Gleichgewicht zwischen den Gliedern einer Nahrungskette oder eines Nahrungsnetzes. Vermehrt sich zum Beispiel eine Schmetterlingsart stark, können sich auch die Vögel, die deren Raupen fressen, vermehren. Sie sorgen dafür, dass sich die Anzahl der Raupen bzw. Schmetterlinge wieder verringert. So wird die Anzahl der Tiere reguliert.

3 Nahrungsketten bilden Nahrungsnetze

Pflanzen, Tiere und Nahrungsnetze, Bodeneigenschaften, die Luftfeuchtigkeit und in Gewässern die Wasserqualität sind wichtige Faktoren, durch die sich Ökosysteme voneinander unterscheiden.

Aufgaben

1 Lies den Text „Nahrungsketten". ↑S.154 Stelle mithilfe dieses Textes ein Beispiel für eine Nahrungskette auf.

2 Notiere einige Nahrungsketten aus Abbildung ↑3.

3 Übertrage das Nahrungsnetz in dein Heft. ↑3 Notiere dazu die Namen der Tiere. ↑S.144, 145 Ergänze das Nahrungsnetz um weitere Tiere.

4 Im Nahrungsnetz ↑3 tritt im Frühjahr ein sehr starker Befall durch Schmetterlingsraupen auf. Erläutere die Folgen, die du erwartest.

5 Beschreibe die Nahrungsbeziehungen zwischen Kohlmeise, Rotbuche, Sperber und Blattlaus.

1 Einzelne Nahrungskette

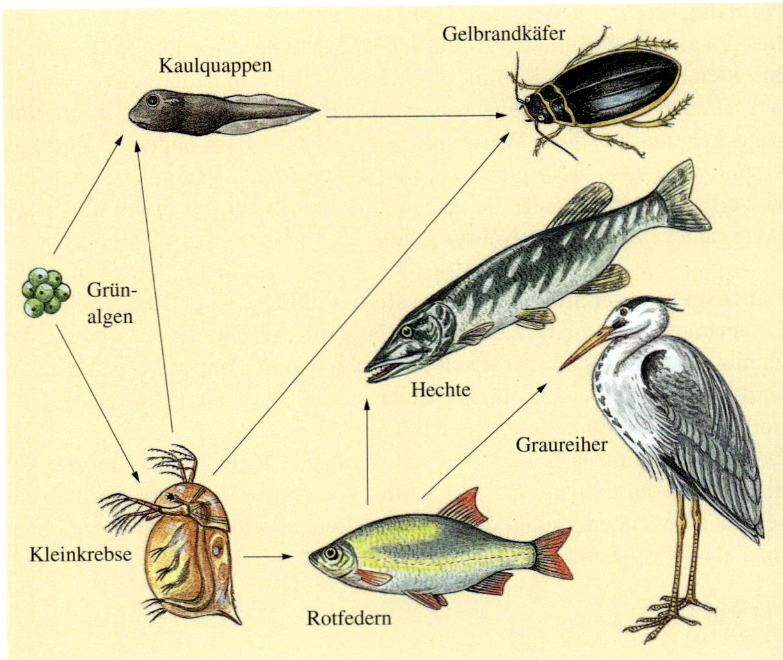

2 Auch in Gewässern sind die Nahrungsketten miteinander vernetzt.

3 Schüler untersuchen ein Gewässer.

Nahrungsbeziehungen in Gewässern Auch Pflanzen und Tiere in und an Gewässern sind durch Nahrungsbeziehungen verbunden.
Vögel fangen Fliegen und Mücken. Auf der Wasseroberfläche jagen Wasserläufer andere Insekten. Im Wasser fressen Wasserasseln Pflanzenreste und sind selbst Nahrung für Libellenlarven und Wasserkäfer. Zuckmückenlarven und Teichmuscheln filtrieren ihre Nahrung aus dem Wasser. Rotfedern und andere Fische sind auf Futtersuche, Hechte lauern auf Beute. Schlamm- und Sumpfdeckelschnecken kriechen auf den Wasserpflanzen und fressen den Algenbewuchs von ihnen ab. Enten gründeln nach Würmern und Schnecken. Viele Tiere ernähren sich auch hier von mehreren Beutetierarten. Dadurch sind die Nahrungsketten in Gewässern ebenfalls vernetzt. Jede Nahrungskette geht von Grünalgen oder anderen Wasserpflanzen aus. Deshalb können beispielsweise auch Hechte oder Graureiher ohne Pflanzen nicht überleben, obwohl sie Fische fressen. Auch in und an Gewässern sind Tiere also von Pflanzen abhängig. Nur die Pflanzen können durch die Fotosynthese mithilfe des Sonnenlichts die notwendigen Nährstoffe für jede Nahrungskette erzeugen.

Zwischen den Lebewesen eines Lebensraums bestehen Nahrungsbeziehungen. Man kann sie als Nahrungsketten oder Nahrungsnetze darstellen. Jede Nahrungskette beginnt mit Pflanzen.

Aufgaben

1 Beobachte Wasservögel. In welchen Pflanzenzonen halten sie sich meist auf? Informiere dich über ihre Lebensweise. Stelle zwei ausgewählte Arten in kurzen „Steckbriefen“ vor.

2 Lies den Abschnitt „Ohne Pflanzen keine Tiere“ ↑S. 102–103 und erläutere die Bedeutung der Pflanzen für die Nahrungsbeziehungen in einem Gewässer.

Beobachten Untersuchen Experimentieren

Pflanzen und Tiere in Kleingewässern

1 Interessante „Entengrütze“
Die Oberfläche eines Weihers ist zum Teil von Wasserlinsen („Entengrütze“) bedeckt, deren kleine Wurzeln im Wasser hängen. Es sind die kleinsten Samenpflanzen. Sie blühen aber nur sehr selten. Meist vermehren sie sich durch Teilung. In welchem Tempo das geschieht, kannst du leicht beobachten: Setze ein einzelnes Wasserlinsenpflänzchen in eine Glasschale mit Wasser aus dem Weiher. Stelle sie an ein Fenster. Bestimme die Anzahl der Wasserlinsen nach einer Woche sowie nach 2, 3 und 4 Wochen.

5 Wasserlinsen

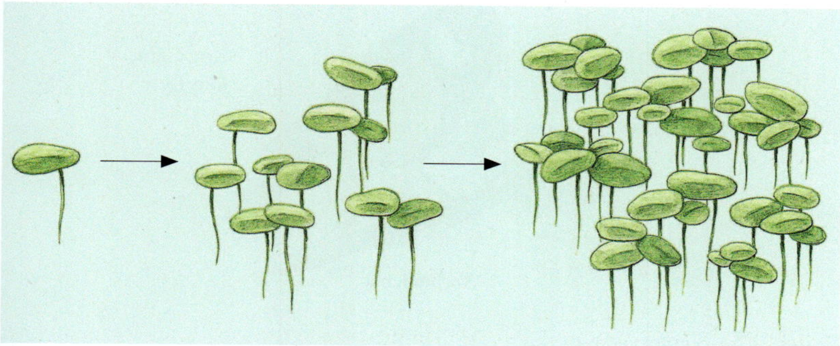
4 Vermehrung einer Wasserlinse

2 Sauberes oder verschmutztes Wasser?
Manche Wassertiere – wie Flohkrebse oder Spitzschlammschnecken – können nur in sauberem, sauerstoffreicherem Wasser leben. Andere sind nicht so anspruchsvoll. Deshalb kann man die Wasserqualität beurteilen, wenn man weiß, welche Tiere in einem Gewässer leben. Beispielsweise ist das massenhafte Auftreten von Schlammröhrenwürmern oder Zuckmückenlarven ein Anzeichen für die starke Verschmutzung eines Gewässers.
Fülle Bodengrund in ein Gefäß und wasche den Inhalt mit Wasser in einem Sieb vorsichtig aus. Suche auch Pflanzen und Steine nach Tieren ab. Betrachte sie genau. Benutze die Lupe und vergleiche mit den Abbildungen. Welche Tiere hast du erkannt? Kannst du eine begründete Aussage über die Wasserqualität machen?

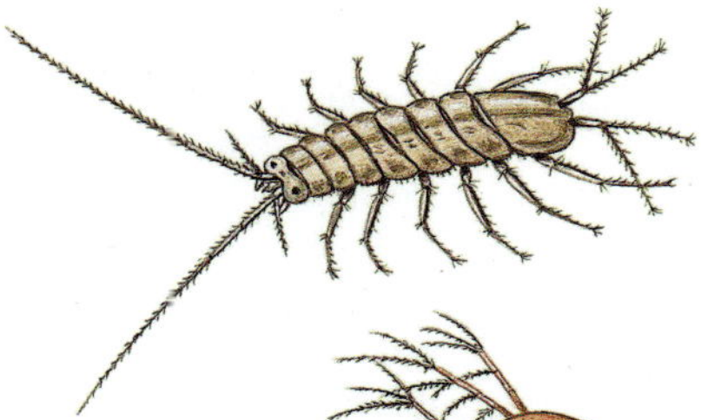
6 Wasserassel (bis 12 mm)

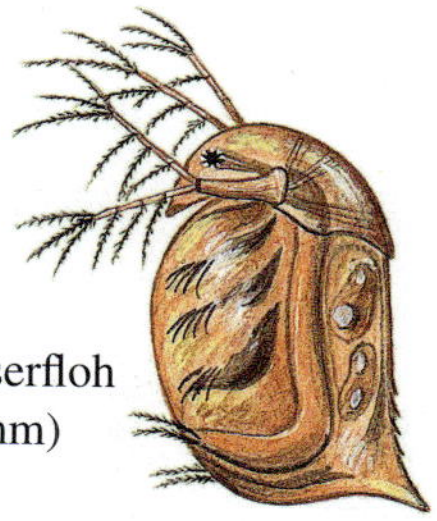
7 Wasserfloh (bis 4 mm)

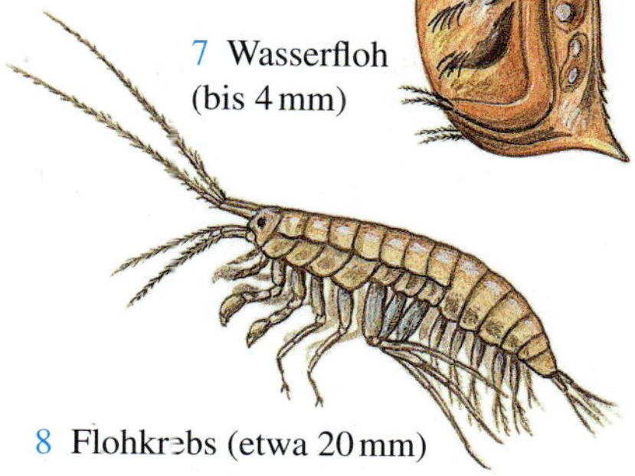
8 Flohkrebs (etwa 20 mm)

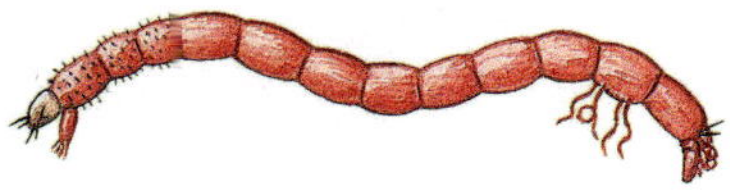
9 Rote Zuckmückenlarve (etwa 20 mm)

10 Waffenfliegenlarve (etwa 50 mm)

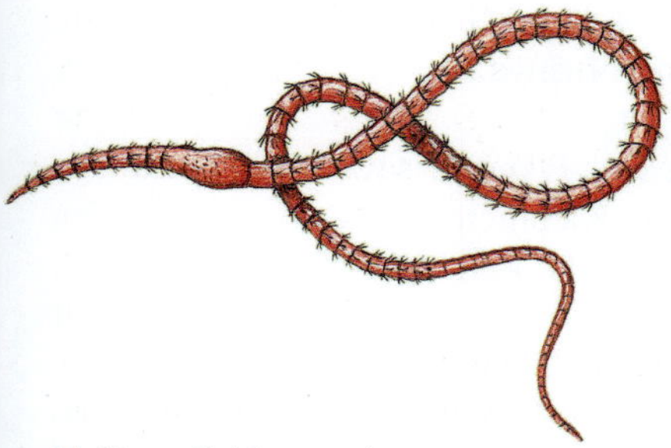
11 Roter Schlammröhrenwurm (etwa 80 mm)

12 Spitzschlammschnecke (etwa 60 mm)

13 Dreieckmuschel (etwa 40 mm)

Schon gewusst?

Diese Zeichnung verdeutlicht den Nahrungsverbrauch in einem Nahrungsnetz: Beispielsweise benötigt ein Hecht in einem See oder Teich zum Aufbau von 1 kg Körpergewicht etwa 10 kg Beutefische. Diese müssen vorher 100 kg Kleinkrebse, die Kleinkrebse 1000 kg Grünalgen gefressen haben.

2 Nahrungsbedarf im Nahrungsnetz eines Gewässers

Stoffkreislauf

Pflanzen als Erzeuger Wenn du Pflanzenbestände in verschiedenen Lebensräumen (z. B. Hecke, Wald, Weiher) genauer beobachtet hast, dann konntest du feststellen, wie sich viele Tiere direkt von Pflanzenteilen ernähren. Raupen fressen Blätter, Blattläuse saugen Säfte, Vögel fressen Samen und Früchte. Auch abgefallene Blätter und abgestorbene Pflanzenteile sind nach einigen Monaten „verschwunden“. Regenwürmer, Hundertfüßer, Asseln, verschiedene Pilze und Bakterien ernähren sich von ihnen. Von Pflanzen bei der Fotosynthese gebildete Nährstoffe dienen auch allen anderen Lebewesen als Nahrungsquelle. ↑S.103 Deshalb haben wir die Pflanzen auch als Erzeuger oder Produzenten bezeichnet. ↑1,2; S.103

1 Erzeuger, Verbraucher und Zersetzer sind in Stoffkreisläufe einbezogen.

Tiere sind Verbraucher Tiere ernähren sich als Pflanzenfresser direkt, als Fleischfresser indirekt von Pflanzen. Deshalb haben wir sie als von den Pflanzen abhängige „Verbraucher“ (Konsumenten) bezeichnet. Die Tiere wandeln etwa ein bis zwei Zehntel der aufgenommenen Nährstoffe in körpereigene Baustoffe um. Den größten Teil der Nährstoffe verbrauchen sie zur Energiefreisetzung für die Lebensvorgänge.

Zersetzer Körperstoffe toter Tiere und Pflanzen sowie Ausscheidungsprodukte der Verbraucher werden von Kleintieren, Pilzen und Bakterien abgebaut. Diese Lebewesen wirken also als „Zersetzer“. Sie ernähren sich von den Körperstoffen abgestorbener Lebewesen und bilden daraus allmählich Kohlenstoffdioxid, Wasser und Mineralstoffe, die von Pflanzen wiederum zur Erzeugung von Nährstoffen verwendet werden können. Es gibt es also einen Stoffkreislauf, in den Erzeuger, Verbraucher und Zersetzer einbezogen sind. ↑1

Warum beschleunigen Regenwürmer den Stoffkreislauf?

3 Regenwürmer gehören im Stoffkreislauf zu den Zersetzern.

Regenwürmer sind wichtige Zersetzer Regenwürmer sind bei Gärtnern sehr beliebt. Irgendwie scheinen sie das Wachstum von Pflanzen beschleunigen zu können. Aber was geschieht genau? Als Bodenbewohner ernähren sich die Regenwürmer hauptsächlich von abgestorbenen Pflanzenteilen und Tierresten. Sie ziehen verrottende Blätter und andere Pflanzenteile in die von ihnen angelegten Erdröhren. Anschließend warten die Regenwürmer, bis Bakterien das Pflanzenmaterial so weit aufgeweicht haben, dass sie es fressen können. Bei ihrer Nahrungsaufnahme sind Regenwürmer nicht wählerisch. Sie nehmen durch ihre Mundhöhle ständig Erde in ihren Darm auf. In der Erde enthaltene Nährstoffe nimmt der Regenwurmkörper auf. Aus dem Darm wird anschließend ausgeschieden, was für die Regenwürmer unverdaulich ist.

4 Kothäufchen eines Regenwurms

Regenwürmer und Bodenfruchtbarkeit Der Regenwurmkot ↑4 ist ein Stoffgemisch, dass weitere Zersetzer wie Bakterien und Pilze viel besser aufnehmen und in ihrem Stoffwechsel verarbeiten können als gröberes Material. Daher wird die Laubstreu auf einem Boden, in dem viele Regenwürmer leben, sehr viel schneller zersetzt als ohne Regenwürmer. ↑5
Im Darm der Regenwürmer werden Humusstoffe gebildet. Daher fördert Regenwurmkot auch das Pflanzenwachstum. Außerdem ermöglichen die Gänge, die von Regenwürmern angelegt werden, eine bessere Belüftung und Durchmischung des Bodens. Auch Staunässe wird durch diese Gänge vermieden. Kein Wunder also, dass Regenwürmer bei Gärtnern gern gesehen sind: Sie fördern den Stoffkreislauf und verbessern die Bodenfruchtbarkeit.

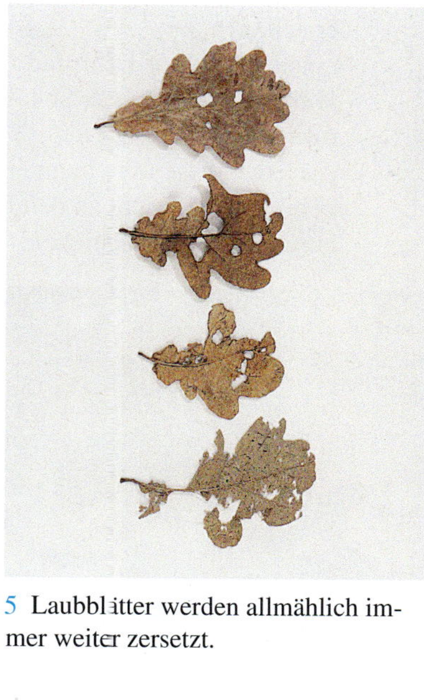

5 Laubblätter werden allmählich immer weiter zersetzt.

Pflanzen sind durch die Fotosynthese die Erzeuger der Nährstoffe in einem Lebensraum. Erzeuger, Verbraucher und Zersetzer sind in einen Stoffkreislauf einbezogen. Regenwürmer gehören zu den Zersetzern. Durch ihre Ernährungsweise beschleunigen sie den Stoffkreislauf in ihrem Lebensraum.

Aufgaben

1 Lies in einem Tierbuch nach, zu welcher Tiergruppe der Regenwurm gehört. Nenne Kennzeichen dieser Tiergruppe und verwandte Arten.
2 Erläutere die Bedeutung der Regenwürmer für den Stoffkreislauf.

Ergebnisse vorstellen

Nachdem ihr Lebensgemeinschaften auf eurem Schulgelände oder in Lebensräumen der Umgebung eurer Schule so intensiv untersucht habt, solltet ihr eure Ergebnisse auch bekannt machen. Eure Mitschüler und Mitschülerinnen, Besucher der Schule und eventuell auch eure Eltern werden auf die Untersuchungsergebnisse gespannt sein.

1 Arbeitsergebnisse zusammentragen

Tragt zunächst die Arbeitsergebnisse eurer Untersuchungen zusammen und ordnet sie: die Pläne (z. B. vom Schulweg und Schulgelände) und Fotos der verschiedenen Lebensräume, die Querschnittzeichnungen der Hecken, Steckbriefe, Protokolle der Vogelbeobachtung und der Experimente.

2 Ideen sammeln

Überlegt, was ihr mit den Ergebnissen machen wollt und wie ihr sie präsentieren könnt. Es gibt viele verschiedene Möglichkeiten, zum Beispiel könnt ihr

- mit Plakaten, Listen, Zeichnungen und Fotos eine Ausstellung im Schulgebäude gestalten,
- einen „Bio-Führer durch das Schulgelände" erstellen,
- einen „Schulhof-Lehrpfad" gestalten,
- Hinweistafeln für das Schulgelände erstellen oder
- die Ergebnisse mit einem ausführlichen, bebilderten Bericht an den Bürgermeister eures Wohnortes schicken.

1 Ein Kurzreferat halten

3 Planung

Wenn ihr euch auf eine Idee geeinigt habt, überlegt, wie ihr vorgehen könnt und was ihr bedenken müsst. Macht eine Planung und verteilt die Aufgaben in Gruppen.

2 Ausstellung auf dem Schulgelände

4 Durchführung

Erstellt eure Materialien auf gesondertem Papier und übertragt sie erst im zweiten Schritt auf Plakate, Schilder oder Hinweistafeln. Überlegt, wie ihr die einzelnen Elemente übersichtlich anordnen könnt. Benutzt bei einer Ausstellung neben freien Wandflächen, wenn möglich, auch Stellwände. Dadurch wirkt die Ausstellung interessanter.

Fragt wegen eines günstigen Termins für die Eröffnung der Ausstellung die Schulleiterin oder den Schulleiter. Wählt nach Möglichkeit einen Zeitpunkt mit vielen Besuchern in der Schule, zum Beispiel einen Elternsprechtag oder eine besondere Veranstaltung. Ihr könnt auch andere Klassen durch eure Ausstellung oder über das Schulgelände führen und informieren.

Ergebnisse vorstellen

Hier findet ihr einige Vorschläge zur Gestaltung von Materialien, die ihr für eine Ausstellung zum Thema „Lebensräume auf dem Schulgelände" erstellen könnt.

Pflanzen und Tiere auf dem Schulgelände

a Zeichnet zunächst euer Schulgelände aus der Vogelperspektive auf ein großes Plakat. Benutzt dazu den Plan, den ihr schon besorgt bzw. angefertigt habt. ↑S. 137 Kennzeichnet die Flächen mit Gebäuden, Wegen, Pflaster, Asphalt, Rasen, Beton, Gehölzen, Bäumen und Hecken in unterschiedlichen Farben oder Mustern. Anschließend werden die Teilpläne wieder zu einem Gesamtplan des Schulgeländes zusammengeklebt.

b Fertigt für alle Steckbriefe von Pflanzen und Tieren, die ihr im Laufe der Arbeit an diesem Kapitel angefertigt habt, aus Zeichenkarton runde Pappscheiben an (Durchmesser ca. 8 cm). Übertragt darauf eure Steckbriefe oder zeichnet eure Pflanzen- und Tierfunde und beschriftet sie. ↑3

3 Steckbrief

c Klebt die runden Pappscheiben auf den Gesamtplan an den jeweiligen Fundort (Kartieren).

d Fertigt Plakate an mit Listen der gefundenen Pflanzen und Tieren.

e Bereitet Kurzreferate zu einigen Tier- und Pflanzenarten vor. ↑1

4 Aus Pappscheiben Nahrungsketten legen

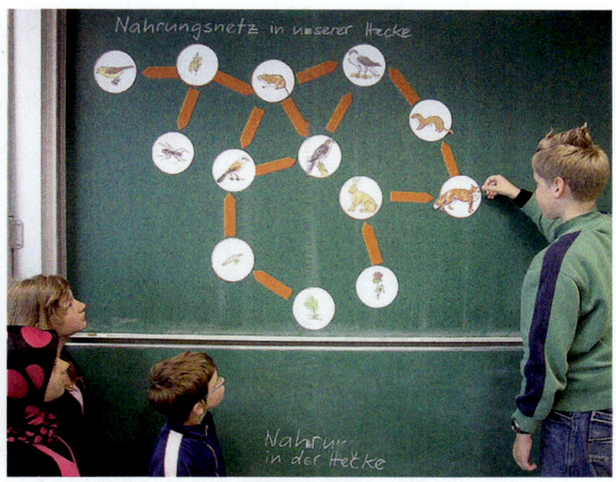

5 So kann ein Nahrungsnetz aussehen.

Nahrungsketten und -netze

Schneidet aus rotem Karton Pfeile aus. Verwendet nun die Scheiben mit Pflanzen- und Tierzeichnungen, um Nahrungsbeziehungen darzustellen. Legt Nahrungsketten zusammen und kennzeichnet die Nahrungsbeziehungen mit den roten Pfeilen. Da sich die Nahrungsketten verzweigen, entwickelt ihr nach und nach Nahrungsnetze, die es beispielsweise auf eurem Schulgelände gibt. ↑4 und 5

In unserer Hecke ist was los!

Fertigt aus den Protokollen der durchgeführten Untersuchungen ↑S. 142, 143 Berichte mit Zeichnungen und Tabellen an. Stellt in einem Schaukasten auch die Geräte aus, die ihr benutzt habt. Welcher der Versuche ist geeignet, um ihn vorzuführen?

Zeichnet einen Plan von der Hecke, die ihr bereits untersucht habt ↑S. 138 und tragt die gefundenen Pflanzen- und Tierarten ein (Kartieren, ↑S. 137).

Naturschutz bei uns

Die Klasse 6b macht einen Ausflug ins Naturschutzgebiet. Bei der Planung war die Begeisterung nicht sehr groß, die Schüler wären lieber in einen Erlebnispark gefahren. Nun stehen sie vor dem Schild mit der Aufschrift „Naturschutzgebiet" und schauen auf den Bach, der sich durch den Laubwald schlängelt. Sie staunen, wie schön die Umgebung ist, und freuen sich nun doch, hier zu sein. Brauchen wir Naturschutzgebiete, um die Natur zu bewahren? Wieso muss Natur überhaupt geschützt werden?

1 In einem Naturschutzgebiet

Beobachten Untersuchen Experimentieren

Wozu Naturschutz?

Nach einer Führung durch das Naturschutzgebiet entwickelt sich eine Diskussion unter den Schülern.

2 Diskussion

1 Lies die Sprechblasentexte. ↑2 Finde weitere Beispiele für Aussagen über Natur- und Artenschutz. Frage auch deine Eltern, Mitschülerinnen und Mitschüler. Vergleiche die unterschiedlichen Aussagen und nimm Stellung. Wie ist deine eigene Meinung?

2 Sammelt Zeitungsausschnitte über die Arbeit von Naturschutzorganisationen in eurer Stadt. Schreibt sie an und bittet um Informationsmaterial. Findet heraus, wann und wo sie sich treffen.

3 Erstellt eine Liste von Fragen und ladet einen Naturschutzexperten in eure Klasse ein. Nutzt zur Vorbereitung der Befragung die Hinweise auf ↑S. 62–63.

4 Vielleicht habt ihr Lust, eine eigene Gruppe zu gründen, die sich mit dem Naturschutz rund um die Schule befasst. Informationen dazu könnt ihr bei den Naturschutzorganisationen erhalten.

5 Mit einfachen Mitteln könnt ihr selbst Lebensräume für Pflanzen und Tiere schaffen. Einige Vorschläge findet ihr auf ↑S. 164–165. Besprecht mit euren Lehrern, was auf dem Schulgelände möglich ist.

Bedrohung und Schutz der Natur

Menschen greifen in die Natur ein Sie bauen Wohnsiedlungen, Industrieanlagen und Straßen. Für die moderne Landwirtschaft werden große Flächen benötigt. Lebensräume von Pflanzen und Tieren werden zerstört. Viele sind dann in ihrem Bestand gefährdet oder sterben sogar aus. Auch durch den Einsatz von Unkraut- und Schädlingsbekämpfungsmitteln werden zahlreiche Pflanzen und Kleintiere vernichtet.
Der Mensch kann aber auch positiv in die Natur eingreifen. So werden begradigte Bachläufe wieder in ihren natürlichen Zustand zurückgeführt und aus ehemaligen Industriegebieten entstehen Naherholungsgebiete.

Gefährdete Pflanzen und Tiere brauchen Schutz In unserem Grundgesetz gibt es eine Bestimmung zum Schutz von Natur und Landschaft. Das Bundesnaturschutzgesetz (BNatSchG) sieht vor, dass Tier- und Pflanzenarten, die gefährdet oder vom Aussterben bedroht sind, geschützt werden müssen. Es ist zum Beispiel verboten, wildwachsende Pflanzen auszureißen, zu zerstören oder ganze Bestände zu verwüsten. Das Naturschutzgesetz verbietet alle Eingriffe in die Natur und in Landschaften, die vermieden werden können. Ist ein Eingriff in die Naturlandschaft unvermeidbar, so müssen grundsätzlich Ausgleichsflächen für den Naturschutz zur Verfügung gestellt werden. Wenn das auch nicht möglich ist, wird der Eingriff verboten. So kann es zum Beispiel sein, dass die Erlaubnis für den Bau einer Autobahn in einem Landschaftsschutzgebiet nicht erteilt wird, weil dort gefährdete Tier- oder Pflanzenarten leben. Alle zwei Jahre wird national und international die Rote Liste erstellt, auf der du nachlesen kannst, ob eine bestimmte Pflanzen- oder Tierart ausgestorben, bedroht oder gefährdet ist.

Der Mensch verändert Lebensräume von Pflanzen und Tieren. Viele Arten sterben aus, weil sie keinen geeigneten Lebensraum mehr haben. Das Bundesnaturschutzgesetz verbietet manche Eingriffe in die Natur, um geschützte und gefährdete Arten vor dem Aussterben zu bewahren.

3 Logos einiger Natur- und Umweltschutzorganisationen

4 Rote Liste

Aufgaben

1 Nenne Ursachen für die Bedrohung von Pflanzen- und Tierarten.

2 Erstellt Plakate von geschützten Pflanzen und Tieren in Deutschland. Informationen dazu findet ihr auch bei Naturschutzorganisationen (z. B. bei www.nabu.de). Berichtet, welche der Pflanzen und Tiere ihr schon selbst gesehen habt.

5 Dieser Schulhof ist weder für Pflanzen, Tiere noch Menschen attraktiv.

3 Bei einem Waldspaziergang siehst du Schneeglöckchen und möchtest sie ausgraben, um sie in den Garten zu pflanzen. Welche Einwände gibt es dagegen?

4 Bietet euer Schulgelände Lebensräume für Tiere und Pflanzen oder wirkt es eher lebensfeindlich? ↑5 Teilt euch in Gruppen auf und macht eine Fotosafari rund um die Schule. Vergleicht eure Fotos und diskutiert, ob ihr etwas verändern wollt und könnt.

Wir tun was Kleinlebensräume für Tiere und Pflanzen

Lebensräume auf dem Schulgelände

Damit sich Tiere und Pflanzen wieder ansiedeln können, müssen wir geeignete Lebensräume schaffen. Hier sind einige Vorschläge, die ihr auch auf dem Schulgelände verwirklichen könnt. Sie machen nicht viel Mühe, kosten wenig und es gibt in den Folgejahren viel zu beobachten. Sicher hilft euch eure Lehrerin oder euer Lehrer, Kontakt mit dem Grünflächenamt der Stadt oder Gemeinde herzustellen, um ein Einverständnis einzuholen.

1 Blumenwiese

Blumenwiese
Wenn ihr ein Stück Rasen in eine Wiese umwandeln wollt, benötigt ihr die Zustimmung der Stadt oder Gemeinde und der Schulleitung. Macht zunächst ein Foto als Bestandsaufnahme. Der Rasen darf 100 Tage lang nicht gemäht werden und in der Folge nur noch zweimal im Jahr. Beobachtet die Veränderung. Ihr könnt auch ein wenig nachhelfen und Wildblumensaat ausbringen. Bald werden sich Bienen und Schmetterlinge einfinden. Wie von selbst siedeln sich weitere Gräser und Kräuter an. Natürlich darf die Wiese betreten werden. Ihr könnt darauf liegen, die Augen zumachen und träumen …

2 Winterquartier für Igel

3 Begrünte Fassade

Fassadenbegrünung
Wenn ihr gar keinen Platz auf dem Schulgelände habt, könnt ihr einfach eine Wand der Schule begrünen. Wählt Selbstklimmer wie Efeu oder Wilden Wein, damit spart ihr Arbeit. Die Wand wird in wenigen Jahren von einem grünen „Pelz“ überzogen sein. Vögel finden Nistplätze und Nahrung. Bewachsene Wände spenden im Sommer Schatten und isolieren im Winter vor Kälte. Selbst der Lärm wird geschluckt. Die Blätter binden Staub und verbessern die Luft in der Umgebung. Sind das nicht genug Gründe, mit der Fassadenbegrünung zu beginnen?

Winterquartier für Igel
Wenn im Herbst auf dem Schulgelände Bäume und Sträucher beschnitten werden, bittet darum, dass ihr den Holzschnitt in eine geschützte Ecke bringen dürft. Legt ihn möglichst neben eine Wand oder unter einen großen Baum, dorthin, wo nicht viele Menschen vorbeigehen. Falls ihr Laub zusammenharken könnt, verteilt es auf dem Haufen. Damit habt ihr ein Winterquartier für Igel geschaffen. Vielleicht könnt ihr sie im nächsten Frühjahr beobachten, wenn sie Schadinsekten vertilgen.

Wir tun was Kleinlebensräume für Tiere und Pflanzen

4 Kompostkiste

Wildbienenhotel
Nistgelegenheiten für Wildbienen sind einfach anzufertigen. Sammelt leere Konservendosen, macht sie sauber und glättet den Rand. Schneidet Holunder-, Schilf- oder Bambusstängel in zehn Zentimeter lange Stücke und bündelt die Stängel so, dass sie gerade in die Dosen passen. Ihr könnt auch Löcher in Hartholzstücke bohren. Stapelt die Nisthilfen an einem regengeschützten Ort oder fügt sie mit Lehm in einem Holzrahmen zusammen. Mauer- und Mörtelbienen legen ihre Eier in die Röhren und bestücken die Brutzellen mit einem Gemisch aus Blütenpollen und Nektar und verschließen die Löcher mit Lehm und Speichel. Wenn die Larven schlüpfen, haben sie gleich reichlich Futter. Für eure Wiese sind die neuen Bewohner als Bestäuber sehr nützlich.

5 Wildbienenhotel

6 Mauerbiene

Kompostkiste
Wenn ihr regelmäßig Gartenabfälle habt, empfiehlt es sich, eine Kompostkiste zu bauen. Besorgt euch 16 unbehandelte Holzbretter von einem Meter Länge und baut daraus eine Kiste ohne Boden. Wählt eine schattige Stelle, sonst trocknet euer Kompost aus. Grabt die Fläche gründlich um. Auf den Kompost könnt ihr Laub, Gartenabfälle, Hecken- und Rasenschnitt, aber auch Küchenabfälle wie Obst- und Gemüsereste werfen. Ihr werdet staunen, wie schnell sich dort Bodentiere ansiedeln, die die Abfälle fressen. Der Komposthaufen wird in kurzer Zeit zusammensacken. Ihr könnt beobachten, wie aus Abfällen Humuserde entsteht.

Steinhaufen
Auf dem Schulgelände werdet ihr immer wieder herumliegende Steine finden. Bringt sie an einen sonnigen, geschützten Platz. Grabt einen Quadratmeter Boden um und schüttet die Steine darauf. Es reicht eine Höhe von 20 bis 30 Zentimeter. Die Steine unterdrücken das Pflanzenwachstum an dieser Stelle. Sobald die Sonne scheint, werden sie aufgeheizt. Nachts kühlen sie nur langsam aus. Ihr könnt dann beobachten, wie sich tagsüber Wildbienen, Spinnen, Schmetterlinge und Käfer einfinden. Wenn ihr Glück habt, seht ihr sogar Eidechsen und Spitzmäuse. Ihr habt einen Lebensraum für wärmeliebende Tiere geschaffen. Nun könnt ihr sie in Ruhe beobachten und fotografieren.

7 Steinhaufen

Ausblick

Zurück zur Natur – ein Bach wird renaturiert

1 Eisvögel sind auf saubere Flüsse mit bewachsenen, steilen Uferzonen angewiesen, wo sie ihre Nisthöhlen bauen können. Durch die Begradigung von Flüssen sind Eisvögel bei uns selten geworden.

Noch bis vor 30 Jahren wurden Bäche und Flüsse begradigt und kanalisiert. Man wollte damit das Übertreten von Wasser aus den Flüssen verhindern, mehr Platz für Felder schaffen und die Befahrbarkeit für größere Schiffe ermöglichen. Dann erkannte man jedoch, dass durch diese Maßnahmen viele Pflanzen und Tierarten, wie z. B. der Biber oder der Eisvogel, ihren Lebensraum verloren und aus den kanalisierten Flüssen und Bächen verschwanden.

Man begann daher mit Renaturierungen, das heißt mit dem Zurückführen von Bächen und Flüssen in einen naturnahen Zustand. So konnten sich die Fließgewässer erholen und viele Pflanzen- und Tierarten kehrten zurück.

2 Flusskrebse leben in den langsam fließenden Bereichen von Bächen und Flüssen. Tagsüber verstecken sie sich oft in selbst gegrabenen Uferhöhlen oder unter unterspülten Weidenwurzeln. Daher sind sie auf einen lehmigen Uferrand angewiesen, wie man ihn in naturnahen Gewässern findet.

3 Noch vor einigen Jahren galten Biber, die ursprünglich auf der ganzen Nordhalbkugel der Erde lebten, als stark gefährdet. Heute haben sich die Tiere auch in Sachsen-Anhalt an einigen Stellen wieder angesiedelt (z. B. im Biosphärenreservat „Flusslandschaft Elbe“). Um die bekannten Biberbauten anzulegen, benötigen sie genug Bäume und ruhige Flussabschnitte.

4 Vorher: Ein kanalisierter Bach

5 Ein Bach wird renaturiert

7 Eisvogel, Biber und Flusskrebs ziehen um.

6 Nachher: Der gleiche Bach, nur 6 Monate später

Aufgaben

1 Ein kanalisierter Bach und ein naturnahes, renaturiertes Gewässer unterscheiden sich in vielen Merkmalen voneinander. Welche lassen sich in dem hier dargestellten Beispiel erkennen? Überlege, ob es noch andere Unterschiede geben könnte.

2 Abbildung 5 wurde während der Renaturierung des Baches aufgenommen. Erläutere anhand dieses Fotos, welche Maßnahmen durchgeführt wurden.

3 In viele renaturierte Bäche und Flüsse kehren die vorher verschwundenen Tiere und Pflanzen zurück. So siedeln sich nach und nach wieder Insektenlarven und verschiedene Fische an. Auch Vögel, die sich von den Fischen ernähren, findet man wieder. Erkläre, warum eine Besiedlung des neuen Lebensraums schrittweise erfolgt.

4 Gelegentlich unterstützt der Mensch die Neubesiedlung von renaturierten Bächen und Flüssen und setzt beispielsweise Flusskrebse oder Biber ein. Überlege und erläutere, warum diese Eingriffe manchmal notwendig sind und mit welchen Schwierigkeiten sie verbunden sein könnten.

5 Man spricht nach einer Renaturierung von einem „naturnahen Gewässer“. Begründe diese Wortwahl.

6 Informiert euch im Internet über verschiedene Renaturierungsprojekte.

7 Erkundet, ob auch in der Nähe eurer Schule ein Bach oder Fluss renaturiert wurde. Überlegt euch Fragen dazu und interviewt Verantwortliche bei örtlichen Naturschutzverbänden oder bei der Gemeinde. Legt eine Wandzeitung an.

Überblick

Lebensräume
Lebensräume können sein: ein alter Baum, eine Gehölzhecke, ein Wald, ein Garten, ein Weiher, ein Teich, ein Fluss, ein Bach, aber auch ein Park oder ein Acker. Jeder Lebensraum ist durch bestimmte Umweltfaktoren wie Bodenbeschaffenheit, Temperatur, Feuchtigkeit, Licht- und Windstärke gekennzeichnet. Pflanzen und Tiere sind an ihren Lebensraum angepasst.

1 Ein Lebensraum für Pflanzen und Tiere

2 Nahrungsnetz

Naturnahe Hecken sind neben Wäldern und Gewässern Beispiele für interessante und schützenswerte Lebensräume. Sie bieten einer großen Zahl von Pflanzen und Tieren Unterschlupf, Nahrung und Nistplätze. Je artenreicher der Pflanzenwuchs ist, umso vielfältiger sind die Heckentiere. Vor allem einheimische Pflanzen bieten vielen Tierarten Nahrung. Hecken gliedern die Landschaft und stellen außerdem einen wichtigen Schutz dar, zum Beispiel gegen Wind, Lärm und Staub.

Nahrungsketten und Nahrungsnetze
Pflanzen und Tiere in einem Lebensraum bilden eine Lebensgemeinschaft. Zwischen ihnen gibt es vielfältige Nahrungsbeziehungen. Mit Nahrungsketten lassen sich einfache Nahrungsbeziehungen darstellen. Am Anfang einer Nahrungskette stehen immer grüne Pflanzen. Viele Tiere sind Pflanzenfresser. Tiere, die andere Tiere fressen, nennt man Fleischfresser. Kompliziertere Nahrungsbeziehungen kann man mit Nahrungsnetzen darstellen. In einem Nahrungsnetz sind mehrere Nahrungsketten miteinander verknüpft. Die Lebensgemeinschaft und der Lebensraum mit seinen Umweltfaktoren bilden zusammen ein Ökosystem.

Lebensräume sind gefährdet
Durch Eingriffe des Menschen, zum Beispiel durch Siedlungs- und Straßenbau oder Ausweitung landwirtschaftlicher Flächen werden häufig wertvolle Lebensräume zerstört. Die Ziele des Naturschutzes sind, Pflanzen, Tiere und ihre natürlichen Lebensräume zu bewahren. Außerdem soll die Artenvielfalt und Schönheit der Natur erhalten werden. Das Bundesnaturschutzgesetz verbietet vermeidbare Eingriffe in die Natur. Jeder kann selbst dazu beitragen, dass Tiere und Pflanzen und ihre Lebensräume geschützt werden.

3 Jugendliche beim Aufhängen eines Nistkastens

alles klar?

1 Nenne einige Lebensräume für Tiere und Pflanzen, die in deiner näheren Umgebung zu finden sind.

2 In den jeweiligen Lebensräumen herrschen ganz unterschiedliche Umweltfaktoren. ↑4

a Übertrage die Ziffern in dein Heft. Ordne den Ziffern die Faktoren zu.

b Beschreibe die Umweltfaktoren für einen bestimmten Lebensraum.

c Nenne einige Bewohner dieses Lebensraums (Pflanzen und Tiere).

d Beschreibe, wie die Pflanzen und wie die Tiere an den Lebensraum angepasst sind.

4 Umweltfaktoren

5 Verhaltensregeln in einem Naturschutzgebiet

3 Nenne sechs Baumarten, die auf eurem Schulgelände oder in der näheren Umgebung wachsen. Zähle sechs häufige Heckenpflanzen auf.

4 Erläutere, wie man vorgeht, wenn man einen Lebensraum erfassen und möglichst genau beschreiben möchte. Erläutere die Methoden, die man dabei benutzt.

5 Hecken haben vielfältige Wirkungen.

a Nenne die Wirkungen und die Bedeutung einer Hecke.

b Erläutere den Unterschied zwischen einer naturnahen Hecke und einer geschnittenen Hecke aus nur einer Pflanzenart.

c Die Früchte des heimischen Weißdorns („Müllerbrot“; ↑6, S.141) werden von 32 Vogelarten gefressen, die des verwandten nordamerikanischen Scharlachdorns nur von zwei einheimischen Vogelarten. Ähnliche Unterschiede bei den Nahrungspflanzen gelten auch für Insekten und Säugetiere. Begründe, warum Naturschützer raten, vorwiegend einheimische Sträucher und Bäume zu pflanzen.

d Erläutere, weshalb in der Vergangenheit viele Hecken in der Feldflur entfernt wurden. Beschreibe die Folgen.

6 Nahrungsbeziehungen werden durch Nahrungsketten und Nahrungsnetze dargestellt.

a Erläutere die Begriffe.

b Verbinde die folgenden Pflanzen und Tiere zu einem Nahrungsnetz: Amsel, Feldmaus, Brombeere, Schnecke, Bussard, Haselnuss, Neuntöter, Igel.

7 Manche Lebensräume sind gesetzlich geschützt. Sie werden zum Beispiel als Naturschutzgebiete ausgewiesen.

a Nenne einige Gründe, warum Gebiete geschützt werden.

b Informiere dich, was ein Naturschutzgebiet auszeichnet und welche Vorschriften darin gelten.

c Erläutere und begründe die Verhaltensregeln für Besucher eines Naturschutzgebietes. ↑5

Teste dich!

1 Lebensräume sind durch Umweltfaktoren und das Vorkommen unterschiedlicher Tiere und Pflanzen gekennzeichnet. In Protokollen wurden Untersuchungsergebnisse von zwei unterschiedlichen Lebensräumen festgehalten ↑1,2 Bei dem einen Lebensraum handelt es sich um eine Hecke an der Nordseite eines Gebäudes und bei dem anderen um einen Steinhaufen auf dem offenen Gelände.

Datum: 02.09.2008 — *Uhrzeit:* 12.30–13.00 Uhr

Ergebnisse	*A*	*B*
Bodentemperatur	*25 °C*	*16 °C*
Luftfeuchtigkeit	*30 %*	*80 %*

1 Protokollbogen: Umweltfaktoren

Datum: 02.09.2008 — *Uhrzeit:* 13.30–14.30 Uhr

Bestimmte Pflanzen:

1) Heckenrose, Holunder, Brennnessel
2) Rispengras, Löwenzahn, Mauerpfeffer

Gefundene Tiere:

3) Zauneidechse, Wegameisen, Wildbiene, Apollofalter, Schwebfliege
4) Amsel, Kreuzspinne, Blattlaus, Gartenbänderschnecke, Regenwurm

2 Protokollbogen: Tiere und Pflanzen

a Leider wurden die Protokollzettel nicht eindeutig beschriftet, sodass nicht klar ist, welche Ergebnisse zu welchem Lebensraum gehören. Ordne die Ergebnisse (A, B, 1–4) begründet den Lebensräumen zu. Begründe auch, wenn du Lebewesen nicht eindeutig zuordnen kannst.

b Erstelle für einen der Lebensräume eine Nahrungskette mit den genannten Tieren und Pflanzen.

2 Ihr wollt eine Rasenfläche auf dem Schulgelände in eine Wiese umwandeln.

a Erläutere, wie man vorgehen muss.

b Beschreibe, wie sich der Lebensraum verändern wird.

c Nenne Vor- und Nachteile dieser Maßnahme. Was spricht für einen Rasen, was für eine Blumenwiese?

d Nenne andere einfache Möglichkeiten, Lebensräume für Pflanzen und Tiere zu schaffen.

3 Gefährdete Tiere und Pflanzen kommen auf die Rote Liste.

a Erläutere, was eine Rote Liste ist.

b Zähle einige gefährdete Tier- und Pflanzenarten auf und nenne die Gefährdungsursachen.

c Gib an, was du selbst für den Schutz von Lebensräumen, Tieren und Pflanzen tun kannst.

Die Farben zeigen, worauf es bei einer Aufgabe ankommt:
■ Sachverhalte wiedergeben ■ Wissen anwenden ■ komplexe Probleme lösen

› Die Lösungen findest du im Anhang.

Schätze deine Kenntnisse und Fähigkeiten ein.

Aufgabe	Lerngebiet/Fähigkeit	Lösungshilfe	Auswertung
1	Ich kann Lebensräumen anhand ihrer Umweltfaktoren Pflanzen und Tiere zuordnen. Ich kann eine Nahrungskette erstellen.	138–154	Ordne dazu deiner Lösung im Heft ein Smiley zu: ☺ Ich konnte die Aufgabe richtig lösen. 😐 Ich konnte die Aufgabe nicht komplett lösen. ☹ Ich konnte die Aufgabe nicht lösen.
2	Ich kann erläutern, wie man einen Rasen in eine Wiese umwandelt und beschreiben, wie sich der Lebensraum verändert. Ich kann Vor- und Nachteile von Rasen und Wiese nennen. Ich kann weitere einfach zu schaffende Lebensräume nennen.	164–165	
3	Ich kann erläutern, was eine Rote Liste ist und Beispiele für gefährdete Tiere und Pflanzen nennen. Ich kann Handlungsmöglichkeiten für den Schutz von Lebensräumen nennen.	163	

Lösungen der Teste-dich!-Aufgaben

Kennzeichen des Lebendigen

1a Lebewesen wachsen, entwickeln sich und pflanzen sich fort. Die Kinder der Eltern sind unterschiedlich alt und entwickelt. Die Eltern haben drei Kinder (Nachkommen) – sie haben sich fortgepflanzt.

b Ein Kind wächst und verändert sich mit der Zeit. Aus dem Säugling wird ein Kleinkind, dann ein Schulkind, später wird es zum Jugendlichen und schließlich zum Erwachsenen.

2a Ja. Beispiele: Er bewegt sich. Er reagiert auf ein Steuersignal („Reiz“).

b Lebewesen weisen immer alle Kennzeichen des Lebendigen auf. Nichtlebende Dinge können einzelne Merkmale des Lebens zeigen, doch erst die Summe aller Merkmale kennzeichnet das Lebewesen.

3 Individuelle Lösungen

Tiere in ihren Lebensräumen

1a Äußere Befruchtung zeigen Fische und Lurche, durch innere Befruchtung pflanzen sich Kriechtiere, Vögel und Säugetiere fort.

b Durch innere Befruchtung ist die Fortpflanzung vom Wasser unabhängig. Die Spermienzellen müssen nicht im Wasser zu den Eizellen schwimmen und die Eizellen sind vor Austrocknung geschützt.

c Die von Wasser abhängige Fortpflanzung wird durch Trockenheit erschwert. Die Anzahl feuchtigkeitsliebender Arten wird abnehmen.

2a Kriechtiere sind durch verhornte Haut, innere Befruchtung und Eier mit einer weichen Schale auch an trockene Klimate angepasst.

b In den trockenen Klimaten in Äquatornähe leben mehr Kriechtierarten als in nördlicheren und südlicheren Regionen, die eher gute Lebensbedingungen für Feuchtlufttiere bieten.

c Wechselwarme Tiere wie die Kriechtiere haben keine Möglichkeit zur Regulation der Körpertemperatur. Menschen schwitzen bei Hitze und regulieren so ihre Körpertemperatur, Kriechtiere müssen kühle Orte aufsuchen.

3a Ihr Skelett in Leichtbauweise, ihre Flügel mit Federn und leistungsfähige Lungen ermöglichen den Vögeln das Leben in der Luft.

b Die Anforderungen an das Leben im Lebensraum Luft schränken die Variabilität ein.

4a Die Körpertemperatur des Eichhörnchens schwankt auch bei unterschiedlichen Außentemperaturen nicht.

b Das gleichwarme Eichhörnchen hält Winterruhe, es erwacht von Zeit zu Zeit und sucht seine Vorräte auf.

c Winteraktive Wirbeltiere überwintern mit einem Winterfell und einem Fettpolster. Winterschläfer reduzieren durch ihren Schlaf ihren Energiebedarf, der durch ein Fettpolster gedeckt wird. Vögel stellen im Winter ihre Ernährung um oder weichen durch Vogelzug in mildere Klimate aus. Wechselwarme Wirbeltiere fallen an einem frostsicheren Platz in Winterstarre.

Aus dem Leben der Samenpflanzen

1a 1: Blüten; 2: Laubblätter; 3: Sprossachse; 4: Wurzel

b Wurzel – Verankerung im Boden, Aufnahme von Wasser und Mineralstoffen
Sprossachse – Stabilisierung, Transport von Stoffen;
Laubblatt – Nährstoffbildung (Fotosynthese)
Blüte – Fortpflanzung, Vermehrung

c Die Pflanzenwurzeln wachsen tief in das Erdreich hinein und nehmen Wasser mit gelösten Mineralstoffen auf. Die Aufnahme von Wasser wird dadurch erhöht, dass an den Wurzeln sehr viele winzige Wurzelhärchen sind, die die zur Wasseraufnahme vorhandene Oberfläche der Wurzeln sehr stark vergrößern.

2a 1. Als Samen auf oder unter der Erde.
2. Als Zwiebeln, Wurzeln oder Teile der Sprossachse im Erdreich.
3. Viele Bäume und Sträucher werfen ihr Laub ab, bilden Knospen und speichern die Nährstoffe in Stamm und Ästen.
4. Immergrüne Bäume sind durch besondere Anpassungen im Winter geschützt.

b In Früchten befinden sich Samen. Pflanzen produzieren die Früchte, um sich mit den Samen zu vermehren und zu verbreiten. Die Früchte können zum Beispiel durch Tiere oder den Wind verbreitet werden. Dadurch können auch in größerer Entfernung von der Mutterpflanze neue Pflanzen wachsen. Die Pflanzen bilden die Früchte nicht für uns Menschen, auch wenn wir viele sehr gerne essen.

c Die Flasche muss kurz nach erfolgter Bestäubung und Befruchtung über die ganz kleine Birne gesteckt und an den Zweig gehängt werden. Die Birne wächst dann in der Flasche zur vollen Größe heran. Die Energie und die Stoffe dafür stammen aus der Fotosynthese. Man kann die Flaschen auch vor der Bestäubung über die Blüte stülpen. Dann erhält man aber deutlich weniger Flaschenbirnen, da die Bestäuber erst in die Flasche kriechen müssen.

3a Beide haben zum Teil recht! Pflanzen benötigen zum Wachstum zusätzlich zum Wasser und dem Kohlenstoffdioxid aus der Luft noch Mineralstoffe aus dem Boden und vor allem Licht für die Fotosynthese.

b Das Verteilen von Kompost auf Pflanzen hat zwei Ziele: Wenn man im Herbst viel Kompost auf niedrig wachsende Pflanzen verteilt, sind sie auch etwas vor der Kälte geschützt. In diesem Punkt hat Tinas Oma recht. Viel wichtiger ist aber, dass die verrottenden Pflanzenreste aus dem Kompost viele Mineralstoffe enthalten, die von den Erdbeeren zum Wachstum benötigt werden.

Lebensräume in meiner Nachbarschaft

1a Hecke an der Nordseite eines Gebäudes: Die Messergebnisse B, die Pflanzen zu 1) und die Tiere zu 4).
Begründung: Im Schutz der Hecke ist die Luftfeuchtigkeit höher und die Bodentemperatur niedriger, die Hecke liegt voll im Schatten. Die bestimmten Pflanzen und gefundenen Tiere bevorzugen diesen schattigen, eher kühlen und feuchten Standort.
Steinhaufen auf dem offenen Gelände: Die Messergebnisse A, die Pflanzen zu 2) und die Tiere zu 3).
Begründung: Der Steinhaufen im offenen Gelände hat auf Grund der Sonneneinstrahlung und durch die Einwirkung des Winds eine geringe Luftfeuchtigkeit und eine höhere Bodentemperatur. Die bestimmten Pflanzen und gefundenen Tiere bevorzugen den trockenen und warmen Standort. Der Löwenzahn ist äußerst anpassungsfähig und wächst auch an feuchten, kühleren, schattigen Standorten.

b Hecke: Holunder → Blattlaus → Amsel;
Holunder → Schnirkelschnecke → Amsel;
Steinhaufen: Mauerpfeffer → Apollofalter → Eidechse; Mauerpfeffer → Biene → Eidechse

2a Man sollte zunächst die Schulleiterin oder den Schulleiter und den Hausmeister für den Plan gewinnen. Anschließend muss man sich um die Zustimmung der Stadt oder der Gemeinde bemühen. Bevor man beginnt, ist es sinnvoll, Fotos anzufertigen, damit man später die Veränderungen dokumentieren kann. Der Rasen soll zunächst etwa 100 Tage nicht gemäht werden, in Zukunft nur noch zweimal im Jahr. Man kann ein wenig nachhelfen, wenn man ein paar Flächen (1 m × 1 m) umgräbt und eine Wildblumensamen-Mischung einsät.

b Nach und nach werden sich andere Gräser und Kräuter ansiedeln. Diese ziehen mit der Zeit verschiedenen Bienen, Hummeln, Schmetterlinge und andere Insekten sowie Vögel an. Aus einer artenarmen Rasenfläche wird sich im Lauf der Zeit ein Lebensraum mit einer artenreichen Blumenwiese entwickeln.

c Vorteile eines Rasens: Manche Menschen finden die regelmäßig kurz geschnittene Rasenfläche „ordentlicher“. Häufig erwarten die Nachbarn, dass der Rasen kurz gehalten und dadurch Samenflug vermieden wird. Rasenflächen kann man mit einem normalen Rasenmäher mähen, zum Mähen von Wiesen braucht man besondere Mähmaschinen.
Vorteile einer Blumenwiese: Sie braucht nur zweimal im Jahr (Rasenflächen dagegen bis zu 20-mal) gemäht zu werden. Die Blumenwiese ist ein vielfältiger Lebensraum. Zum Ausgleich für die Zerstörung artenreicher Blumenwiesen können dadurch manche Pflanzen- und Tierarten geschützt werden. Blühende Wiesen mit Schmetterlingen sehen schön aus und sind interessanter als Rasenflächen.

d Einfach zu schaffende Lebensräume sind zum Beispiel: Fassadenbegrünung, Komposthaufen, Steinhaufen, Reisig- und Laubhaufen, Brennnesselecke, Kräuterspirale. Durch das Anpflanzen überwiegend einheimischer Pflanzen sowie Schmetterlings- und Bienenpflanzen verbessert man die Lebensbedingungen für viele Tiere, ebenso durch das Schaffen von Nistgelegenheiten für Vögel und Insekten.

3a In der Roten Liste steht, welche Pflanzen- und Tierarten bedroht, gefährdet oder ausgestorben sind.

b Gefährdete Tiere sind zum Beispiel das Große Mausohr (eine Fledermausart) und der Feuersalamander. Gefährdete Pflanzen sind zum Beispiel das Knabenkraut (eine Orchideenart) und die Kornblume.
Die Gefährdungsursachen liegen im Zerstören der natürlichen Lebensräume. Kornblumen werden durch Unkrautbekämpfungsmittel vernichtet, die auf den Feldern ausgebracht werden. Fledermäuse finden immer weniger Wohn- und Nistmöglichkeiten, weil alte Bäume mit Höhlen gefällt, verlassenen Ruinen oder alte Stollen abgedichtet oder abgerissen werden.

c Man kann sich bei Naturschutzexperten über Projekte zur Pflege und Wiederherstellung von Lebensräumen informieren und sich daran beteiligen. Man kann auch bei einer Naturschutzorganisation mitarbeiten oder an der Schule eine eigene Gruppe gründen.

Tiere in Übersichten

Auf der Erde existiert eine enorme Anzahl und Vielfalt von Lebewesen wie zum Beispiel Pilze, Pflanzen und Tiere. Von ihnen sind bis heute etwa 1,6 Millionen Arten bekannt, darunter etwa 400 000 Pflanzenarten und etwa 1,2 Millionen Tierarten.
Bei den Tieren umfassen die Wirbeltiere nur etwa 46 500 Arten. Die Wirbellosen machen dagegen weit über eine Million Arten aus. Wissenschaftler nehmen an, dass ein Teil der Tiere noch gar nicht bekannt ist. Das trifft vor allem auf die Gruppe der Insekten, wie Schmetterlinge, Käfer, Libellen, Schaben, Heuschrecken, Hautflügler und Zweiflügler, zu. Aber selbst neue Wirbeltiere werden immer wieder entdeckt. In dieser Hinsicht bergen insbesondere die unzugänglichen und noch unerforschten Teile der Ur- und Regenwälder noch manches Geheimnis.
Die Forschung bringt den Wissenschaftlern ständig neue Erkenntnisse.
Bedacht werden muss auch die Tatsache, dass im Laufe der Erdgeschichte viele Tierformen auftraten, die längst ausgestorben sind (z. B. Ammoniten, Trilobiten, Saurier, Urvögel und Ursäugetiere).

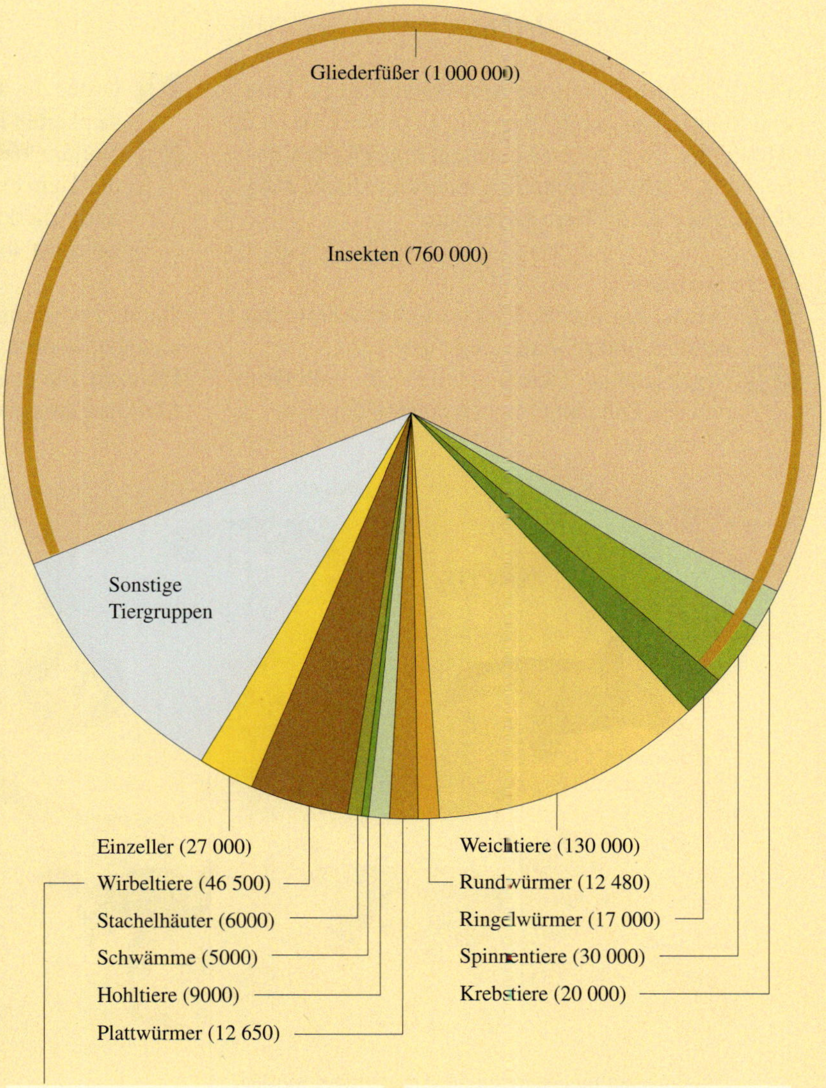

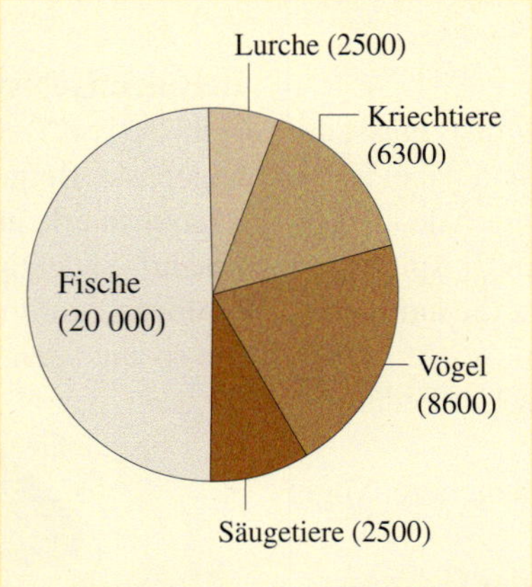

Artenanteil (in Klammern) der wichtigsten Gruppen des Tierreichs

In Deutschland leben beispielsweise:

130	Hohltierarten
1 100	Plattwürmerarten
1 900	Ringelwürmerarten
500	Weichtierarten
900	Krebsarten
2 300	Spinnenarten
28 900	Insektenarten
500	Wirbeltierarten

Viele dieser Tierarten stehen unter Naturschutz, manche von ihnen sind vom Aussterben bedroht.

Methode

Vergleichen und Ordnen

Eine wichtige biologische Arbeitsweise ist es, Tiere und Pflanzen zu vergleichen und zu ordnen. Wenn du Abbildung 1 mit den verschiedenartigen Tieren betrachtest, fallen dir sicherlich unterschiedliche Möglichkeiten ein, die Tiere zu ordnen.

Tiere Ordnen

1 Gib an, um welche Tiere es sich in Abbildung 1 handelt, und schreibe sie in eine Liste.

2 Vergleiche die Tiere und teile sie in zwei Gruppen ein. Gib den Gruppen einen Namen, der sie beschreibt.

3 Ordne die Tiere 1–14 anhand anderer Gemeinsamkeiten in andere Gruppen.

4 Notiere, nach welchen Ordnungsmerkmalen du die Tiere eingeteilt hast. Erläutere, welche Ordnungsmerkmale besser und welche schlechter geeignet sind.

Damit man beim biologischen Ordnen nicht durcheinander kommt, ist es wichtig, alle Tiere oder Pflanzen, die man vergleicht, nach demselben Merkmal zu ordnen.

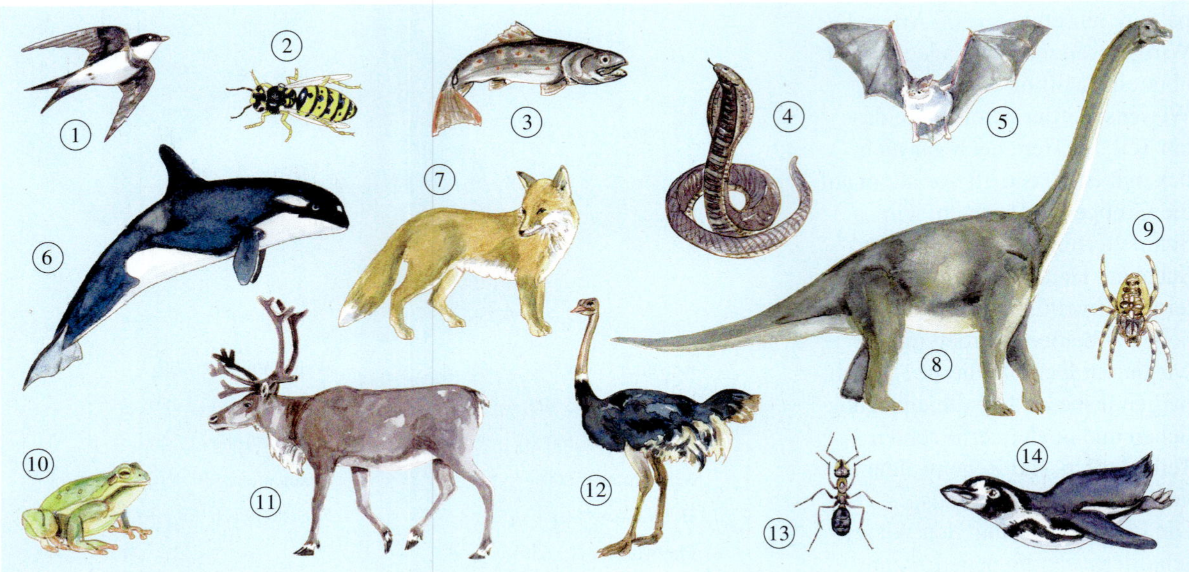

1 Tiere können auf unterschiedliche Art geordnet werden.

Vergleichen nach Kriterien

Wenn du wie ein Biologe vergleichen willst, musst du die Lebewesen ganz genau betrachten und dabei auf bestimmte Merkmale achten. Diese Merkmale kann man zu Kriterien zusammenfassen, zum Beispiel:

– Kriterium Lebensraum: Sind es Tiere, die auf dem Land, in der Luft, im Wasser leben?
– Kriterium Körperbedeckung: Hat das Tier Federn, Haare, Schuppen?
– Kriterium Verwandtschaft: Sind es Säugetiere, Vögel oder Fische oder andere?
– Kriterium Ernährungsweise: Wie ist das Gebiss gebaut? – Ist das Tier Pflanzen-, Fleisch-, Allesfresser?

Für die Biologen ist die an der Ähnlichkeit von Merkmalen erkennbare Verwandtschaft das wichtigste Ordnungskriterium.

Beispiel: Gebisse vergleichen

Gebisse von Tieren sind an deren Ernährungsweise angepasst. Betrachtet man den Bau des Gebisses, kann man erkennen, wie und wovon sich ein Tier ernährt. Säugetiere lassen sich anhand ihrer Gebisse Gruppen zuordnen. Wir können Schädel von Säugetieren so auch den richtigen Tieren zuordnen. ↑2

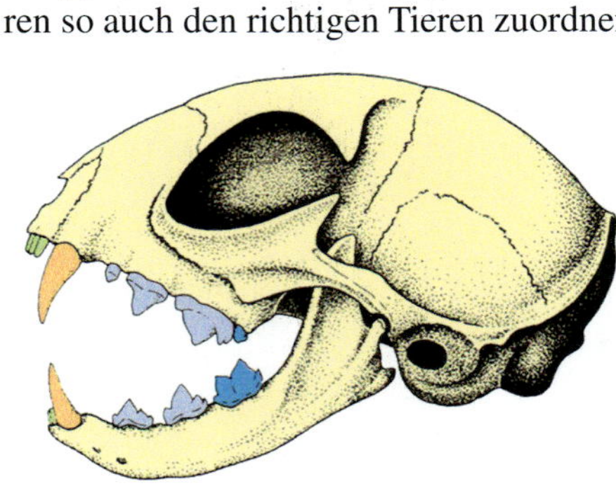

2 Schädel und Gebiss eines unbekannten Tieres

Vergleichen und Ordnen

Die Zahnformel *Ein nützliches Hilfsmittel zum Vergleich von Gebissen ist die Zahnformel. Dabei werden die verschiedenen Zahntypen (Schneidezähne, Backenzähne usw.) durch Buchstaben gekennzeichnet und deren jeweilige Anzahl notiert. Man erhält dann ein „Zahnkreuz". Biologen vereinfachen dieses noch, indem sie nur jeweils eine Gebisshälfte aufschreiben und die Buchstaben für die Zahntypen weglassen. Das ist möglich, weil die Reihenfolge der Zahntypen immer dieselbe ist. Wenn ein Zahntyp fehlt, notiert man eine Null.* ↑3

Schneidezähne **S**
Eckzähne **E**
vordere Backenzähne **V**
hintere Backenzähne **B**

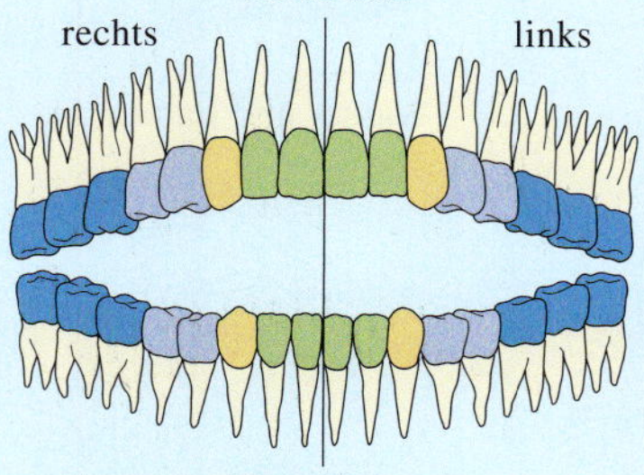

Zahnformel:

3	2	1	2	2	1	2	3
3	2	1	2	2	1	2	3
B	V	E	S	S	E	V	B

vereinfachte Zahnformel: $\frac{2\ 1\ 2\ 3}{2\ 1\ 2\ 3}$

3 Menschliches Gebiss und Zahnformel

1 Das Gebiss der Pflanzenfresser ist an ihre Ernährungsweise angepasst. Beschreibe die Mahlzähne des Pferdes ↑4 und ihre Aufgabe bei der Nahrungsaufnahme. Bestimme die Zahnformel.

2 Auch das Gebiss der Raubtiere (z. B. des Hundes) ist an die Ernährungsweise angepasst. ↑5 Beschreibe die Aufgabe der dolchartigen Eckzähne (= Fangzähne), der scharfkantigen Reißzähne und der Schneidezähne. Bestimme und notiere die Zahnformel des Hundes.

3 Vergleiche Pflanzen- und Fleischfressergebiss. Notiere Gemeinsamkeiten und Unterschiede.

4 Das menschliche Gebiss ist ein Allesfressergebiss. ↑3 Vergleiche mit dem Fleisch- und Pflanzenfressergebiss und nenne die Unterschiede. Welches der abgebildeten Gebisse würdest du noch den Allesfressergebissen zuordnen? Begründe.

5 Fertige eine Tabelle mit drei Spalten an. Ordne die abgebildeten Gebisse Pflanzenfressern, Fleischfressern und Allesfressern zu. Ergänze um andere Tierarten. Notiere die Merkmale, anhand derer du die Tiere zugeordnet hast, ebenfalls in der Tabelle. Begründe deine Eintragungen.

6 Versuche, den unbekannten Schädel zu bestimmen. ↑2 Beschreibe dein Vorgehen.

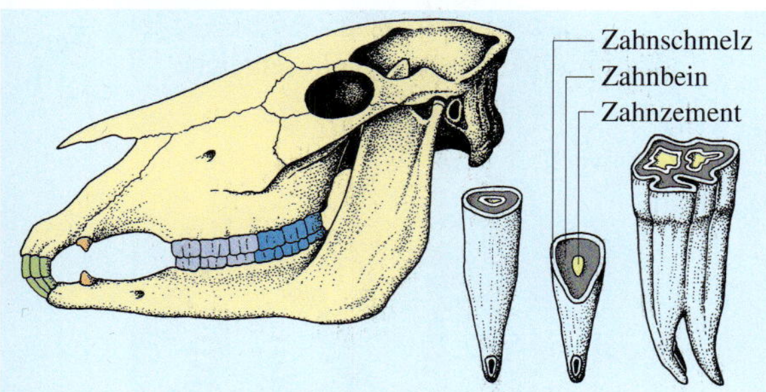

4 Schädel und Gebiss des männlichen Pferdes

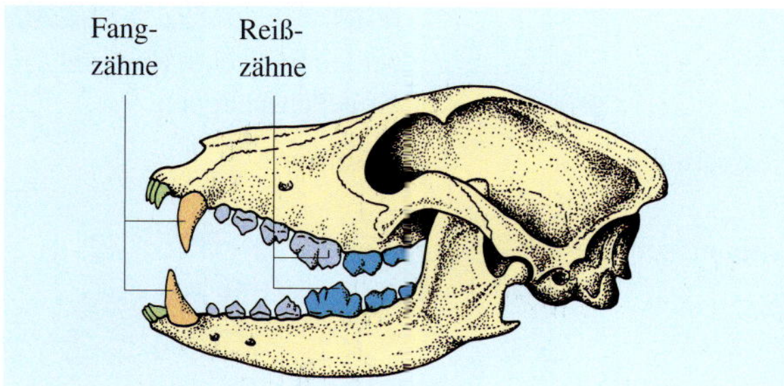

5 Schädel und Gebiss des Hundes

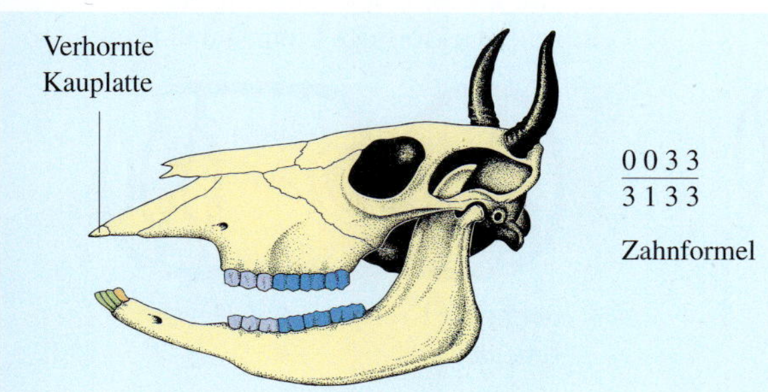

6 Schädel und Gebiss des Rindes

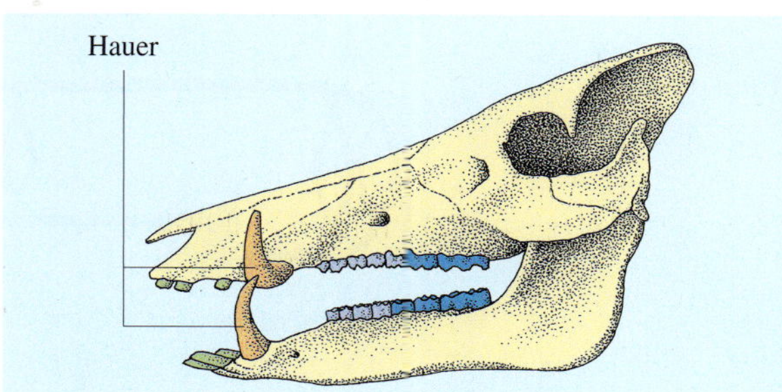

7 Schädel und Gebiss des männlichen Wildschweins

Wirbeltiere und ihre Lebensräume

<table>
<tr><th>Wirbeltiergruppe</th><th>Knochenfische</th><th>Lurche (Amphibien)</th></tr>
<tr><td>Formenvielfalt (in Auswahl)</td><td>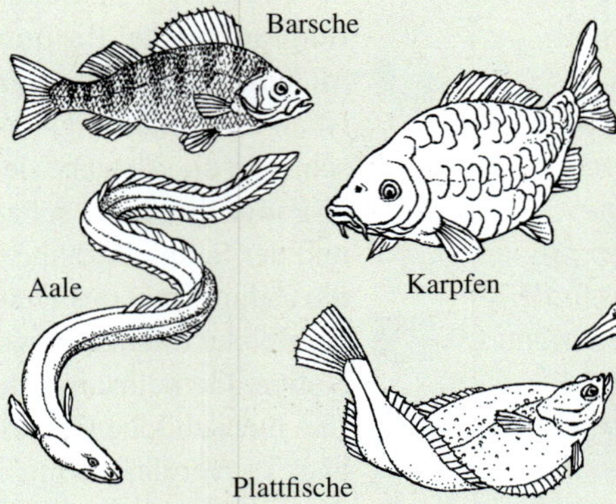
</td><td>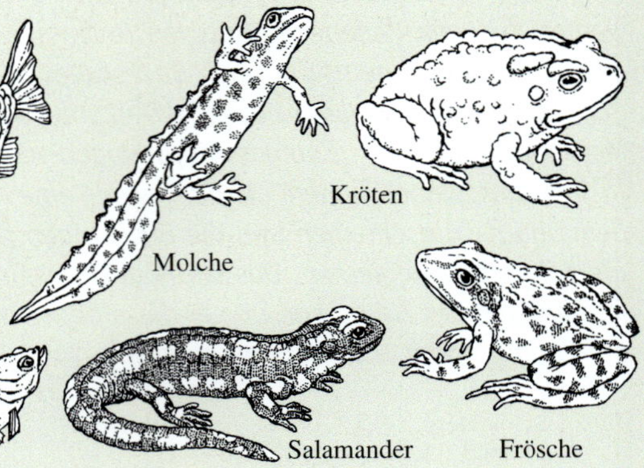
</td></tr>
<tr><td>Lebensraum</td><td>Wasser</td><td>Wasser und Land</td></tr>
<tr><td>Skelett und Gliedmaßen</td><td>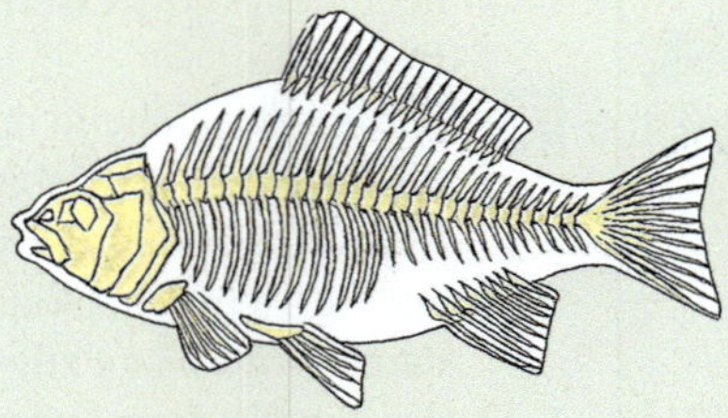</td><td>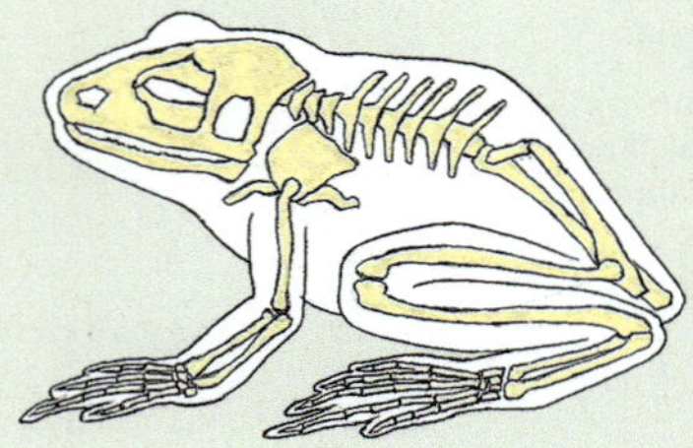</td></tr>
<tr><td>Körperbedeckung</td><td>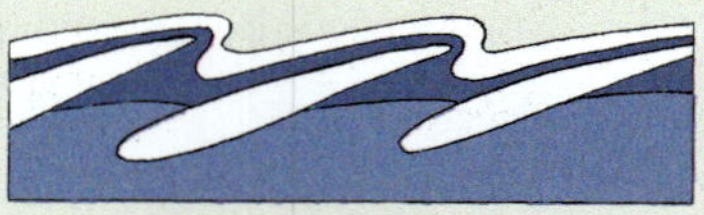
schleimbedeckte Haut mit Knochenschuppen</td><td>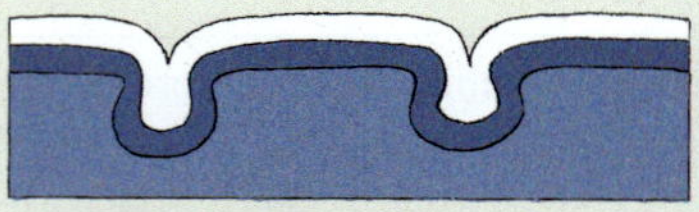
schleimbedeckte, drüsenreiche nackte Haut</td></tr>
<tr><td>Körpertemperatur</td><td>wechselwarm</td><td>wechselwarm</td></tr>
<tr><td>Atmungsorgane</td><td>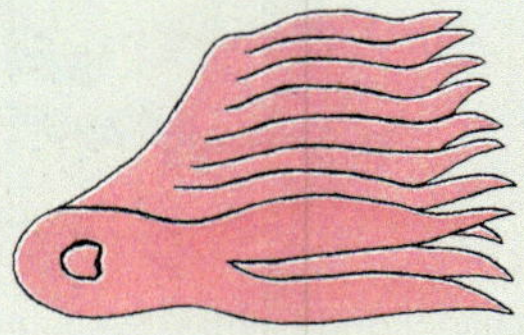
Kiemen</td><td>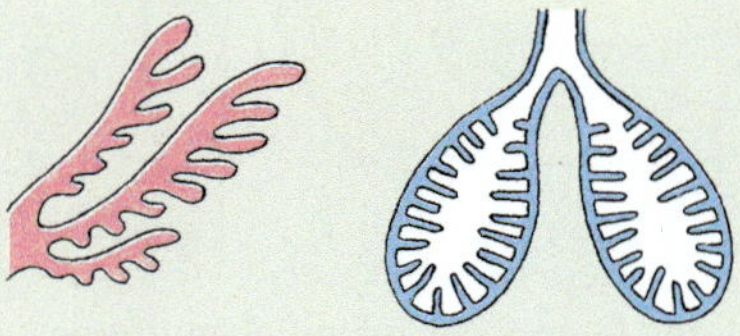
Larven: Kiemen; erwachsene Tiere: einfache, sackförmige Lungen und Haut</td></tr>
<tr><td>Blutkreislauf</td><td>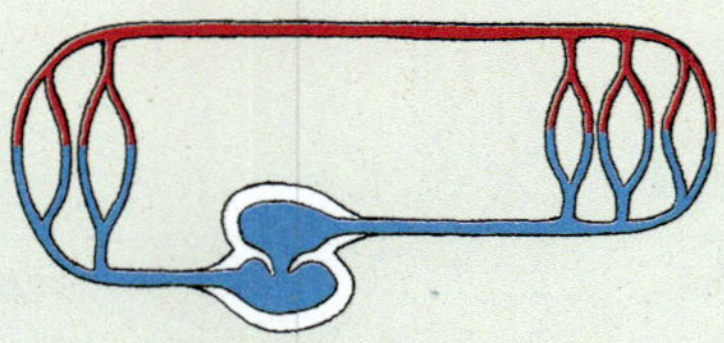
einfacher Kreislauf</td><td>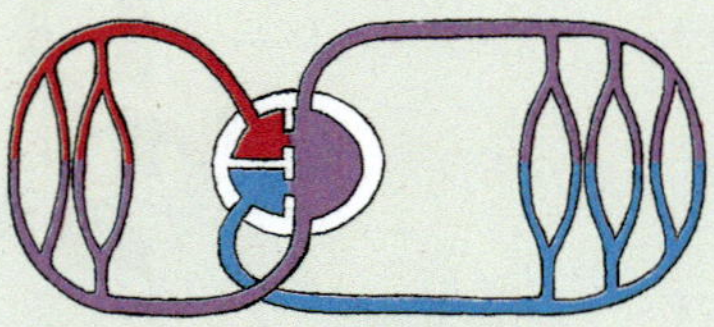
doppelter Kreislauf ohne Herzscheidewand</td></tr>
<tr><td>Fortpflanzung</td><td>geschlechtlich</td><td>geschlechtlich</td></tr>
</table>

Kriechtiere (Reptilien)	Vögel	Säugetiere
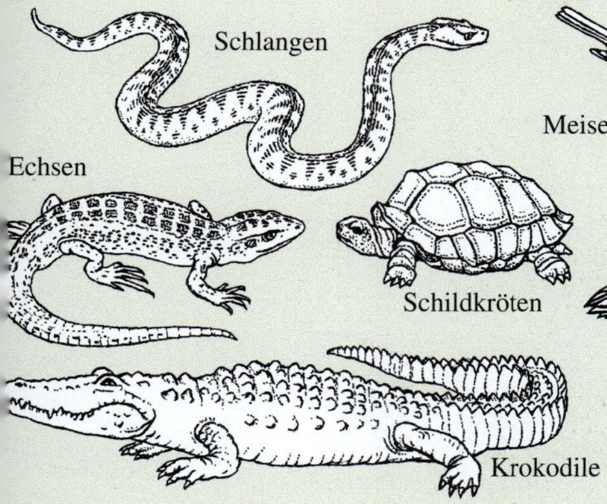		
Land und Wasser	Luft, Land, Wasser	Land, Wasser, Luft
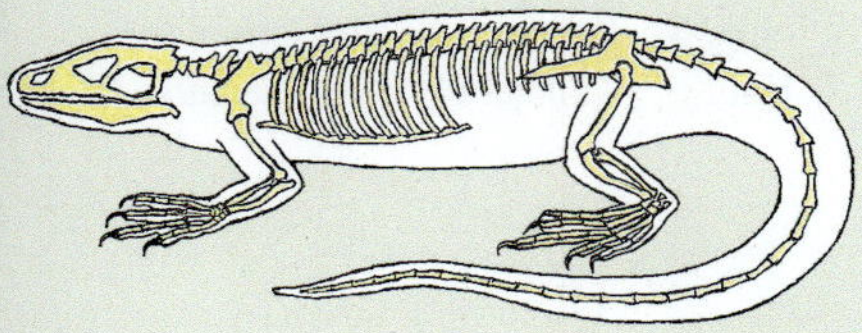	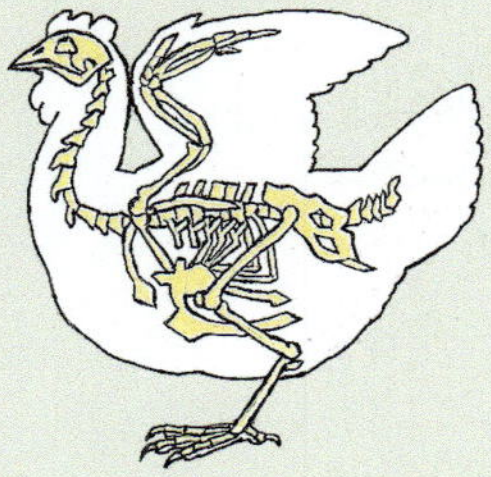	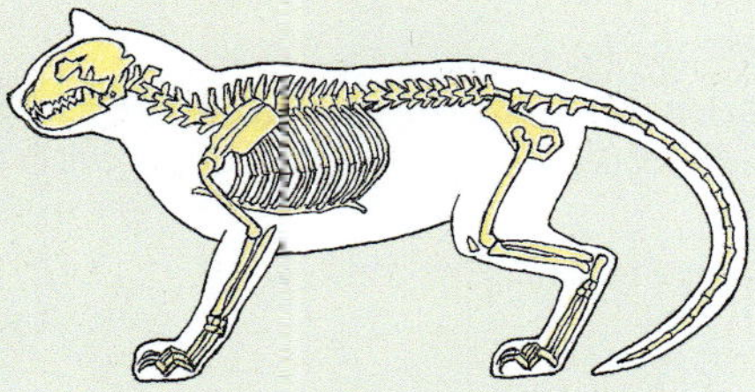
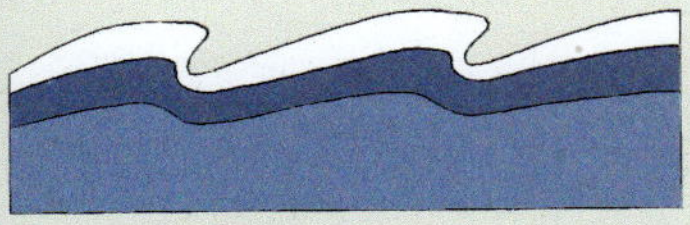	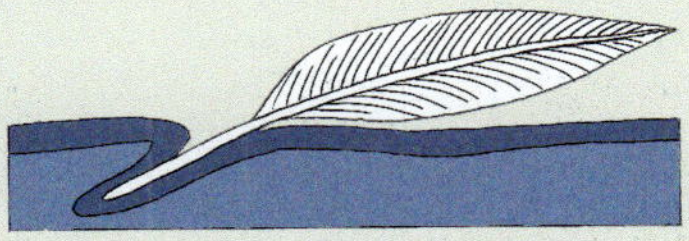	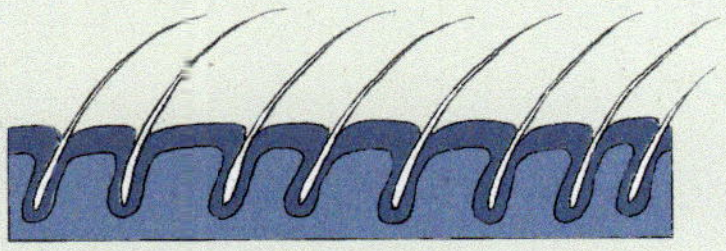
obere Hautschicht aus Hornschuppen oder -schilden	verhornte Haut mit Federn	verhornte Haut mit Haaren
wechselwarm	gleichwarm	gleichwarm
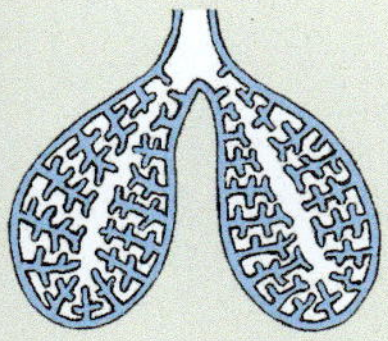	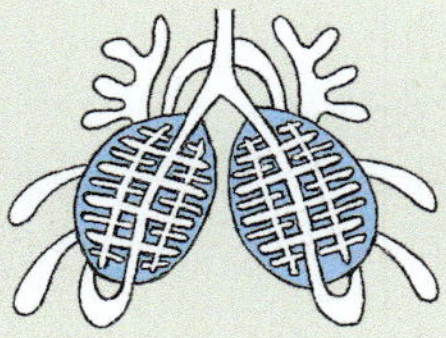	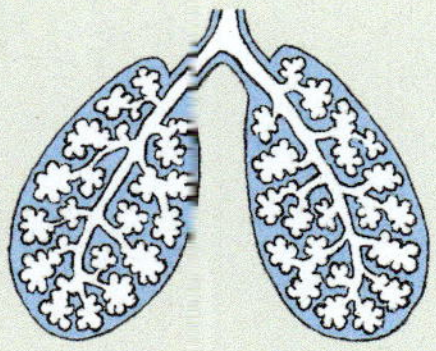
gekammerte Lungen	Lungen mit Luftsäcken	Lungen mit Lungenbläschen
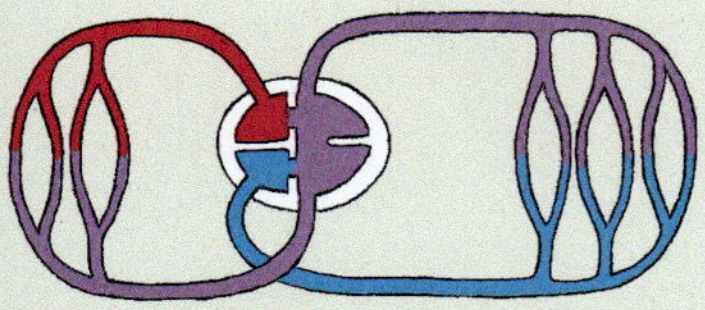	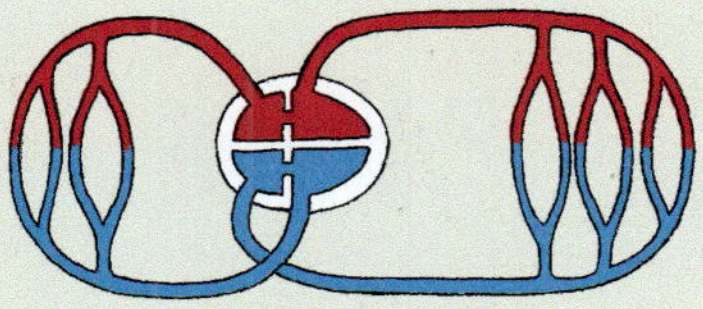	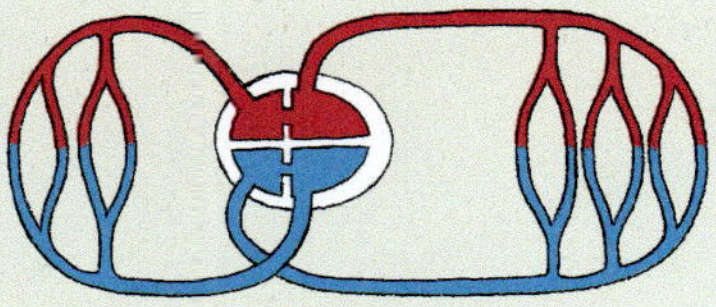
doppelter Kreislauf mit unvollständiger Herzscheidewand	doppelter Kreislauf mit vollständiger Herzscheidewand	doppelter Kreislauf mit vollständiger Herzscheidewand
geschlechtlich	geschlechtlich	geschlechtlich

Wirbellose Tiere und ihre Lebensräume

Tierstamm	Hohltiere	Weichtiere
Formenvielfalt (in Auswahl)	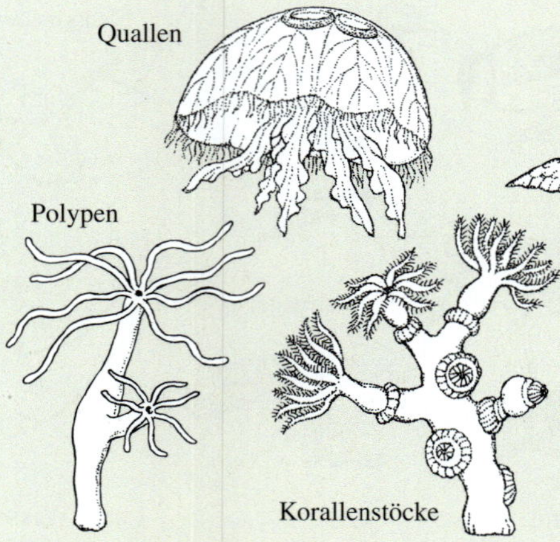	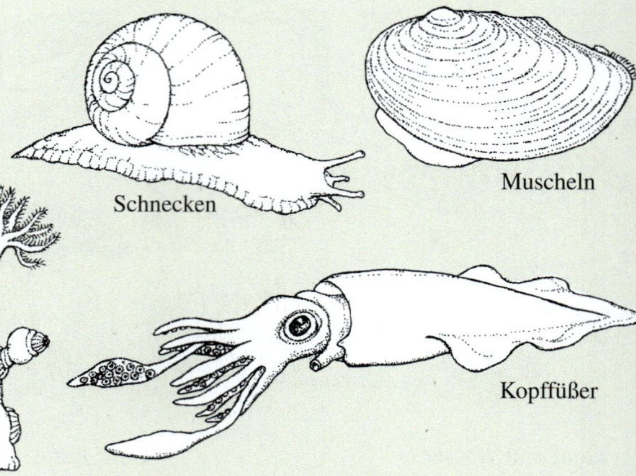
Lebensraum	Wasser	Wasser und Land
Skelett und Körperbedeckung	nur teilweise mit Skelett (z. B. Korallen); äußere Zellschicht (Außenschicht)	ohne Skelett; weiche, drüsenreiche Haut,oft Kalkschale oder -gehäuse
Körpergliederung	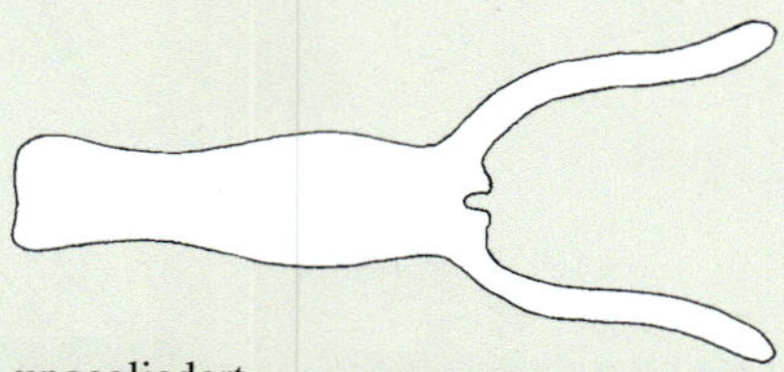 ungegliedert	 ungleichmäßig gegliedert (Kopf, Fuß, Eingeweidesack)
Nervensystem	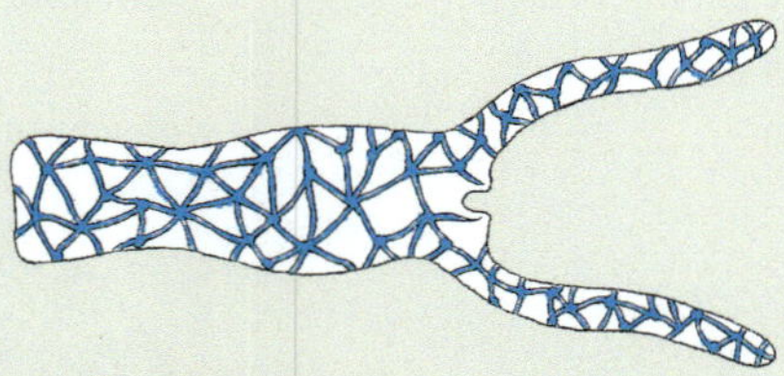 netzförmiges Nervensystem	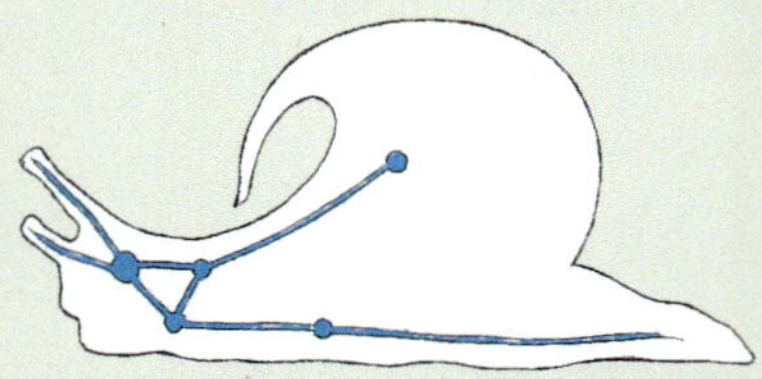 zentrales Nervensystem mit Gehirn und Bauchmark
Atmung	durch gesamte Körperoberfläche	Kiemen- oder Lungenatmung
Blutgefäßsystem	ohne	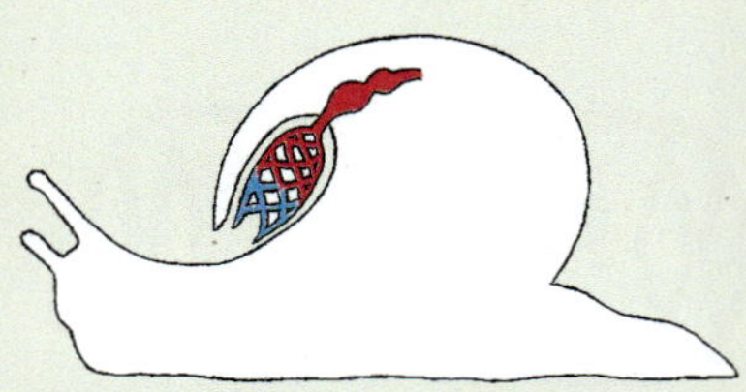 offenes Gefäßsystem mit Herz
Fortpflanzung	geschlechtlich und ungeschlechtlich (Knospung)	geschlechtlich (zum Teil Zwitter)

Ringelwürmer	Gliederfüßer
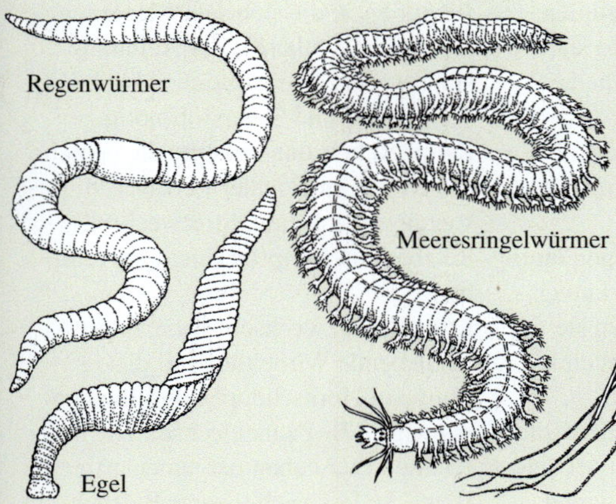	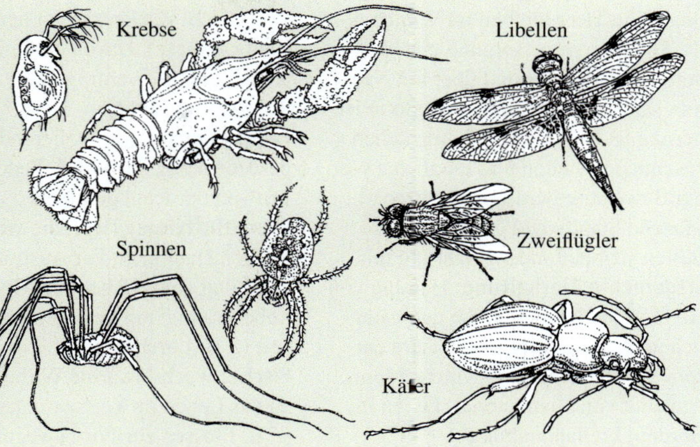
Land und Wasser	Land, Wasser, Luft
ohne Skelett; dünne schleimige, drüsenreiche Haut	Außenskelett (Chitin); Chitinpanzer (zum Teil mit Kalkeinlagerungen)
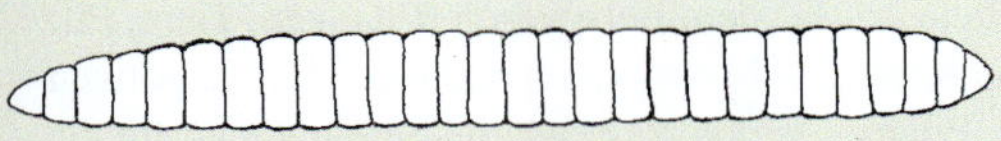	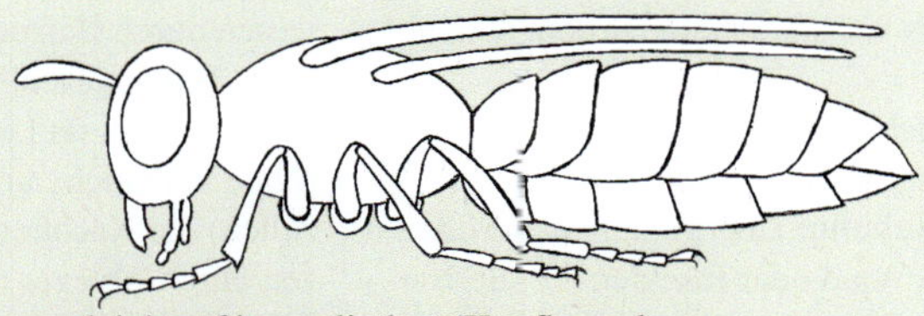
gleichmäßig gegliedert (Segmente)	ungleichmäßig gegliedert (Kopfbrust bzw. Kopf, Brust, Hinterleib)
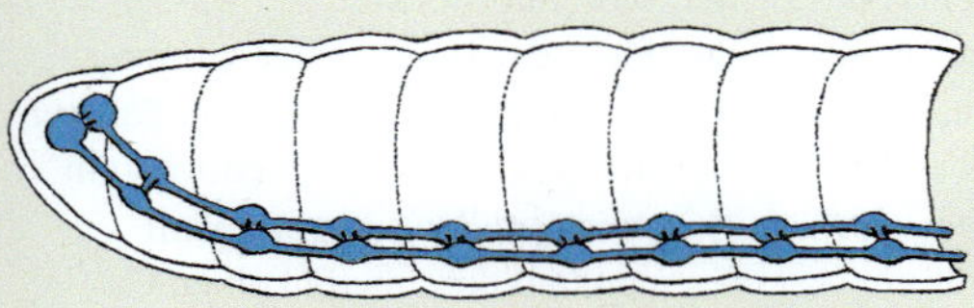	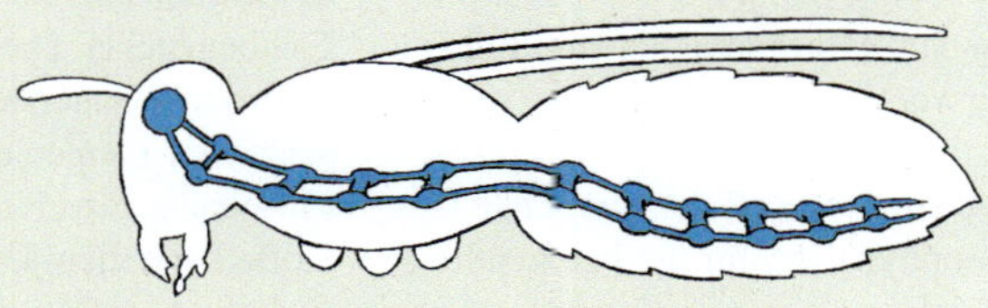
strangförmiges Nervensystem mit Gehirn und Bauchmark (Strickleiternervensystem)	Strickleiternervensystem
Haut- oder Kiemenatmung	Kiemen- oder Tracheenatmung
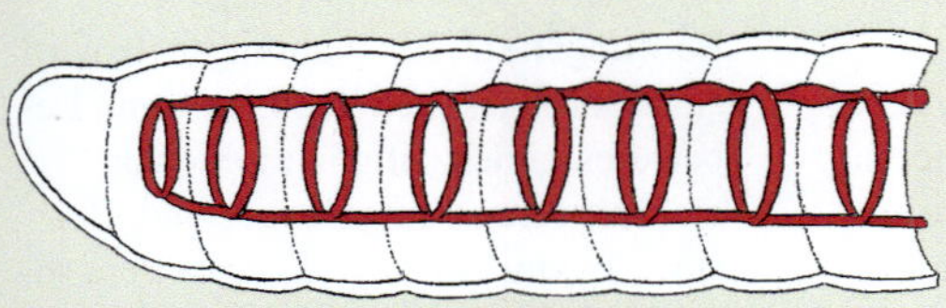	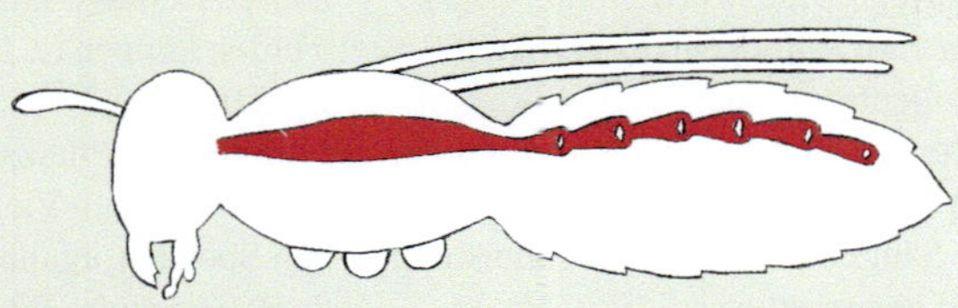
einfaches, geschlossenes Gefäßsystem	offenes Gefäßsystem mit Herz
geschlechtlich (Zwitter)	geschlechtlich

Glossar

aktive Überwinterung: Form der Überwinterung bei Säugetieren (z. B. Rothirsch) und Vögeln (z. B. Haussperling). Die Tiere bleiben im Winter aktiv. Die Energieversorgung erfolgt durch Fettspeicher und über die Nahrungsaufnahme. Durch verbesserte Isolierung (z. B. Winterfell), Aufsuchen geschützter Stellen und möglichst wenig Bewegung wird Energie gespart. Manche Standvögel und Säugetiere stellen sich auf andere Nahrung um.

artgerechte Tierhaltung: Haltung von Heim- und Nutztieren, die den natürlichen Bedürfnissen dieser Tiere entspricht (z. B. Nahrung, Unterschlupf, Angebot von Nistmaterial, Leben in Herden, Freilandhaltung).

Atmung: Aufnahme von Sauerstoff und Abgabe von Kohlenstoffdioxid über die Atmungsorgane (z. B. Kiemen, Lungen). Der Sauerstoff dient dazu, im Körper aus Nährstoffen die für Lebensvorgänge nötige Energie zu gewinnen.

Befruchtung: Verschmelzung einer Spermienzelle und einer Eizelle.

Bestäubung: Übertragung von Pollen durch Wind oder Insekten auf die Narbe der Blüte.

Biologie: Naturwissenschaft von den Lebewesen (Pflanzen, Pilze, Tiere und Menschen, Mikroorganismen), ihren Lebensvorgängen und ihren Beziehungen zur Umwelt.

Blattgrün: Farbstoff der Laubblätter (Chlorophyll), der für die Fotosynthese Licht aufnimmt und umwandelt.

Blüte: Organ zur geschlechtlichen Fortpflanzung der Samenpflanzen. Blüten enthalten in der Samenanlage Eizellen, in den Staubbeuteln Pollenkörner. Farbige Blütenblätter und Nektar dienen zum Anlocken von Insekten für den Pollentransport.

Eizelle: weibliche Fortpflanzungszelle.

Embryo: So nennt man das heranwachsende Säugetier nach seiner Einnistung in die Gebärmutter.

Energie: „Antrieb" für alle Vorgänge in der Technik und in den Lebewesen. Lebewesen beziehen ihre Energie aus Nährstoffen; eingeatmeter Sauerstoff ermöglicht die Energiefreisetzung.

Erzeuger: So bezeichnet man die Pflanzen. Nur sie können unter Nutzung von Licht energiereiche Nährstoffe (z. B. Zucker) selbst herstellen (Fotosynthese). Davon ernähren sich auch Tiere als nachfolgende Glieder der Nahrungsketten.

Federn: leichte, gut isolierende Körperbedeckung der Vögel. Federn werden von der Haut gebildet.

Feuchtlufttiere: Tiere, die wegen ihrer dünnen Haut nicht vor Austrocknung geschützt sind. Daher benötigen sie Lebensräume mit genügend Feuchtigkeit (z. B. Lurche).

Fische: wechselwarme Wirbeltiere, die an das Leben im Wasser angepasst sind (z. B. Flossen zur Fortbewegung und Kiemen als Atmungsorgane).

Fortpflanzung: Bei der Fortpflanzung entstehen Nachkommen, die ihren Eltern ähnlich sind. Bei geschlechtlicher Fortpflanzung entsteht ein neues Lebewesen durch Befruchtung einer Eizelle. Bei ungeschlechtlicher Fortpflanzung erzeugt ein Lebewesen allein (ohne männliche und weibliche Keimzellen) die Nachkommen (z. B. Pflanzen durch Ableger oder Zwiebeln).

Fotosynthese: Mit Licht als Energiequelle bilden Pflanzen in den Blättern aus Kohlenstoffdioxid und Wasser Traubenzucker. Dabei entsteht als Abfallprodukt Sauerstoff. Aus dem Traubenzucker können die Pflanzen Stärke sowie auch Eiweiße, Fette und andere Stoffe herstellen. Damit bilden sie auch die Nahrungsgrundlage für alle Tiere.

Frucht: Die Frucht entwickelt sich aus dem Fruchtknoten. Sie umschließt den oder die Samen. Oft sind Früchte so angepasst, dass Samen weit verbreitet werden können (z. B. Flugfrüchte, Lockfrüchte).

Frühblüher: Pflanzen, die sehr zeitig im Jahr blühen. Viele Frühblüher haben Speicherorgane für Nährstoffe (z. B. Zwiebeln, Wurzelknollen).

gleichwarme Körpertemperatur: weitgehend gleich bleibende Körpertemperatur bei Säugetieren und Vögeln. Sie ermöglicht ihnen, unabhängig von der Außentemperatur aktiv zu sein.

Keimung: Unter Verbrauch der im Samen gespeicherten Nährstoffe entwickelt sich der Pflanzenembryo zur Jungpflanze, die sich selbst ernähren kann (Fotosynthese). Zur Keimung sind Wasser, eine ausreichend hohe Temperatur und Sauerstoff nötig.

Kennzeichen des Lebens: die gemeinsamen Merkmale aller Lebewesen: Bewegung, Wachstum, Stoffwechsel, Reizbarkeit, Fortpflanzung und Vererbung.

Kriechtiere: wechselwarme, meist landlebende Wirbeltiere mit dicker Haut und Hornschuppen und Lungenatmung (z. B. Zauneidechse). Die beschalten Eier haben pergamentartige Häute, sodass nach innerer Befruchtung die Entwicklung an Land erfolgen kann.

Laubblatt: Pflanzenorgan, das der Nährstoffbildung mithilfe von Licht (Fotosynthese) dient.

Lebensraum (Biotop): ein Gebiet (z. B. Hecke, Wald, Wiese, Teich), in dem Lebewesen (Pflanzen, Tiere, Pilze, Mikroorganismen) die für sie notwendigen Umweltbedingungen vorfinden und dort als Lebensgemeinschaft vorkommen.

Lurche: wechselwarme, im Wasser und an Land lebende Wirbeltiere mit dünner, schleimbedeckter und wasserdurchlässiger Haut, Lungenatmung und Hautatmung sowie oft mit äußerer Befruchtung. Die Larven entwickeln sich meist im Wasser, atmen mit Kiemen und durchlaufen einen Gestaltwandel (Metamorphose). Man unterscheidet Froschlurche und Schwanzlurche.

Nahrungskette: Reihenfolge von Fressen und Gefressenwerden. Jede Nahrungskette beginnt mit Pflanzen.

Nahrungsnetz: Ein Nahrungsnetz wird aus Nahrungsketten gebildet, wenn Lebewesen gleichzeitig in zwei oder mehrere Ketten eingeordnet sind. Beispiel: Feldmäuse können Beutetiere sowohl für den Rotfuchs als auch für den Weißstorch sein.

Nestflüchter: Jungtiere mancher Wirbeltierarten, die weit entwickelt zur Welt kommen und schon kurz nach der

Geburt bzw. nach dem Schlüpfen aus dem Ei ihren Eltern folgen können. Beispiele: Pferd; Stockente.

Nesthocker: Jungtiere mancher Wirbeltierarten, die wenig entwickelt zur Welt kommen, in den ersten Lebenswochen daher unselbstständig sind und von den Eltern versorgt werden. Beispiele: Feldmaus; Haussperling.

ökologisches Gleichgewicht: ausgeglichenes Verhältnis zwischen Erzeugern, Verbrauchern und Zersetzern, die im gleichen Lebensraum auftreten. Durch natürliche Einflüsse (wie z. B. Überschwemmungen, Windbruch) und/oder menschliche Einflüsse (wie z. B. Stoffentzug durch Ernte, Eintrag von Schadstoffen, Kahlschlag) kann es gestört werden.

Samen: Einheit aus dem Embryo der Samenpflanzen, dem Nährgewebe und der Samenschale. Geht aus der Samenanlage der Blüte hervor und ermöglicht die Verbreitung. Bis zur Keimung verbleibt der Embryo in einem Ruhezustand.

Samenpflanzen: alle Pflanzen, die in Wurzel, Sprossachse (mit Blüten) und Blätter gegliedert sind und sich mithilfe von Samen fortpflanzen.

Säugetiere: Wirbeltiere, zu denen auch der Mensch gehört. Merkmale: Sie besitzen (fast immer) ein Fell, haben eine gleichwarme Körpertemperatur, sind lebend gebärend und ihre Jungtiere werden mit Milch gesäugt.

Skelett: Organ, das den Körper aller Wirbeltiere stützt, zusammen mit den Muskeln ihre Bewegungen ermöglicht und andere innere Organe schützt. Die Knochen sind die Ansatzstellen für Skelettmuskeln und über Gelenke beweglich verbunden.

Spaltöffnungen: winzige, verschließbare Löcher an der Blattunterseite, durch die Pflanzen Wasser verdunsten sowie Kohlenstoffdioxid und Sauerstoff aufnehmen und abgeben.

Spermienzelle: männliche Fortpflanzungszelle.

Sprossachse: Organ der Samenpflanzen, das Laubblätter trägt und Röhren für den Stofftransport enthält.

Standvögel: Vogelarten, die ganzjährig im Brutgebiet bleiben (aktives Überwintern, z. B. Höckerschwan).

Stoffkreislauf: Neubildung und Wiederverwendung von Stoffen in den Lebensräumen.

Stofftransport in Samenpflanzen: Durch Verdunstung entsteht an den Spaltöffnungen der Blätter ein Sog, der Wasser und gelöste Mineralstoffe in Röhren von der Wurzel in die Blätter transportiert. Durch die Schwerkraft wird in den Blättern gebildeter, in Wasser gelöster Zucker in speziellen Leitungsbahnen von den Blättern aus in andere Pflanzenteile geleitet.

Stoffwechsel: Aufnahme, Abbau, Umbau sowie Abgabe von Stoffen durch Lebewesen.

Teilzieher: Vogelarten, von denen ein Teil im Brutgebiet überwintert, ein anderer Teil als Zugvögel wärmere Gebiete aufsucht (z. B. Rotkehlchen).

Umweltfaktoren: äußere Bedingungen, die auf ein Lebewesen einwirken (z. B. andere Lebewesen; Luft, Wasser und Boden).

Verbraucher: die von den Erzeugern (Pflanzen) als Nährstoffgrundlage direkt (Pflanzenfresser, z. B. Feldhase) oder indirekt (Fleischfresser, z. B. Rotfuchs) abhängigen Tiere.

Verdauung: Zerkleinerung der aufgenommenen Nährstoffe in einfache Bausteine. Diese können durch die Darmwand der Tiere aufgenommen werden.

Vögel: gleichwarme, eierlegende Wirbeltiere mit Federn als Körperbedeckung. Durch zu Flügeln umgewandelte Vordergliedmaßen, ein leichtes, dennoch stabiles Skelett, kräftige Flugmuskeln und leistungsfähige Lungen sind die meisten Vögel an das Fiegen angepasst.

Wasser: Hauptbestandteil des Wirbeltierkörpers, dient als Lösemittel (zum Beispiel für Traubenzucker im Blut), Transportmittel und zur Temperaturregulation (beim Schwitzen). Da z. B. der menschliche Körper mit Schweiß, Urin und Kot ständig Wasser verliert, muss der Verlust durch reichliches Trinken ausgeglichen werden.

wechselwarm: die Körpertemperatur wird nicht gleich gehalten, sie schwankt mit der Außentemperatur. Fische, Lurche und Kriechtiere sowie alle Wirbellosen sind wechselwarm.

Winterruhe: Form der Überwinterung bei Säugetieren. Energieversorgung erfolgt durch körpereigene Fettspeicher und Nahrungsaufnahme. Energie wird auch durch verbesserte Isolierung (Winterfell/geschütztes Lager) und lange Ruhe- und Schlafzeiten eingespart (z. B. Dachs).

Winterschlaf: Form der Überwinterung bei Säugetieren. Die Energieversorgung erfolgt dabei ausschließlich durch körpereigene Fettspeicher. Durch verbesserte Isolierung (Winterfell/geschützter Bau) und Tiefschlaf mit herabgesetzter Körpertemperatur und stark verlangsamte Lebensvorgänge wird viel Energie eingespart. Der Winterschlaf kann vom Tier selbst unterbrochen werden. (z. B. Igel, Fledermaus).

Winterstarre: Überwinterung bei wechselwarmen Tieren (z. B. Fische, Lurche; Insekten). Lebensvorgänge werden bei diesen Tieren mit sinkenden Temperaturen auf ein Minimum verlangsamt. Energieversorgung erfolgt durch körpereigene Fettspeicher.

wirbellose Tiere: Bezeichnung für alle Tiere, die keine Wirbeltiere sind (z. B. Insekten, Krebstiere).

Wirbeltiere: Tiere mit knöchernem Innenskelett und Wirbelsäule. Dazu gehören Fische, Lurche, Kriechtiere, Vögel und Säugetiere.

Wurzel: Organ der Samenpflanzen; verankert den Spross im Boden und nimmt Wasser und Mineralstoffe auf.

Zersetzer: Lebewesen, die tote organische Stoffe (z. B. Herbstlaub) abbauen. Dazu gehören wirbellose Tiere (z. B. Regenwürmer), Pilze und Bakterien.

Züchtung: gezielte Fortpflanzung und Vermehrung ausgewählter Tiere und Pflanzen mit bestimmten Merkmalen durch den Menschen.

Zugvögel: Vogelarten, bei denen alle Tiere im Herbst in wärmere Gebiete ziehen (z. B. Weißstorch).

Register*

*f. nach einer Seitenzahl bedeutet „und folgende Seite";
ff. bedeutet „und folgende Seiten".

Bildquellenverzeichnis

akg-images: 19/5, 48/1, 56/1, 56/2 u., 57/3, 102/3; almdi.net/Möbus: 42/1, Vorsatz (hinten, u. r.); Angermayer: 10/3 (Pfletschinger), 22/1 o. r. (Reinhard), 35/4 D, 7-8 (Pfletschinger), 36/2 (Pfletschinger), 38/3, 39/4, 41/5 (Pfletschinger), 80/2, 146/1 u. l. (Pfletschinger), 159/4 (Pfletschinger); Archiv Cornelsen Verlag: 39/5, 55/5, 74/2, 82/1, 105/6, 143/5-6; Archiv Hoyer: 13/5, 21/6 (Beuster), 22/1 o. l., 22/1 u. l., 27/6 l. (Wernicke), 34/1 (Eichstätt), 34/2, 35/5, 43/3, 45/6 (Beuster), 46/1, 47/2, 54/1-2, 58/1 (Beuster), 59/5 (Beuster), 67/5, 79/7-8 (Wernicke), 80/3 (Duty), 88/3, 89/5 (Beuster), 107/3, 113/4, 146/1 o. l., 146/1 Feldmaus (Beuster), 146/1 o. r. (Wernicke), 153/6 (Leo), 166/2 (Leo); Arco digital images: 8/2, 27/6 r. (Reinhard), 36/1 (Frei), 60/1 (Steiner), 69/3, 79/6 (Reinhard), 107/4 (Gehlken); Bach-Kolster, H.: 37/7, 91/2, 91/3; Barz: 60/2; Behnke, Christa: 28/1; Bild Bayer AG: 9/1-3; Bildagentur-online/Lescourret: 164/1; Bilderberg/Ellerbrock & Schafft: 37/8; Bilderbox: 23/2, 23/5, 53/4; BIOS: 128/1 o. (Thais), 134/1 (Courseaux); blickwinkel: 5/1 (Lenz), 12/3 (Schuetz), 13/4 (Woike), 27/8 (Delpho), 35/4 C (Hecker), 35/4 E (Hjelm), 51/4 (Woike), 65/5 (Wittek), 78/1 (Schmidbauer), 78/2 (Delpho), 83/3 (Pölking), 84/5 (Schmidbauer), 87/4 (Kopp), 135/o. r. (Hjelm), 135/4 (Zoller), 138/1 (Linke), 139/5 (Flohe), 140/1 l. o. (Perseke), 141/3 l. u. (Pinkannjoh), 146/1 Feldhase (Delpho), 162/1 (Mahlke), 165/5 (Giel), 165/6 (Meul van Cauteren) 166/1 (Mahlke), 168/1 (Linke), Vorsatz (hinten, o. 2. v. l.); Blümel, H.: 10/4, 21/4, 22/1 u. r., 23/6, 34/3, 55/3, 73/4, 86/3, 149/4, 149/7, 152/1, 153/4-5. 153/7-8; BMU/Buhtz: 99/7; bridgemanart.com: 57/5; Bruns, E.: 71/3, 128/1 u., 131/5-6, 140/1 o. r., o. l., u. l., 160/1-2, 161/3-5; Caro/Ruffer: 130/3, 169/4; Corbis: 6/3 (RF), 7/5 (RF), 23/7 (Lovell), 56/2 o. (Archivo Iconografico), 87/5 (Fogden), 127/1, 142/1 (Haenel), 154/1 (Frank Laue Pictureagency/Hawkies, Vorsatz /hinten, u. l.(Zefa); Danegger, M.: 52/3; Das Fotoarchiv: 22/1 o. l. M.; Destillerie Kammer-Kirsch GmbH: 125/3; Deutscher Imkerbund e. V.: 109 M. r.; digitalstock.de: 112/1, Vorsatz (hinten, u. 2. v. l.); Döring, V.: 7/6, 8/3, 8/4, 10/1, 15/4, 17/5, 18/1, 19/3-4, 19/6-7, 55/4, 62/1-3, 63/4, 97/9, 100/3, 101/6-7, 112/3, 114/3 u. l., 115/4, 159/5, 162/2; Eumetsat: 26/4; flonline: 64/1, 164/3 (Gorgus); Feige, B.: 11/7, 97/8; Fotolia.com/OttoDurst: 148/2; Fotostudio Mahler: 42/2; Grönke, O.: 99/6; Gruschwitz, M.: 41/4; Heinzel, K.: 23/4, 150/1-2, 150/4; Helga Lade Fotoagentur: 27/7; Hollatz, J.: 7/8 o. r., 20/3, 49/5; Hron, D.: 116/1, 151/6;Hülsmeyer, B.: 151/5; IFA: 45/5 (Kienlein); Interfoto: 24/1; Jaenicke, J.: 93/6, 94/1; Jagel, A.. 111/5; jump/Sandkühler: 70/1; Juniors Bildarchiv: 52/2, 61/4, 85/8, 87/6, 102/1, 164/2; Kleesattel, W.: 6/1, 8/1, 10/2, 12/1, 14/1, 14/2, 15/3, 85/7, 94/5; Klopfer, K.: 98/2; KPA/Kina: 40/2; Landwirtschaft und Forsten (Graw/Borchardt): 167/4-6; Lavendelfoto: 141/4; Limbrunner, A.: 44/3, 86/1; mauritius images: 6/2 (SST), 7/8 u. l. (SST), 27/5 (Reinhard), 50/1 (Oxford Scientific), 60/3 (Pöhlmann), 61/5 (SST), 72/2 (Schätzle), 83/4 (Steve Bloom Images), 118/1 (Freytag), 144/1 (Oxford Scientific), Vorsatz /hinten, o. r./Bloom); Mediacolors/cmi/Bräunig: 127/2; Möckel: 110/1; Natur & Science: 105/5; Naturparkverwaltung Berchtesgaden: 88/2; Okapia: 20/2 (Reinhard), 26/1(BIOS/Seitre), 30/1 (OSF/Gibbs), 32/4 (Pott), 33/7, 35/4 A (Penner), 35/4 B (Lenz), 35/4 G (Giel), 35/4 F (Hartl), 64/3 (Vock), 65/4 (OSF/Ulrich), 68/1 (Reinhard), 71/4-5 (Naturbild/Schacke), 72/1 (OSF/Bernard), 73/3 (Becker), 76/2 (Cyril Ruoso/BIOS), 79/9, 84/1 (Brehm), 84/4 (Arndt), 85/6 (Reinhard), 85/9 (Schwind), 89/7 (Partsch), 92/1 (OSF/Shay), 108 o. l. (Unno), 111/4 (Pölking), 114/1 r. (Naturbild/Geduldig), 128/2 (Kunc), 128/3 (Fiedler), 138/3 (Naturbild/Geduldig), 146/1 Mauswiesel (Danegger), 166/3 (Meyers); Ostkreuz/Mahler: 129/4 l.; picture alliance: 6/4 (picture press), 25/1 (dpa), 47/4 (dpa), 51/6 (ZB), 73/5 (ZB), 73/6, 74/1 (ZB), 74/5 (dpa), 76/1 (ZB), 92/2 (Berliner Kurier), 106/1 (dpa), 110/2 (dpa), 147/2 (dpa), 165/4 (Okapia/Kröner); Pixelquelle: 25/u. r.; Project Photos: 26/2, 26/3, 93/5, 94/3, 100/1, 104/1, 122/4, 127/3, Vorsatz (hinten, 3. v. l.); Reinhard Tierfoto: 37/6, 57/4, 66/, 68/2, 75/6, 93/3, 98/2, 111/6, 114/1 l., 114/3 u. r., 130/2, 132/2, 133/3, 135/5, 140/1, 140/1 r. u., 141/2 r. u., 141/3, 141/3 l. o., 141/5, 148/1, Vorsatz (hinten, l. o.); Schleicher, S.: 95/7 l.; Schmidt, J.: 30/2; Scholz, F.: 16/1; Schrempp, Th.: 38/1, 146/1 Zauneidechse, Vorsatz (hinten, M. l.); Schröder, H.: 135/3; Schuster, R.: 22/1 u. r., M., 23/3, 91/4, 93/4, 95/7 r., 116/2, 120/5, 122/1; Schütte, N.: 168/3; Schwebler, H.: 17/4; Silvestris: 110/3 (Hanneforth), 165/7 (Redeleit); Still Pictures/ Fessel: 50/2; Strunk, B.: 58/3, 89/6; Studio-TV-Film/CV: 125/3; Superbild: 18/2 (Bouilott); 91/1 (Schmidbauer), 94/4 (Schmidbauer), 117/3 (Lucas); Theuerkauf, H.: 7/7, 12/2, 16/2, 17/6, 35/6, 70/2, 95/7 M., 96/1-2, 96/4, 97/6-7, 104/3, 108 M., 108 u., 109 l., 109 M., 112/2, 120/1-4, 123/5, 125/5, 139/4, 139/7, 141/6, 143/4, 149/3, 149/5-6, 153/3, 157/5, 159/3; Thomas, H.: 39/6, 146/1 u. r.; Tierfoto Giel: Titelfoto; Toenges/ Bio-Info: 44/4; Verein deutscher Katzenfreunde: 69/4; Vilcinskas, A.: 88/1; Weber, U.: 133/4; Weisbrod, B.: 50/3; Wildlife: 32/5 (Benrie), 33/8 (Graner), 51/5 (Delpho), 52/1 (Usher), 78/5 (Visage), 117/4 (Harms), 129/4 u. (Thoms), 139/6 (Harms); Willer, K.-H.: 133/5; Zapf Creation: 20/1

Stoff- und Energieumwandlung

Alle Lebewesen müssen Stoffe und Energie aufnehmen und umwandeln, um zu leben.

Jede Nahrungskette beginnt mit Pflanzen. Nur sie können Lichtenergie in Energie von Nährstoffen (z. B. Zucker) umwandeln (Fotosynthese). Tiere müssen dagegen mit der Nahrung „fertige" Nährstoffe aufnehmen. Deshalb sind sie in ihrer Ernährung von Pflanzen abhängig. ↑S. 21, 37, 53, 72, 101, 158

Bau und Funktion

Der Bau (die Struktur) der Lebewesen und ihrer Organe hängt eng damit zusammen, welche Funktion sie erfüllen.

Vogelflügel sind sehr leicht gebaut. So sparen Vögel Gewicht. ↑S. 49

Pflanzenwurzeln tragen viele kle ne Härchen, damit können sie mehr Wasser aufnehmen (Oberflächenvergrößerung). ↑S. 99, 10

Biologie verstehen mit Basiskonzepten

Steuerung und Regelung

Alle Lebewesen sind darauf angewiesen, bestimmte Vorgänge zu steuern und zu regeln, damit sie ihren Zustand erhalten und auf Veränderungen reagieren können.

Säugetiere und Vögel können ihre Körpertemperatur konstant halten. Bei Kälte produziert der Körper Wärme aus energiereichen Stoffen. Wechselwarme Tiere müssen Wärme aus der Umgebung aufnehmen. ↑S. 28, 36, 39, 81, 82

Geschichte und Verwandtschaft

Die Ähnlichkeit von Lebewesen ist meist ein Hinweis auf ihre Verwandtschaft. Wie nah sie verwandt sind, kann man nur verstehen, wenn man ihre Geschichte kennt.

Alle Hunderassen stammen von einem Vorfahr, dem Wolf, ab und sind daher miteinander verwandt. ↑S.61

System

Jedes Lebewesen ist eine Einheit, ein System, in dem Teile (Organe) mit unterschiedlichen Aufgaben (Funktionen) zusammenwirken.
An Bewegungen der Tiere und des Menschen sind beispielsweise nicht nur Muskeln, sondern auch das Gehirn und Sinnesorgane (z. B. die Augen) beteiligt.
Das Leben der Samenpflanzen wird durch das Zusammenwirken von Wurzel, Sprossachse, Blättern und Blüten ermöglicht. ↑S. 95, 155